AF383377

Richard Lynch Garner war ein US-amerikanischer Zoologe, der sich besonders mit der Sprache der Affen beschäftigte. Er nutzte dazu unter anderem einen Phonographen von Thomas Alva Edison. Garner war überzeugt davon, dass Menschen und Affen miteinander sprachlich kommunizieren können. Eines seiner bevorzugten Forschungsobjekte war die Schimpansin Susie. *(Quelle: Wikipedia)*

Über das Buch:

Das Buch ist das natürliche Produkt vieler Jahre, die der Autor dem Studium der Sprache und der Gewohnheiten der Affen und Menschenaffen gewidmet hat. Der Inhalt handelt hauptsächlich von den Fakten, die er in seinem speziellen Forschungsgebiet gesammelt hat. Die günstigen Bedingungen, unter denen der Autor die Tiere in der Freiheit ihres heimischen Dschungels studieren konnte, sind vor dieser Studie keinem anderen Naturforscher vergönnt gewesen.

Es wurde sorgfältig darauf geachtet, alle Fachausdrücke und wissenschaftliche Phraseologie zu vermeiden, und das Thema wird in gemeinverständlichem Stil behandelt. Anstelle langwieriger Details lockern eine Fülle von Anekdoten, die der Autor seinen eigenen Beobachtungen entnommen hat, den Text auf. Es ist ein wunderbares Werk für jeden Tierfreund oder wissbegierigen Leser.

DIE SPRACHE DER MENSCHENAFFEN

Ihr Leben und ihre Gewohnheiten

Von
R. L. GARNER

Neu-Übersetzung

ToppBook Wissen Bd. 27

FSC
www.fsc.org
MIX
Papier aus ver-
antwortungsvollen
Quellen
Paper from
responsible sources
FSC® C105338

Bibliografische Information der Deutschen Nationalbibliothek:
Die Deutsche Nationalbibliothek verzeichnet diese Publikation in der
Deutschen Nationalbibliografie; detaillierte bibliografische Daten
sind im Internet über dnb.dnb.de abrufbar

Neuübersetzung
Alle Rechte vorbehalten

Herstellung und Verlag: BoD – Books on Demand, Norderstedt

ISBN: 978-3-7557-0946-6

Inhaltsverzeichnis

VORWORT

Dieser Band ist das natürliche Produkt vieler Jahre, die der Autor dem Studium der Sprache und der Gewohnheiten der Affen gewidmet hat. Das führte ihn natürlich zum Studium der großen Menschenaffen. Der Inhalt dieses Werkes ist hauptsächlich eine Aufzeichnung der tabellarischen Fakten, die er in seinem speziellen Forschungsgebiet gesammelt hat. Ziel ist es, dem Leser eine korrektere Vorstellung von den körperlichen, geistigen und sozialen Gewohnheiten der Affen zu vermitteln und ihn auf eine umfassendere Betrachtung der Tiere im Allgemeinen vorzubereiten.

Die günstigen Bedingungen, unter denen der Autor diese Tiere in der Freiheit ihres heimischen Dschungels studieren konnte, sind bisher keinem anderen Naturforscher vergönnt gewesen.

Es wurde sorgfältig darauf geachtet, alle Fachausdrücke und wissenschaftliche Phraseologie zu vermeiden, und das Thema wird in dem einfachsten Stil behandelt, der seiner Würde entspricht. Langwierige Details werden durch eine Fülle von Anekdoten aufgelockert, die der Autor seinen eigenen Beobachtungen entnommen hat. Die meisten der erzählten Handlungen sind die seiner eigenen Haustiere. Ein paar davon stammen von Affen in freier Wildbahn. Der Autor hat sorgfältig auf abstruse Theorien oder voreilige Schlussfolgerungen verzichtet, sondern versucht, die hier behandelten Tiere in das Licht zu rücken, das ihnen durch ihr eigenes Verhalten zusteht, und dem Leser die Möglichkeit zu geben, seine eigenen Schlüsse zu ziehen.

Der Autor bekennt sich freimütig zu seinem Glauben an die psychische Einheit der gesamten belebten Natur. Er glaubt an eine gemeinsame Lebensquelle, ein gemeinsames Lebensgesetz und eine gemeinsame Bestimmung aller Geschöpfe und ist der Meinung, dass die Würdigung der Affen den Menschen nicht herabwürdigt, sondern ihn vielmehr erhöht.

In der Überzeugung, dass eine vollkommenere Kenntnis dieser Tiere den Menschen in eine engere Gemeinschaft und tiefere Sympathie mit der Natur bringen wird, und in dem festen Vertrauen, dass sie die Grenzen der Menschlichkeit erweitern und den Menschen dazu bringen wird, zu erkennen, dass er und sie nur gemeinsame Glieder in der einen großen Kette des Lebens sind, gibt der Autor dieses Werk der Welt. Wenn der Mensch einmal von dem Bewußtsein beeindruckt ist, daß in gewissem Maße, wie klein auch immer, alle Geschöpfe denken und fühlen, wird das seine Eitelkeit verringern und sein Herz veredeln.

DER AUTOR

KAPITEL I

*Affen, Menschenaffen und Menschen-Vergleichende Anatomie-
Schädel-Das Gesetz der Schädelprojektion*

Seit jeher sind Affen ein Thema für Alt und Jung. Die Weisen und die Einfältigen sind gleichermaßen beeindruckt von ihrem menschlichen Aussehen und ihren Manieren. Es gibt keine anderen Geschöpfe, die den Betrachter so bezaubern und faszinieren wie diese kleinen Abbilder der menschlichen Rasse. Mit gleicher Freude beobachten Patriarchen und Kinder ihre Handlungen und vergleichen sie mit denen der Menschen. Bis vor wenigen Jahren dienten die Affen eher der Belustigung als der Belehrung der Massen. Aber jetzt, da das Licht der Wissenschaft in jeden Winkel und jede Spalte der Natur geworfen wird, ist das Interesse der Menschen an ihnen stark gestiegen, und die Gelehrten aller zivilisierten Länder ringen mit dem Problem ihrer möglichen Beziehung zur Menschheit. In dem Bestreben, so viel wie möglich über ihre Gewohnheiten, Fähigkeiten und geistigen Ressourcen zu erfahren, werden sie unter allen Gesichtspunkten untersucht, und jedes Merkmal wird ernsthaft und detailliert mit dem entsprechenden Merkmal des Menschen verglichen. In diesem Bestreben werden wir die Hauptpunkte der Ähnlichkeit und der Unterschiede zwischen ihnen feststellen.

Um den Wert der Lehren, die aus dem Inhalt dieses Bandes gezogen werden können, besser einschätzen zu können, müssen wir wissen, welchen Platz der Mensch und der Affe in der Natur einnehmen. Im Rahmen dieses Werkes können wir sie jedoch nur allgemein vergleichen. Da sich die Affen untereinander so stark unterscheiden, ist es offensichtlich, dass sie nicht alle in gleichem Maße dem Menschen ähneln können; und da der Grad des Interesses an ihnen ungefähr an ihrer Ähnlichkeit oder Unähnlichkeit mit dem Menschen gemessen wird, ist es offensichtlich, dass nicht alle von gleichem Interesse als Gegenstand vergleichender Studien sein können. Da aber jede von ihnen einen integralen Bestandteil einer großen Skala bildet, ist jede von ihnen gleichermaßen wichtig, um die Kontinuität der Ordnung, zu der alle gehören, nachzuvollziehen.

Die riesige Familie der Affen weist vielleicht die größte Bandbreite an Arten auf, die es in einer einzelnen Tierfamilie gibt. Beginnend mit den Menschenaffen, die in Größe, Form und Struktur dem Menschen so sehr ähneln, geht die Skala abwärts bis zu den Lemuren, die fast auf der Ebene der Nagetiere stehen. Die Abstufung ist so allmählich, dass es schwierig ist, an irgendeinem Punkt zwischen den beiden Extremen eine Trennlinie zu ziehen. Es gibt jedoch Bestrebungen, diese Familie in kleinere und deutlichere Gruppen aufzuteilen; die Grenzen zwischen ihnen sind jedoch nicht scharf gezogen, und die Literatur der Vergangenheit hat die Tendenz, diese Bemühungen zu verzögern. Wir wollen hier jedoch nicht die Probleme erörtern, mit denen die Zoologie in Zukunft konfrontiert werden könnte; wir werden das derzeitige Klassifizierungssystem akzeptieren und auf dieser Linie fortfahren.

In der Sprache der Massen werden alle verschiedenen Arten, die zur Familie der Affen gehören, als Affen bezeichnet. Dieser Begriff ist so weit gefasst, dass er viele Formen einschließt, die in dieser Arbeit nicht berücksichtigt werden sollen, und viele von ihnen sollten unter anderen Namen bekannt sein. Einige von ihnen ähneln dem Menschen mehr als sie sich gegenseitig ähneln. Der Begriff Affe bezieht sich nur auf die Affen, die einen langen Schwanz und ein kurzes Gesicht haben, während der Begriff Pavian nur die hundeähnlichen Formen mit mittellangem Schwanz und langem, vorstehendem Gesicht bezeichnet. Der Begriff Affe wird nur für die Tiere verwendet, die keinen Schwanz haben. Obwohl alle diese Tiere als Affen bezeichnet werden, sind sie nicht alle Affen.

Die Affenfamilie wird in zwei große Klassen unterteilt, die als Altweltaffen und Neuweltaffen bekannt sind. Der Hauptunterschied liegt in der Struktur der Nase. Alle Affen, die zu den Altweltaffen gehören, haben lange, gerade Nasen mit senkrechten Nasenlöchern, die durch eine schmale, dünne Wand, die so genannte Nasenscheidewand, voneinander getrennt sind, weshalb sie auch als Katarrhini bezeichnet werden. Die Tiere der neuen Welt haben kurze, flache Nasen mit schräg stehenden, weit auseinander stehenden Nasenlöchern und werden deshalb als Platarrhini bezeichnet. Es gibt noch viele andere Merkmale, die Gattungen und Arten unterscheiden, aber dies sind die beiden großen Unterteilungen der Affenrasse. Wir werden hier nicht versuchen, die vielen Gattungen und Arten einer dieser beiden Abteilungen zu klassifizieren. Wir werden jedoch einige der auffälligsten anatomischen Merkmale der Menschen und Affen und dann die der Affen aufzeigen.

Zu den Affen, die fälschlicherweise als Affen bezeichnet werden, gehören die vier Arten, die die anthropoide oder menschenähnliche Gruppe der Affen bilden. Sie unterscheiden sich in gewisser Hinsicht so sehr voneinander, wie sich eine von ihnen vom Menschen unterscheidet. Die vier Affen, auf die hier angespielt wird und die in der Reihenfolge ihrer körperlichen Ähnlichkeit mit dem Menschen genannt werden, sind: der Gorilla, der Schimpanse, der Orang und der Gibbon; in der Reihenfolge ihrer geistigen und sozialen Eigenschaften stehen sie jedoch wie folgt da: der Schimpanse, der dem Menschen am nächsten ist, der Gorilla, der Gibbon und zuletzt der Orang. Es könnte sich jedoch herausstellen, dass der Gibbon intellektuell die höchste Stufe in dieser Gruppe darstellt.

Da das Skelett das Gerüst der körperlichen Struktur ist, wird es als Grundlage für die Vergleiche dienen; und da der Schimpanse dem Menschen insgesamt am nächsten kommt, wählen wir ihn als Vergleichsmaßstab aus und verwenden ihn. Man kann sagen, dass das Skelett des Schimpansen ein exaktes Duplikat des menschlichen Skeletts ist. Diese Behauptung sollte jedoch durch einige Fakten von geringerer Bedeutung eingeschränkt werden; da es sich jedoch um Fakten handelt, sollten sie nicht ignoriert werden. Der allgemeine Plan, der Zweck und die Struktur der Skelette von Mensch und Schimpanse sind identisch. Es gibt keinen Teil des einen, der nicht auch beim anderen vorhanden ist, und es gibt keine Funktion, die von einem Teil des einen erfüllt wird, die nicht auch von einem ähnlichen Teil des anderen erfüllt wird. Der Hauptunterschied liegt in der Struktur des einen Knochens. Diesem Punkt werden wir besondere Aufmerksamkeit widmen.

In der Nähe der Basis der Wirbelsäule befindet sich ein großer zusammengesetzter Knochen, der als Kreuzbein bezeichnet wird. Er ist ein Bestandteil der Wirbelsäule, unterscheidet sich jedoch in Form und Struktur geringfügig von dem entsprechenden Knochen des Menschen. Der allgemeine Umriss dieses Knochens hat die Form eines gleichschenkligen Dreiecks. Er liegt zwischen den beiden großen Knochen, die sich zur Hüfte hin ausbreiten und mit den Oberschenkelknochen verbunden sind. Beim Menschen befindet sich etwa auf halber Strecke zwischen der Mitte und dem Rand

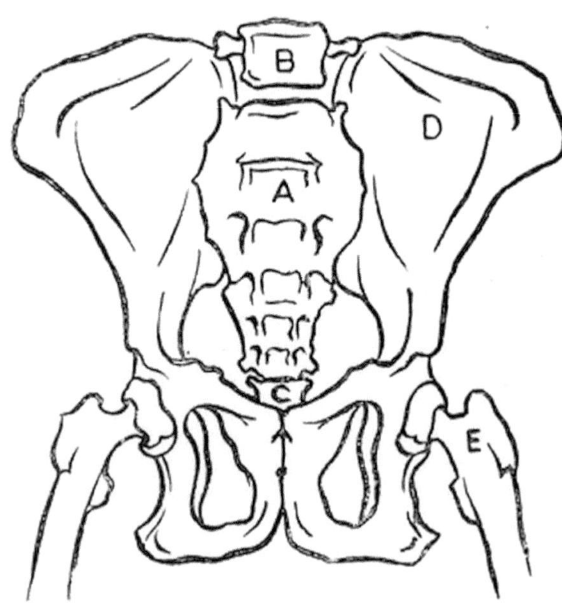

Abb. 1: Becken des Schimpansen A, Kreuzbein; B, vierter Lendenwirbel; C, Steißbein; D, Darmbein oder Hüftknochen; E, Oberschenkelknochen oder Schenkelknochen.

auf jeder Seite eine Reihe von vier fast runden Löchern. Quer über die Oberfläche des Knochens verläuft zwischen jedem Lochpaar eine schmale, quer verlaufende Linie oder Naht, an der man erkennen kann, dass fünf kleinere Abschnitte der Wirbelsäule verankert oder zusammengewachsen sind, um das Kreuzbein zu bilden. Die Löcher decken sich mit den offenen Räumen zwischen den Querfortsätzen oder seitlichen Vorsprüngen der anderen Knochen der darüber liegenden Wirbelsäule. Beim

Schimpansen hat dieser Knochen die gleiche allgemeine Form wie beim Menschen, mit dem Unterschied, dass er statt vier Löchern in jeder Reihe fünf hat. Sie sind durch die gleichen Quernähte verbunden wie beim Menschen, was bedeutet, dass sechs statt fünf Wirbel miteinander verbunden sind. Als Ausgleich dafür hat der Affe einen Wirbel weniger im oberen Teil der Wirbelsäule, der Lendenwirbel genannt wird. Beim Menschen gibt es fünf freie Lendenwirbel und fünf vereinigte Abschnitte des Kreuzbeins, während es beim Affen nur vier freie Lendenwirbel und sechs vereinigte Abschnitte gibt, die das Kreuzbein bilden. Betrachtet man jedoch jeden Abschnitt des Kreuzbeins als einen separaten Knochen und zählt die Gesamtzahl der Wirbel in der Wirbelsäule, so stellt man fest, dass die Anzahl der Wirbel bei beiden exakt gleich ist.

Einige Autoren haben den Unterschied in der Struktur dieses Knochens stark betont und einen gemeinsamen Ursprung von Mensch und Affe als unmöglich bezeichnet; aber eine Tatsache bleibt zu erklären, nämlich dass es in der menschlichen Anatomie viele bekannte Ausnahmen gibt, während dies feste und konstante Merkmale von Mensch und Affe zu sein scheinen. In der prächtigen Sammlung menschlicher Wirbelsäulen im Museum der Harvard Medical School befinden sich nicht weniger als achtzehn Exemplare des menschlichen Kreuzbeins mit sechs vereinigten Segmenten; und ich habe in den Sammlungen verschiedener Museen insgesamt mehr als dreißig weitere gefunden. Diese Fakten zeigen, dass dieses Merkmal nicht auf den Affen beschränkt ist. Es stimmt, dass bei einigen dieser abnormen Exemplare noch fünf Lendenwirbel vorhanden sind. Dies scheint darauf hinzuweisen, dass dieser Teil der Wirbelsäule am anfälligsten für Veränderungen ist. Ich habe jedoch noch nie einen Fall von Variation im Kreuzbein des Schimpansen gesehen. In dieser Hinsicht scheint er in seinem Strukturtyp konstanter zu sein als der Mensch.

Ein Grund, warum dieser Knochen beim Affen so geformt ist, ist dieser. An dieser Stelle wird die Wirbelsäule am stärksten belastet, und die kauernde Haltung des Tieres hat die Tendenz, den untersten Lendenwirbel zwischen die Spitzen der Hüftknochen zu drücken und so seine seitliche Bewegung zu stoppen. Da die Beugung dieses Teils vermindert ist, wird der Knorpel zwischen den beiden Segmenten starr und verknöchert schließlich. Die aufrechte Haltung des Menschen lässt mehr Spielraum in der Lendengegend zu, so dass diese Bewegung verhindert, dass sich die beiden Knochen vereinigen.

Ein weiterer Knochen, von dem man sagen kann, dass er etwas variiert, ist das Sternum oder Brustbein. Es ist der dünne, weiche Knochen, mit dem die Rippen im vorderen Teil des Körpers verbunden sind. Bei jungen Menschen und Affen ist es nur ein Knorpel. Im Laufe der Reifung verknöchert es langsam. Der Prozess scheint an fünf verschiedenen Segmenten zu beginnen, wobei der erste Kern in der Nähe der Spitze auftritt. Weder beim Menschen noch beim Affen wird dieser Knochen jemals ganz perfekt. Er bleibt immer etwas porös, und selbst im fortgeschrittenen Alter ist der Umriss des unteren Teils nicht durch eine glatte, scharfe Linie definiert, sondern hat eine unregelmäßige Kontur und geht in die Knorpel über, die die Rippen mit ihm verbinden.

Beim erwachsenen Menschen besteht dieser Knochen in der Regel aus zwei Segmenten, während er beim Affen variiert. Bei einigen Exemplaren ist er gleich wie beim Menschen. Bei anderen besteht er manchmal aus drei, vier oder sogar fünf Abschnitten. Das Brustbein wird jedoch in allen Fällen als ein einziger Knochen betrachtet, der sich aus einem einzigen durchgehenden Knorpel entwickelt. Die einzelnen Teile werden nicht als unterschiedliche Knochen betrachtet. Der Grund dafür, dass dieser Knochen beim Affen in einzelnen Abschnitten verbleibt, liegt zweifellos in der gebückten Haltung des Tieres, durch die der Teil ständig gebeugt und abwechselnd gestreckt wird und so seine Funktion besser erfüllt, als er es sonst könnte.

Abgesehen von diesen geringfügigen Ausnahmen kann man wirklich sagen, dass die Skelette von Mensch und Affe exakte Gegenstücke zueinander sind, da sie dieselbe Anzahl von Knochen haben, demselben allgemeinen Modell entsprechen, in derselben Reihenfolge angeordnet sind, auf dieselbe Weise gelenkig sind und dieselben Funktionen erfüllen. Mit anderen Worten, die entsprechenden Knochen sind gleich aufgebaut und erfüllen den gleichen Zweck. Der Körperbau des Affen ist in der Regel massiver in seinen Proportionen als der des Menschen; aber während dies für bestimmte Affenarten gilt, ist es bei anderen umgekehrt.

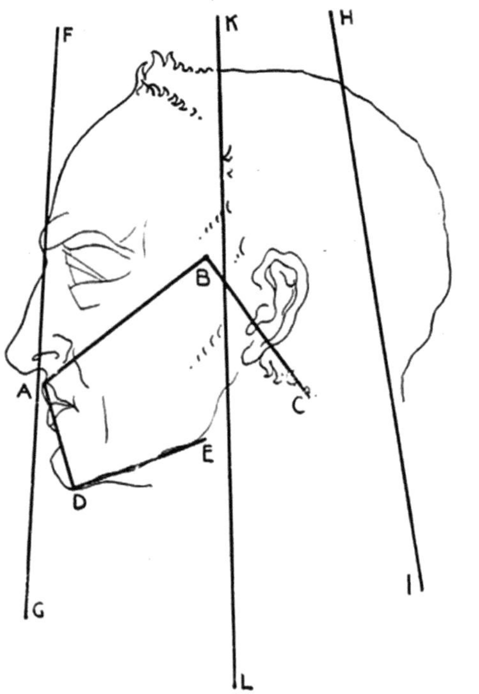

Beim Menschen ist das Kreuzbein in der Hüftebene stärker gekrümmt als beim Affen, während die Knochen der Gliedmaßen beim Menschen weniger gekrümmt sind. Die Arme des Menschen sind kürzer als die Beine, während beim Affen das Längenverhältnis umgekehrt ist. Bei den Schädeltypen ist leicht zu erkennen, dass der Schädel des Menschen eher kugelförmig ist und das Gesicht fast oder ganz senkrecht steht. Der Schädel des Affen ist läng-

Abb. 2: Diagramm Nr. 1

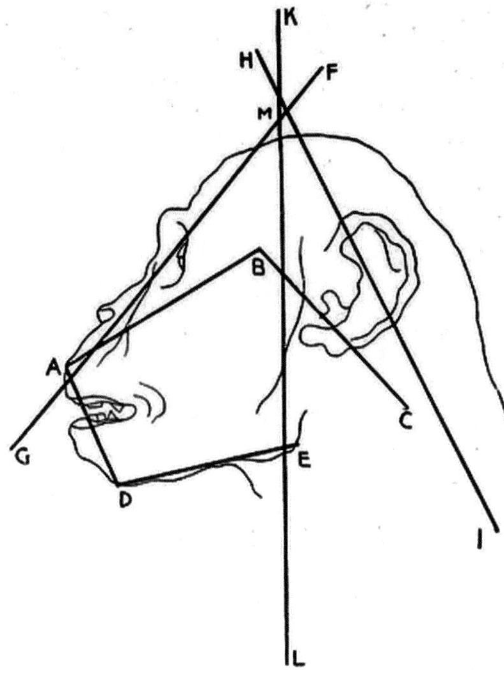

Abb. 3: Diagramm Nr. 2

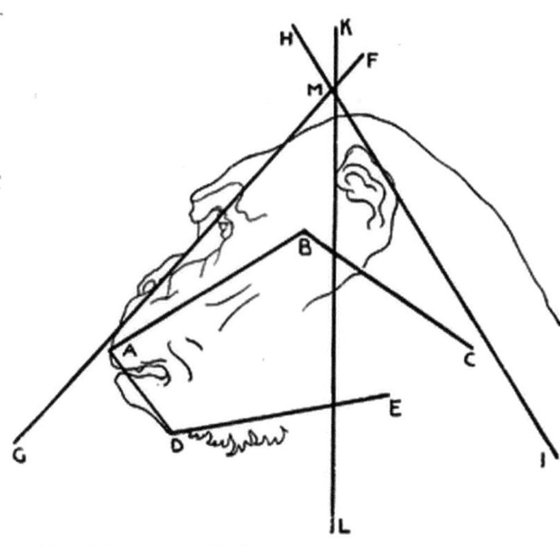

Abb. 4: Diagramm Nr. 3

lich und das Kinn steht vor. Das Gesicht ist also schräg zur Senkrechten. Diese Tatsachen verdienen mehr Beachtung als nur eine Erwähnung.

Im Schema der Natur scheint es ein festes Gesetz der Schädelprojektion zu geben. Der Schädel-Gesichts-Winkel ABC (wie in Diagramm Nr. 1 dargestellt) ist beim Menschen ein rechter Winkel, und der Gnadenwinkel ADE ist ungefähr der gleiche. Die Linie FG stellt die Achse der Gesichtsebene dar, und die Linie HI ist die Halswirbelsäulenachse. Ausgehend von der Senkrechten KL ist zu erkennen, dass die von der Gesichtsachse FG und der Halsachse HI gebildeten Winkel auf gegenüberliegenden Seiten der Senkrechten KL etwa gleich groß sind. Es ist festzustellen, dass diese Linien und Winkel die des Menschen in aufrechter Haltung sind. Im Diagramm Nr. 2 ist zu erkennen, dass sowohl die Gesichtsachse FG als auch die Halsachse HI einen größeren Winkel zur Senkrechten bilden als beim Menschen. Es ist auch zu erkennen, dass der Schädel-Gesichts-Winkel ABC um etwa die Hälfte des Winkels der Gesichtsachse GML vergrößert ist. Der Gnadenwinkel ADE ist etwa um das gleiche Maß vergrößert. Dies sind die Linien und Winkel der Menschenaffen.

Das Diagramm Nr. 3 stellt die Linien und Winkel von Affen dar, bei denen sich die Winkel in einem Maß verbreitern, das durch die Tendenz des Tieres, eine horizontale Haltung einzunehmen, bestimmt wird.

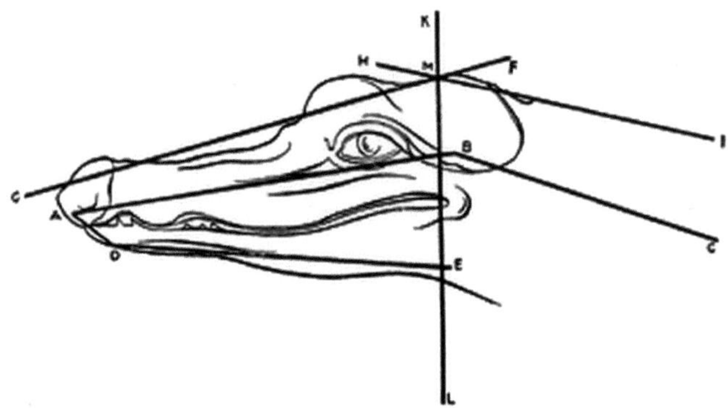

Abb. 5: Diagramm Nr. 4

Im Diagramm Nr. 4 sind die Linien und Winkel der Reptilien dargestellt. Daraus ist ersichtlich, dass die Gesichtsachse FG und die Halsachse HI fast horizontal verlaufen. Die kraniofazialen und gnathischen Winkel sind entsprechend verbreitert worden.

Der aufrecht stehende Mensch verfügt über die größte Bandbreite an stimmlichen Fähigkeiten aller Tiere. Er hat auch die größte Kontrolle über sie. In Bezug auf den Stimmumfang kommen die Affen in der Reihenfolge als nächstes. Wenn wir auf der Skala vom Menschen über Affen, Lemuren und Lemuroiden bis hin zu den Reptilien absteigen, stellen wir fest, dass die Stimmkraft in ihrem Umfang eingeschränkt ist und an Qualität verliert, bis sie sich bei den niedrigsten Reptilien in einem bloßen Zischen verliert.

Gleichzeitig mit den beschriebenen Veränderungen ändern auch die Längs-, Hoch- und Querachsen des Gehirns ihre Proportionen in gleichem Maße. Die Winkel, die die Ebene der Stimmbänder mit der Achse des Kehlkopfes bildet, verändern sich entsprechend. Aus diesen Tatsachen lässt sich mit Recht ableiten, dass der gnathische Index ADE ein echter Stimmindex ist.

Diese grobe Skizze des Gesetzes der Schädelprojektion erhebt nicht den Anspruch, eine vollständige Behandlung der vielen Linien und Winkel zu sein, die mit den Kräften der Sprache korreliert sind, aber die Vorschläge können den Kraniologen in neue Bereiche des Denkens führen.

KAPITEL II

*Früher Eindruck - Was ist Sprache - Erste Versuche - Der
Phonograph - Die erste Aufzeichnung der Affensprache - Affenwörter
- Phonetik - Menschliche Sprache und Affensprache*

In den blauen Hügeln und kristallklaren Gewässern der Appalachen, weit entfernt von den künstlichen Einrichtungen der großen Städte, waren die Lebensbedingungen, unter denen ich aufwuchs, primitiver und weniger komplex als in den geschäftigen Zentren der großen Bevölkerung. Dort war die Natur die erste Lehrerin meiner Kindheit, und Haustiere gehörten zu meinen ersten Begleitern. In einer solchen Umgebung verbrachte ich meine Jugend, und unter ihnen kam ich zum ersten Mal auf die Idee, dass Tiere sprechen. Als Kind glaubte ich, dass alle Tiere der gleichen Art einander verstehen könnten, und ich erinnere mich an viele Fälle, in denen sie dies tatsächlich taten.

Meine Vorfahren sagten, dass Tiere miteinander kommunizieren können, aber sie bestritten, dass sie sprechen können. Als Junge konnte ich nicht auf den Glauben verzichten, dass die Laute, die sie benutzen, Sprache sind; und ich frage immer noch: Inwiefern sind sie keine Sprache? Diese Frage führt uns zu einer weiteren Frage.

Was ist Sprache? Jeder mündliche Laut, der absichtlich zu dem Zweck gemacht wird, eine vorgefasste Idee aus dem Kopf des Sprechers an den Kopf eines anderen zu übermitteln, ist Sprache. Jeder mündliche Laut, der auf diese Weise erzeugt wird und diese Funktion in der Tierwelt erfüllt, ist Sprache. Es stimmt, dass der Wortschatz der Tiere im Vergleich zu dem des Menschen sehr begrenzt ist, aber er ist nicht weniger real. Die Vorstellung eines Tieres mag nicht so klar sein wie die des Menschen, aber dieselbe Vorstellung ist auch nicht immer in zwei menschlichen Köpfen gleich klar. Die Tatsache, dass sie vage ist, schmälert nicht ihre Realität.

Der Ausdruck ist die materialisierte Form des Gedankens, und die Sprache ist eine Form des Ausdrucks. Jedes Tier ist fähig, jeden Gedanken auszudrücken, den es sich vorstellen kann, und dieser Ausdruck ist so eindeutig wie der Gedanke, den es ausdrückt. Es widerspricht jeder Auffassung von der Natur, anzunehmen, dass irgendein Lebewesen mit der Fähigkeit des Denkens ausgestattet ist und ihm die Mittel zu seiner Äußerung verwehrt sind.

Es ist wahr, dass es einige orale Laute gibt, die Emotionen ausdrücken - wie Schmerz oder Freude. Diese können nicht richtig als Sprache bezeichnet werden, obwohl wir aus ihnen auf den sie begleitenden Gemütszustand schließen können; aber obwohl sie nicht wirklich Sprache sind, scheinen sie die Zytula zu sein, aus der sich die Sprache entwickelt. Emotionen sind zwar nicht willkürlich, aber sie existieren auch nicht unabhängig vom Verstand. Sie werden durch äußere Ursachen hervorgerufen, und die Grenze, die sie von eindeutigeren Formen des Denkens trennt, ist eine vage und schwankende. Der Gedanke mag unwillkürlich sein, aber der Ausdruck entspringt dem Wunsch, und dieser ist der einzige Beweggrund für die Sprache.

Es ist nicht der Zweck dieses Werkes, die Probleme der Psychologie zu erörtern, sondern lediglich die Gründe darzulegen, auf die wir die Behauptung stützen, dass Tiere die Fähigkeit zur Sprache besitzen; dies ist jedoch als Aufzeichnung der beobachteten Tatsachen gedacht, aus denen der Psychologe seine eigenen Schlüsse ziehen kann.

In dem immerwährenden Glauben, dass Tiere miteinander sprechen können, beobachtete ich von Jahr zu Jahr bestimmte Dinge, die dies zu bestätigen schienen. Vor etwa sechzehn Jahren ereignete sich ein Vorfall, der mich für immer von allen Zweifeln und Schwankungen befreite. Zuvor hatte ich beobachtet, dass die Tiere höherer Ordnungen die besseren Arten der Sprache zu haben schienen, und parallel zu dieser Überzeugung hatte ich viele Fakten zusammengetragen. Im Jahr 1884 besuchte ich den Zoologischen Garten von Cincinnati, wo ich tief beeindruckt war vom Verhalten einer Affenschule, die einen Käfig bewohnte, in dem sich auch ein großer Mandrill befand. Dieser wilde Pavian war eine offensichtliche Quelle des Schreckens für die kleineren Insassen des Käfigs. Eine Ziegelwand trennte den Käfig in zwei Abteilungen. Das eine war für die Sommer- und das andere für die Winterbewohnung bestimmt. Durch diese Wand führte eine kleine Tür, die groß genug war, um den Durchgang für die Insassen zu ermöglichen. Ich beobachtete, dass zwei oder drei der Affen ständig über das Verhalten des Pavians wachten und den anderen Affen jede seiner Bewegungen meldeten. Wenn er ruhig lag, gingen die Affen ohne Furcht hin und her, aber sobald er sich erhob oder irgendein Zeichen von Unruhe gab, wurde dies von den wachhabenden Affen sofort an die Affen im angrenzenden Abteil gemeldet, und diese handelten entsprechend der Warnung. Ich konnte nicht genau feststellen, was sie meldeten, aber die Art der Meldung war offensichtlich, und ich beschloss, ihre Bedeutung besser zu verstehen. Nachdem ich einige Stunden damit verbracht hatte, ihr Verhalten zu beobachten und dem Ton zu lauschen, der es steuerte, kam ich zu der Überzeugung, dass das, was sie sagten, eindeutig genug war, um die Handlungen derjenigen zu lenken, an die es gerichtet war. In der Tat wäre ich bereit gewesen, meine eigene Sicherheit diesen Warnungen anzuvertrauen. Nach einem kurzen Studium dieser Laute war ich in der Lage, die Haltung des Pavians gegenüber seinen Nachbarn zu verstehen; und obwohl die Warnung keine ausführlichen Details enthielt, die ich verstehen konnte, wurde die Art seiner Handlungen deutlich. Ich beobachtete, dass ein bestimmtes Warngeräusch sie zu einem bestimmten Verhalten veranlasste, während ein bestimmtes anderes Geräusch sie zu einem anderen Verhalten veranlasste.

Von da an war ich entschlossen, die Sprache der Affen zu lernen. Ich ahnte nicht, dass die Aufgabe so groß sein würde, wie sie sich herausstellte. Ich habe die Schwierigkeiten nicht vorhergesehen, die sich seitdem gezeigt haben. Jahr für Jahr kamen mir neue Ideen, neue Hindernisse, und der Horizont weitete sich ständig. Dennoch ließ ich mich durch den geringen Erfolg meiner ersten Bemühungen nicht entmutigen. Von Zeit zu Zeit besuchte ich die verschiedenen Affensammlungen in diesem Land und bediente mich sogar derjenigen, die bei Wanderausstellungen, Handorgeln und anderswo zu finden waren.

Nach einigen Jahren des beiläufigen Studiums kam mir der Gedanke, dass der Phonograph eine große Hilfe bei der Lösung dieses Problems sein könnte. Er würde es mir ermöglichen, genauere Vergleiche der von verschiedenen Affen erzeugten Laute anzustellen. Nach reiflicher Überlegung fuhr ich nach Washington und teilte Dr. Baker von der Smithsonian Institution meine Absicht mit. Dies rief bei ihm zunächst ein Lächeln hervor, aber nachdem ich ihm die Mittel erklärt hatte, mit denen ich das Ziel zu erreichen hoffte, betrachtete er diese neue Leistung als einen neuen Schritt in der Wissenschaft der Sprache.

Nachdem ich mir einen Phonographen besorgt hatte, begab ich mich in das Tierhaus, das damals an die Smithsonian Institution angrenzte. Zu dieser Zeit gab es dort nur zwei lebende Affen, die den Kern bildeten, um den herum der heutige Nationale Zoologische Park in Washington entstanden ist. Diese beiden Affen gehörten zu verschiedenen Arten, waren aber seit einiger Zeit im selben Käfig untergebracht. Ich ließ das Weibchen aus dem Käfig nehmen und in einen anderen Raum bringen. Dann wurde der Phonograph in der Nähe ihres Käfigs aufgestellt, und mit verschiedenen Mitteln wurde sie dazu gebracht, einige Laute von sich zu geben, die auf der Wachswalze aufgezeichnet wurden. Das Gerät wurde dann in die Nähe des Käfigs gebracht, in dem sich das Männchen befand, und die Aufnahme wurde ihm vorgespielt. Sein Verhalten zeigte deutlich, dass er das Geräusch erkannte und die Art des Geräusches verstand. Er suchte das Horn ab, aus dem die Geräusche kamen, und schien verwirrt zu sein, weil er den Affen, der sie erzeugt hatte, nicht fand. Er verfolgte die Geräusche bis zu ihrer eigentlichen Quelle, aber da er seine Gefährtin nicht fand, steckte er seinen Arm in das Horn und tastete an den Seiten des Horns herum, in der vergeblichen Hoffnung, sie zu finden. Der Ausdruck seines Gesichts war eine Studie, die den besten Bemühungen eines Physiognomikers würdig war.

Dann wurden einige Töne seiner Stimme auf einer anderen Walze aufgezeichnet und der Frau vorgespielt, die Anzeichen des Wiedererkennens zeigte; aber da diese Aufzeichnung sehr undeutlich war, weckte sie bei ihr nicht das Interesse, das die andere bei ihm hervorgerufen hatte.

Dies ist zweifellos der erste Fall in der Geschichte der Sprache, in dem jemals versucht wurde, die Sprache von Affen aufzuzeichnen. Dieses erste Experiment war zwar grob und die Ergebnisse waren nicht schlüssig, aber es wies in die richtige Richtung und inspirierte zu weiteren Bemühungen, den Brunnenkopf zu finden, aus dem der große Fluss der menschlichen Sprache fließt.

Einige Kritiker erklärten damals, dieses Experiment könne keinen wissenschaftlichen Wert haben, weil der Affe zu den aufgezeichneten Lauten provoziert worden sei und die so hervorgerufenen Laute nur Laute des Ärgers oder der Gotteslästerung seien. Es war mir egal, ob diese Worte moralisch oder profan waren, solange es sich um Sprachlaute eines Affen handelte und sie von anderen Affen erkannt wurden. Wenn ein Affe Schimpfwörter benutzt, hat er zweifellos auch andere Formen der Sprache.

Kurz nach diesem Experiment ging ich nach Chicago und machte eine Aufnahme von einem braunen Cebus-Affen. Es handelte sich dabei um einen Laut, der von dieser Art am häufigsten verwendet wird. Ich hatte keine genaue Vorstellung von seiner Bedeutung, aber seine häufige Verwendung veranlasste mich, es als eines ihrer wichtigsten Wörter auszuwählen. Nachdem ich dies sichergestellt hatte, kehrte ich nach New York zurück. Dort wählte ich einen Affen derselben Art aus und gab ihm die Aufzeichnung wieder. Er zeigte sofort, dass er sie verstanden hatte, und antwortete darauf. Wieder und wieder wurde dieser Ton wiedergegeben und er antwortete wiederholt. Er schaute auf das Horn, aus dem er kam, dann auf das sich bewegende Instrument und wich von ihnen zurück. Doch als der Ton weiter vom Horn ausging, schien sein Interesse zu erwachen. Er näherte sich dem Horn und spähte vorsichtig hinein. Der Ton wiederholte sich. Er stieß seinen Arm in das Horn und spähte außen herum, um zu sehen, ob er den Affen verscheucht hatte. Als er ihn nicht fand, zog er sich wieder aus dem Horn zurück, reagierte aber auf die Geräusche. Er schien die Sache mit einer Art Aberglauben zu betrachten. Er schien sich der Tatsache bewusst zu sein, dass sich dort ein Affe befinden sollte, aber da er ihn nicht fand, äußerte er Misstrauen. Ich weiß nicht, inwieweit er dies für einen Spuk hielt, aber er erkannte offensichtlich, dass es sich um etwas Ungewöhnliches handelte.

Bei diesem Experiment sind einige Tatsachen zu beobachten. Die Schallplatte lieferte dem Affen nichts als den kalten, mechanischen Ton. Die Elemente der Gestik usw. wurden als Faktoren für das Problem vollständig eliminiert, so dass der Affe nichts anderes zu interpretieren hatte als den Klang. Dies würde darauf hindeuten, dass der Sprachlaut eines Affen ebenso wie der des Menschen eine feste und konstante Bedeutung hat. Diese Schlussfolgerung wurde seither durch umfangreiche und vielfältige Experimente mit mechanischen Vorrichtungen vieler Art bestätigt.

Zu den Mängeln, die ich bei diesem Experiment feststellte, gehörte die Tatsache, dass ich keine Möglichkeit vorgesehen hatte, den Ton aufzuzeichnen, der als Antwort auf die Aufzeichnung entsteht. Später besorgte ich mir ein anderes Instrument, um dies zu tun. Auf diese Weise erhielt ich eine Antwort, und so hatte ich die beiden Zylinder zum Vergleich. Auf die gleiche Weise wiederholte ich das Experiment, die Schallplatte mit einem Gerät abzuliefern und die Antwort mit einem anderen aufzuzeichnen, bis ich Aufzeichnungen der Sprachlaute von fast allen Affen in Gefangenschaft in diesem Land erhalten hatte. Ich nahm diese Aufzeichnungen in meiner Freizeit und verglich und studierte sie sorgfältig, bis ich in der Lage war, neun Sprachlaute der Kapuzineräffchen zu interpretieren, und, nebenbei bemerkt, einige Laute einer großen Anzahl anderer Arten.

Es ist völlig unmöglich, die Laute der Affensprache durch irgendeine wörtliche Formel darzustellen, und es ist schwierig, sie in ihr genaues Äquivalent der menschlichen Sprache zu übersetzen; aber um eine Vorstellung von der Art und dem

Umfang dieser Sprache zu vermitteln, werde ich ein oder zwei Wörter beschreiben. In der Sprache der braunen Kapuzineräffchen ähnelt das wichtigste Wort in etwa dem Wort "wer", das wie "wh-oo-w" ausgesprochen wird. Der phonetische Effekt ist reich und musikalisch. Der vorherrschende Vokal ist ein reines vokalisches "u". Die radikale Bedeutung dieses Lautes ist Nahrung, der zentrale Gedanke im Leben eines jeden Affen. Es bedeutet nicht nur Essen im konkreten Sinne, indem es sich auf die zu verzehrende Sache bezieht, sondern manchmal auch auf den Akt des Essens, wobei es den Charakter eines Verbs hat. Zu anderen Zeiten bezieht es sich auf den Wunsch zu essen oder auf das Gefühl des Hungers, und in diesem Fall hat es den Charakter eines Adjektivs. Die grammatikalischen Werte hängen jedoch von der Struktur ab, und da die Sprache der Affen monophrastisch ist, kann man nicht wirklich sagen, dass sie eine grammatikalische Form hat. Soweit ich gesehen habe, sind alle Laute dieser Spezies einsilbig, und die meisten von ihnen enthalten nur einen einzigen eindeutigen Phonetikus. Ich habe sie daher als "monophonetisch" bezeichnet. Das oben beschriebene Wort wird manchmal mit der offensichtlichen Absicht verwendet, Freundschaft oder etwas in dieser Art auszudrücken.

Ein anderes Wort, das sich auf ein Getränk oder eine Flüssigkeit bezieht, beginnt mit einem schwachen gutturalen "ch", gleitet über einen Laut, der dem französischen Diphthong "eu" ähnelt, und endet mit einem verschwindenden "y". Dieser Laut wird im Zusammenhang mit Getränken in ähnlicher Weise verwendet wie der andere Laut im Zusammenhang mit Lebensmitteln.

Bisher habe ich keine Spur der Vokale "a", "e", "i" oder "o" gefunden, die lang klingen, aber in einem Alarmlaut, der unter dem Stress großer Angst oder im Falle eines Angriffs ausgestoßen wird, ähnelt das Vokalelement einem kurzen "i". Dieser Laut wird in einer Tonhöhe von etwa zwei Oktaven über der menschlichen Frauenstimme geäußert.

Alle Laute, die Affen und, soweit ich beobachtet habe, auch andere Tiere von sich geben, beziehen sich auf ihre natürlichen körperlichen Bedürfnisse. Sie sind nicht in der Lage, komplizierte oder abstrakte Gedanken auszudrücken, denn das Tier selbst hat keine solchen Gedanken. Ihre einfache Lebensweise erfordert keine komplexen Gedanken.

Eine auffällige Ähnlichkeit zwischen der menschlichen Sprache und der des Affen findet sich in einem Wort, das "Nellie" (eines meiner Haustiere) benutzte, um mich vor einer nahenden Gefahr zu warnen. Es handelt sich nicht um den Laut, der anderswo als Alarmton bei unmittelbarer Gefahr beschrieben wird. Dieses Geräusch wird bei entfernter Gefahr oder bei der Ankündigung von etwas Ungewöhnlichem verwendet. Er ähnelt dem Wort "e-c-g-k" so weit, wie es sich mit Buchstaben darstellen lässt. Mit diesem Wort wurde ich schon oft von diesen kleinen Freunden gewarnt. Nellies Käfig stand in der Nähe meines Schreibtisches. Nachts blieb sie immer wach, solange das Licht brannte. Da ich selbst immer spät aufgestanden war, verstieß ich nicht gegen die Regel meines Lebens, um ihr eine gute Nachtruhe zu ermöglichen. Eines Morgens gegen zwei Uhr, als ich mich zur Ruhe begeben wollte, fand ich Nellie hellwach vor. Ich zog einen Stuhl in die Nähe ihres Käfigs und beobachtete ihre Streiche. Sie versuchte, mich mit Glöckchen und Spielzeug zu unterhalten. Ohne sie es sehen zu lassen, band ich einen langen Faden an einen Handschuh und platzierte ihn in einer Ecke des Zimmers in einigen Metern Entfernung. Ich hielt das eine Ende der Schnur fest und zog den Handschuh schräg über den Boden. Als ich die Schnur, die über ein Knie und unter das andere gezogen wurde, zum ersten Mal straffte, bewegte sich der Handschuh leicht. Dies bemerkte ihr schnelles Auge bei der ersten Bewegung. Fast auf Zehenspitzen stehend, den Mund halb geöffnet, spähte sie vorsichtig auf den Handschuh. Dann stieß sie mit leisem Unterton, der an ein Flüstern grenzte, den Laut "e-c-g-k!" aus. Etwa jede Sekunde wiederholte sie diesen Laut und beobachtete gleichzeitig, ob ich die Annäherung dieses Kobolds bemerkte oder nicht. Ihre Handlungen waren sehr menschenähnlich. Ihre Bewegungen waren so verstohlen wie die einer Katze. Als der Handschuh näher und näher kam, wurde sie immer demonstrativer. Als sie schließlich das Ungeheuer am Hosenbein hochklettern sah, stieß sie den Laut mit lauter Stimme und sehr schnell aus. Sie versuchte, an das Objekt heranzukommen. Offensichtlich hielt sie es für ein lebendes Wesen. Sie entdeckte den Faden, mit dem der Handschuh über den Boden gezogen wurde, schien sich aber nicht sicher zu sein, welche Rolle er in der Sache spielte. Ihre Augen folgten mehrmals dem Faden von meinem Knie bis zum Handschuh, aber ich glaube nicht, dass sie entdeckte, was den Handschuh in Bewegung setzte. Nachdem ich dies einige Male wiederholt hatte, jedes Mal mit demselben Ergebnis, nahm ich ihr die Angst und erlaubte ihr, den Handschuh zu untersuchen. Sie tat dies einen Moment lang mit großem Interesse und wandte sich dann ab. Ich versuchte das Gleiche noch einmal, aber es gelang mir nicht, ihr auch nur das geringste Interesse zu entlocken, nachdem sie den Handschuh einmal untersucht hatte.

Als Nellie zum ersten Mal den Handschuh entdeckte, der sich auf dem Boden bewegte, versuchte sie, mich in einem leisen Ton auf sich aufmerksam zu machen. Als sich das Objekt näherte, wurde sie ernster und stieß den Laut etwas lauter aus. Als sie entdeckte, dass das Monster - wie sie es betrachtete - an meinem Bein hochkletterte, sprach sie die Warnung mit einer Stimme aus, die für die Entfernung, über die die Warnung übermittelt wurde, ausreichend laut war. Diese Tatsachen zeigen, dass ihr Geräuschempfinden gut ausgeprägt war. Ihr Ziel war es, mich vor der herannahenden Gefahr zu warnen, ohne das Objekt zu alarmieren, gegen das die Warnung gerichtet war. Je größer die Gefahr wurde, desto dringlicher wurde die Warnung. Als sie die Gefahr erkannte, verbarg sie ihren Alarm nicht mehr und hielt ihn nicht mehr zurück.

Nellie war ein anhängliches kleines Geschöpf. Sie hasste es, allein gelassen zu werden, selbst wenn sie mit Spielzeug und einem Überfluss an Futter versorgt wurde. Wenn sie sah, wie ich meinen Mantel anzog oder meinen Hut nahm, ahnte sie, dass sie allein gelassen werden würde. Dann begann sie zu flehen, zu betteln und zu plappern. Ich beobachtete sie oft durch ein kleines Loch in der Tür. Wenn sie ganz allein war, spielte sie in aller Stille mit ihrem Spielzeug. Manchmal sagte sie stundenlang kein einziges Wort. Sie bildete keine Ausnahme von der Regel, dass Affen nicht sprechen, wenn sie allein sind.

Obwohl ihre Sprache der menschlichen Sprache unterlegen ist, enthält sie doch eine Beredsamkeit, die beruhigt, und eine Bedeutung, die das menschliche Herz anspricht.

Kurz gesagt, die Sprache von Affen und die menschliche Sprache ähneln sich in allen wesentlichen Punkten. Die Sprachlaute der Affen sind freiwillig, bewusst und artikuliert. Sie werden an andere mit der offensichtlichen Absicht gerichtet, verstanden zu werden. Der Sprecher zeigt, dass er sich der Bedeutung bewusst ist, die er durch das Medium der Sprache vermitteln möchte. Er wartet auf eine Antwort und erwartet sie. Erfolgt diese nicht, wird der Laut wiederholt. Der Sprecher schaut den Angesprochenen gewöhnlich an. Affen geben diese Laute gewöhnlich nicht von sich, wenn sie allein sind. Sie verstehen die Laute, die ihre Artgenossen von sich geben. Sie verstehen die Laute, wenn sie von einem Menschen, einem Phonographen oder einer anderen mechanischen Vorrichtung imitiert werden. Sie verstehen die Laute ohne die Hilfe von Zeichen oder Gesten. Sie interpretieren ein und denselben Laut immer auf dieselbe Weise. Ihre Laute werden von ihren Stimmorganen erzeugt und von den Zähnen, der Zunge, dem Gaumen und den Lippen moduliert. Ihre Sprache ist in Dialekte unterteilt, und die höheren Tierformen haben höhere Sprachtypen als die niedrigeren. Die höheren Formen sind etwas komplexer und in ihrer Bedeutung etwas genauer als die niedrigeren. Der gegenwärtige Zustand der Affensprache scheint durch die Entwicklung aus niedrigeren Formen erreicht worden zu sein. Jede Affenrasse oder -spezies hat eine ihrer Art eigene Form der Sprache. Wenn sie eine Zeit lang zusammen eingesperrt sind, lernen sie die Bedeutung der Laute der anderen, versuchen aber nur selten, sie auszusprechen. Ihr Sprachvermögen ist ihrem geistigen und sozialen Status angemessen. Sie äußern ihre Sprachlaute laut oder leise, je nachdem, was die Situation erfordert, was darauf hindeutet, dass sie sich der Werte bewusst sind. Je ausgeprägter die geselligen Gewohnheiten einer Spezies sind, desto höher ist die Art der Sprache, die sie besitzt. Soweit ich erkennen kann, gibt es keinen wesentlichen Unterschied zwischen der Sprache der Affen und der Sprache der Menschen.

KAPITEL III

Affenfreunde-Witze-Der Klang des Alarms-Jennie

Vor ein paar Jahren lebte in Charleston, S. C., ein schönes Exemplar des braunen Cebus. Sein Name ist Jokes. Er war von Natur aus scheu vor Fremden, aber bei meinem ersten Besuch sprach ich ihn in seiner Muttersprache an, und er schien mich sehr freundlich zu behandeln. Er fraß mir aus der Hand und erlaubte mir, ihn zu streicheln und anzufassen. Er beobachtete mich mit offensichtlicher Neugierde und reagierte immer auf die Laute, die ich in seiner Sprache ausstieß. Bei einer Gelegenheit probierte ich die Wirkung des besonderen Lautes "Alarm" oder "Angriff" aus, den ich von einem seiner Artgenossen gelernt hatte. Er kann nicht buchstabiert oder mit Buchstaben dargestellt werden. Während er mir aus der Hand fraß, stieß ich diesen eigenartigen, durchdringenden Ton aus. Sofort sprang er auf eine Sitzstange im oberen Teil des Käfigs, von wo aus er fast wild vor Angst in seiner Schlafwohnung hin und her rannte. Je öfter der Ton ertönte, desto größer wurde seine Furcht. Kein noch so gutes Zureden konnte ihn dazu bewegen, zu mir zurückzukehren oder auf meine Friedensangebote einzugehen. Ich zog mich einige Meter von seinem Käfig zurück, und sein Herrchen brachte ihn schließlich dazu, von der Sitzstange herabzusteigen; er tat dies jedoch nur sehr widerwillig. Ich wiederholte das Geräusch von meinem Standort aus, und es führte zu einem ähnlichen Ergebnis. Der Affe gab als Antwort auf meine Bemühungen, ihn zu beruhigen, einen eigenartigen Laut von sich, aber er weigerte sich, sich zu versöhnen.

Nach dem Ablauf von acht oder zehn Tagen war es mir nicht gelungen, mich wieder in seine Gunst zu stellen oder ihn dazu zu bringen, etwas von mir anzunehmen. Nun griff ich zu härteren Mitteln, um ihn zur Vernunft zu bringen; ich drohte ihm mit einer Rute. Zuerst sträubte er sich dagegen, aber schließlich gab er nach und kam aus lauter Angst von seiner Stange herunter. Als ich ihn schließlich dazu brachte, sich mir zu nähern, legte er die Seite seines Kopfes auf den Boden, streckte die Zunge heraus und stieß einen klagenden Laut aus, der einen leicht fragenden Tonfall hatte. Zunächst war dieses Verhalten nicht zu deuten; aber zur gleichen Zeit besuchte ich einen kleinen Affen namens Jack, und in ihm fand ich einen Hinweis auf die Bedeutung dieses Verhaltens. Für Fremde waren Jack und ich sehr gute Freunde. Er gestattete mir viele Freiheiten, die er, wie mir die Familie versicherte, anderen durchweg verweigert hatte. Bei einem bestimmten Besuch bei ihm zeigte er sein Temperament und griff mich an, weil ich mich weigerte, eine Untertasse loszulassen, aus der er Milch trank. Ich riss ihn an der Kette hoch und gab ihm eine Ohrfeige, woraufhin er augenblicklich den Kopf auf den Boden legte, die Zunge herausstreckte und einen ähnlichen Laut von sich gab, wie ihn Jokes bei der genannten Gelegenheit gemacht hatte. Es kam mir in den Sinn, dass dies ein Zeichen der Kapitulation war. Spätere Tests bestätigten diese Meinung.

Mrs. M. French Sheldon schoss auf ihrer Reise durch Ostafrika in einem Wald in der Nähe des Charla-Sees einen kleinen Affen. Sie beschreibt anschaulich, wie der kleine Kerl hoch oben im Geäst eines Baumes stand und mit klarer, musikalischer Stimme zu ihr schnatterte, bis er bei der Entladung ihres Gewehrs tödlich verwundet zu Boden fiel. Als er sterbend zu ihren Füßen lag, richtete er seine leuchtenden kleinen Augen flehend auf sie, als wollte er sie um Mitleid bitten. Gerührt von seinem Appell nahm sie das kleine Wesen in ihre Arme und versuchte, es zu beruhigen. Immer wieder berührte er mit seiner Zunge ihre Hand, als ob er sie küssen wollte, und schien sich in der Stunde des Todes zu wünschen, von der Hand gestreichelt zu werden, die ihm ohne Gegenleistung das süße Leben genommen hatte, das keinen Wert haben konnte, wenn es nicht in den wilden Wald ging, wo seine Verwandten lebten. Aus der Beschreibung der Handlungen dieses Affen geht hervor, dass sein Verhalten mit dem des Cebus identisch war und mit Recht so interpretiert werden kann, dass es "Erbarme dich meiner" oder "Verschone mich" bedeutet. Ein schottischer Naturforscher, der meine Beschreibung dieser Handlung und ihre Deutung kommentiert, stimmt mit mir überein und erklärt, er habe dasselbe bei anderen Affenarten beobachtet.

Über einen Zeitraum von mehreren Wochen besuchte ich Jokes fast täglich; aber nach dem Ablauf von mehr als zwei Monaten hatte ich ihn weder zurückgewonnen noch seinen Verdacht gegen mich beruhigt. Wenn ich mich ihm näherte, zeigte er in der Regel Angst und vollzog den oben beschriebenen Akt der Demütigung.

Ich beobachtete, dass er einen intensiven Hass auf einen Negerjungen hegte, der ihn neckte und ärgerte, und ließ den Jungen in die Nähe des Käfigs kommen. Jokes tobte regelrecht vor Wut. Ich nahm einen Stock und tat so, als würde ich den Jungen schlagen. Das erfreute Jokes sehr. Ich hielt den Jungen nahe genug an den Käfig heran, damit der Affe ihn kratzen und an seinen Kleidern ziehen konnte. Das erfüllte seine kleine Affenseele mit Freude. Als ich den Jungen losließ, trieb ich ihn fort, indem ich ihn mit Papierbündeln bewarf. Das bereitete Jokes unendliches Vergnügen. Ich wiederholte dies einige Male, und auf diese Weise wurden wir wieder gute Freunde. Nach jeder Begegnung mit dem Jungen kam Jokes zu den Gitterstäben, berührte meine Hand mit seiner Zunge, plapperte, spielte mit meinen Fingern und zeigte jedes Zeichen von Vertrauen und Freundschaft. Er warnte mich immer, wenn sich jemand näherte, und sein Verhalten in solchen Momenten richtete sich weitgehend nach meinem Verhalten. Danach versäumte er es nie, mich mit dem richtigen Ton zu grüßen.

Während dieser Zeit besuchte ich einige Male ein anderes Äffchen derselben Art. Ihr Name war Jennie. Ihr Herrchen hatte mich im Voraus gewarnt, dass sie Fremden gegenüber nicht wohlgesonnen war. Auf meine Bitte hin hatte er sie in einem kleinen Nebenhof angekettet, den er keinem Mitglied der Familie gestattete zu betreten. Als ich mich der kleinen Dame zum ersten Mal näherte, grüßte ich sie wie üblich, was sie erwiderte und zu verstehen schien. Ich setzte mich neben sie und fütterte sie aus meinen Händen. Sie betrachtete mich mit offensichtlichem Interesse und Neugierde. Ich studierte sie mit dem gleichen Interesse. Während dieser gegenseitigen Untersuchung betrat eine Negerin, die bei der Familie lebte, heimlich den Hof und kam bis auf wenige Meter an uns heran. Ich beschloss, dieses Mädchen auf dem Altar der Wissenschaft zu opfern. Ich stellte sie zwischen den Affen und mich und schlug energisch "Alarm" oder "Warnung". Jennie geriet in Rage. Ich schlug weiter Alarm und tat gleichzeitig so, als würde ich das Mädchen mit einem Knüppel und einigen Papierschnipseln angreifen. Damit sollte der Affe glauben, dass das Mädchen den Alarm ausgelöst und den Angriff ausgeführt hatte. Mit einem großen Kraftakt vertrieb ich das Mädchen aus dem Hof. Danach konnte sie den kleinen Affen tagelang weder füttern noch sich ihm nähern. Dies bestätigte die Meinung über die Bedeutung dieses Geräusches. Dieses Geräusch lässt sich gut imitieren, indem man den Handrücken sanft auf den Mund legt und ihn mit großer Kraft küsst, wobei das Geräusch verlängert wird. Diese Imitation ist jedoch gleichgültig, aber die Qualität des Klangs ist besonders auffällig, wenn er auf dem Phonographen analysiert wird. Die Tonhöhe entspricht dem höchsten "F" auf einem Klavier, während das Wort "trinken" etwa zwei Oktaven tiefer liegt und das Wort "essen" fast drei.

Einmal besuchte ich den Zoologischen Garten in Cincinnati, wo ich in einem Käfig einen kleinen Kapuziner fand, dem ich den Namen Banquo gab. Es war fast Nacht und die Besucher hatten das Haus verlassen. Der kleine Affe, der durch die Belästigung der Besucher beunruhigt war, saß ruhig hinten in seinem Käfig, als wäre er froh, dass ein weiterer Tag vorbei war. Ich näherte mich dem Käfig und stieß das Geräusch aus, das ich mit "trinken" übersetzt habe. Der erste Versuch erregte seine Aufmerksamkeit und veranlasste ihn, sich umzudrehen und mich anzuschauen. Er erhob sich und antwortete mit demselben Wort. Dann kam er an die Vorderseite des Käfigs und sah mich an, als ob er Zweifel hätte. Ich wiederholte das Wort. Er antwortete wieder und drehte sich zu einer kleinen Schale im Käfig um. Er nahm es auf und stellte es neben die Tür, durch die der Pfleger ihm Futter reichte. Dann drehte er sich zu mir um und sprach das Wort erneut aus. Ich bat den Pfleger um etwas Milch, aber er brachte mir stattdessen Wasser. Der kleine Affe bemühte sich sehr, das Glas zu bekommen, und sein flehendes Verhalten und sein Tonfall zeugten von seinem Durst. Ich erlaubte ihm, seine Hand in das Glas zu tauchen und das Wasser von seinen Fingern zu lecken. Als er das Glas nicht mehr in der Hand hielt, wiederholte er das Geräusch und sah mich flehend an, als wollte er sagen: "Bitte gib mir mehr." Das brachte mich zu dem Verdacht, dass das Wort, das ich mit "Milch" übersetzt hatte, auch "Wasser" bedeutete. Aufgrund dieser und anderer Tests kam ich schließlich zu dem Schluss, dass es "trinken" im weitesten Sinne und möglicherweise auch "Durst" bedeutet. Es drückte offensichtlich seinen Wunsch nach etwas aus, mit dem er seinen Durst stillen konnte. Der Klang ist sehr schwer zu imitieren und ziemlich unmöglich zu schreiben, aber eine Vorstellung davon wird an anderer Stelle gegeben.

Bei einem meiner Besuche im Chicagoer Garten stand ich mit der Seite zu einem Käfig, in dem ein kleiner Kapuziner saß. Ich stieß das Geräusch aus, das man mit

"Milch" übersetzt hatte. Das veranlasste ihn, sich umzudrehen und mich anzusehen, und als ich den Laut ein paar Mal wiederholte, antwortete er sehr deutlich mit demselben Laut. Er nahm die Schale, aus der er gewöhnlich trank, und brachte sie an die Vorderseite des Käfigs, stellte sie ab, kam an die Gitterstäbe heran und sprach das Wort deutlich aus. Man hatte ihm weder Milch noch sonstiges Futter gezeigt. Der Pfleger brachte daraufhin etwas Milch, die ich dem Affen gab, der sie mit großem Genuss trank. Ich hielt erneut seine Schale hoch und wiederholte das Geräusch. Er gab jedes Mal denselben Laut von sich, wenn er Milch wollte. Während dieses Besuchs machte ich viele Experimente mit dem Wort, von dem ich jetzt überzeugt bin, dass es "Essen" oder "Hunger" bedeutet. Ich wurde zu der Überzeugung geführt, dass er dasselbe Wort für Apfel, Karotte, Brot und Banane benutzte. Spätere Experimente haben mich jedoch veranlasst, diese Ansicht zu revidieren, denn der Phonograph zeigt leichte Variationen des Klangs, und es ist wahrscheinlich, dass diese schwachen Beugungen verschiedene Arten von Lebensmitteln anzeigen können. Normalerweise erkennen sie diesen Laut, auch wenn er schlecht imitiert wird. In diesem Wort kann ein Hinweis auf das große Geheimnis der Sprache gefunden werden. Und obwohl ich nur einen kleinen Schritt zu seiner Lösung gemacht habe, zeigen diese Tatsachen den Weg auf, der zu ihm führt.

KAPITEL IV

Affenethik - Farbensinn - Affen zählen auf - Erste Prinzipien der Kunst

Affen haben einen einfachen ethischen Kodex. Es ist keineswegs anzunehmen, dass ihr Sinn für Anstand oder ihre Wertschätzung von Farbe, Form, Dimension oder Qualität von hoher Qualität ist; aber es besteht kein Zweifel daran, dass sie die Grundlagen besitzen, auf denen die höheren Kulte der menschlichen Gesellschaft beruhen. Zu den Experimenten, die ich in diesem Sinne durchführte, gehörten auch einige, mit denen die Stärke dieser latenten Fähigkeiten oder der Grad ihrer Entwicklung festgestellt werden sollte.

Um herauszufinden, ob Affen eine Farbauswahl haben oder nicht, habe ich einige bunte Kugeln, Murmeln, Bonbons und Bänder ausgewählt. Ich nahm ein Stück Pappe und legte darauf ein paar Bonbons in verschiedenen Farben. Diese wurden einem Affen angeboten, um zu sehen, ob er sich für eine bestimmte Farbe entscheiden würde. Um ihn nicht zu verwirren, verwendete ich jeweils nur zwei Farben, wechselte aber häufig ihre Plätze. Damit sollte festgestellt werden, ob die Farbe nur aus Bequemlichkeit oder wegen der Farbe selbst gewählt wurde. Indem ich dies mit einer Reihe von hellen Farben wiederholte und ihre Reihenfolge häufig änderte, konnte ich in vielen Fällen feststellen, dass bestimmte Affen eine eindeutige Farbwahl hatten. Es wurde festgestellt, dass nicht alle Affen die gleiche Farbe wählen, und auch, dass ein und derselbe Affe nicht immer die gleiche Farbe wählt. Aber in der Regel schien helles Grün die Lieblingsfarbe der Kapuzineraffen zu sein, und ihre zweite Wahl war Weiß. In einigen wenigen Fällen schien Weiß die bevorzugte Farbe zu sein. Dieses Experiment beschränkte sich nicht auf Süßigkeiten, Nüsse oder andere Nahrungsmittel. Sie schienen bei der Auswahl ihres Spielzeugs in etwa den gleichen Geschmack zu haben. Aus der Verwendung von Kunstblumen ging hervor, dass die Wahl von Grün möglicherweise mit der Auswahl von Lebensmitteln zusammenhing. Bei einer Gelegenheit hielt ich einen Becher für einen Affen bereit, aus dem er Milch trinken konnte. Auf einer Seite des Bechers war ein Bild mit hellen Blumen und grünen Blättern abgebildet. Das Äffchen hörte manchmal auf, die Milch zu trinken, und versuchte, die Blumen von der Seite der Tasse zu pflücken. Die Tatsache, dass sie die Blumen nicht entfernen konnte, schien sie zu ärgern, und sie schien nicht zu verstehen, warum sie sie nicht erreichen konnte.

In einem Test verwendete ich ein etwa ein Meter langes Brett, auf dem einige weiße und rosa Bonbons gemischt und an vier verschiedenen Stellen des Brettes angeordnet waren. Der Affe wählte von jedem Stapel das weiße aus, bevor er das rosafarbene nahm, außer in einem Fall, in dem das rosafarbene zuerst genommen wurde. In einem anderen Experiment nahm ich einen weißen und einen rosafarbenen Papierball in die eine und die andere Hand und hielt dem Affen meine Hände hin. Er entschied sich fast jedes Mal für die weiße Kugel, obwohl ich von Zeit zu Zeit die

Hände mit den Kugeln wechselte. Es war nicht nur eine Frage der Bequemlichkeit, denn der Affe griff manchmal nach der Hand mit dem rosa Ball, um den weißen zu bekommen. Die meisten dieser Experimente wurden mit Kapuzineraffen durchgeführt, einige aber auch mit Rhesusaffen. Die Tatsache, dass Affen im Allgemeinen von leuchtenden Farben angezogen zu werden scheinen, ist zweifellos auf die Bereitschaft zurückzuführen, mit der diese die Aufmerksamkeit auf sich ziehen; wenn sie jedoch vor die Wahl zwischen zwei Farben gestellt werden, scheinen sie den leuchtenden Farben nicht den Vorzug zu geben.

Ein einzigartiges, aber einfaches Experiment wurde durchgeführt, um festzustellen, ob Affen zählen oder nicht. Ich legte auf eine kleine Platte eine Nuss und ein kleines Stück Apfel oder Karotte, das in Form eines Würfels geschnitten war. Auf einem anderen Teller wurden zwei oder drei solcher Gegenstände von gleicher Farbe und Größe platziert. Ich hielt die beiden Teller außerhalb der Reichweite des Affen und wechselte von Zeit zu Zeit die Hände, wobei ich beobachtete, dass er versuchte, den Teller mit der größeren Anzahl zu erreichen, was darauf hindeutete, dass er erkannte, welcher die größere Menge oder Anzahl von Gegenständen enthielt. Lange Zeit war es fraglich, ob seine Wahl durch die Anzahl oder die Menge gesteuert wurde. Aber indem er ein Stück nahm, das größer war als die anderen und eine andere Form hatte, wurde festgestellt, dass er den Unterschied in der Menge wahrnahm. Dann nahm er einen Teller mit einem Stück und einen anderen Teller mit mehreren ähnlichen Stücken, und es zeigte sich, dass er die Einzahl von der Mehrzahl unterscheiden konnte.

Abb. 6: Affe lernt zählen

Ein weiteres Experiment bestand darin, festzustellen, inwieweit er in der Lage war, aufzuzählen. Zu diesem Zweck baute ich eine kleine quadratische Schachtel und machte ein Loch in eine Seite davon. Die Schachtel war innen gepolstert, damit der Inhalt nicht klappern würde. In die Schachtel wurden drei Murmeln der gleichen Größe und Farbe gelegt. Das Loch war gerade so groß, dass der Affe seine Hand mit jeweils einer Murmel zurückziehen konnte. Nachdem ich ihn eine Weile mit diesen Murmeln spielen ließ, indem ich sie in die Schachtel legte und wieder herausnahm, entfernte ich eine der Murmeln und ließ ihm die beiden anderen zum Spielen. Als er sie aus der Schachtel nahm, vermisste er die fehlende Kugel, tastete in der Schachtel nach ihr, stand auf und schaute dorthin, wo er gesessen hatte. Wieder steckte er seine Hand in die Schachtel und sah mich an, als wolle er sagen, dass er etwas verloren habe. Da er es nicht fand, versöhnte er sich bald mit dem Verlust und begann, mit den beiden anderen zu spielen. Als er mit diesen zufrieden war, nahm ich ein zweites heraus. Daraufhin machte er sich auf die Suche und war nicht gewillt, weiterzumachen, ohne die verlorenen Murmeln zu finden. Er griff mit der Hand in die Schachtel, offensichtlich in der Hoffnung, sie zu finden. Er wollte nicht weiter mit der einen spielen. Ich stellte eine der Murmeln wieder her, und als er entdeckte, dass ich die verlorene Murmel finden konnte, bat er mich jedes Mal, ihm zu helfen. Dann bestand er darauf, mit seinen kleinen, schmutzigen, schwarzen Fingern meine Lippen zu öffnen, um zu sehen, ob sie in meinem Mund versteckt war - dem Ort, an dem Affen normalerweise Diebesgut verstecken. Ich wiederholte dieses Experiment viele Male, bis ich von seiner Fähigkeit, bis drei zu zählen, überzeugt war. Dann wurde der Zahl eine weitere Murmel hinzugefügt, und er durfte mit der Vier spielen, bis er mit dieser Zahl vertraut wurde. Aber als eine von den vier Kugeln weggenommen wurde, schien er nicht sehr beeindruckt von dem Verlust zu sein. Manchmal schien er zu zweifeln, aber er machte sich keine großen Gedanken darüber, obwohl er zu wissen schien, dass etwas nicht stimmte.

Es ist nicht anzunehmen, dass Affen Namen für Ziffern haben, aber sie haben sicherlich eine mehr oder weniger ausgeprägte Vorstellung von der Mehrzahl. Das Gleiche gilt für Vögel. Es heißt, dass alle Vögel in der Lage sind, die Eier in ihren Nestern zu zählen. Dies gilt sicherlich für diejenigen, die nur drei oder vier Eier legen.

Zu der Zeit, als diese Experimente mit Affen in diesem Land durchgeführt wurden, führte der verstorbene Professor Romanes in London bestimmte Experimente mit einem Schimpansen durch. Es gelang ihm, ihr beizubringen, bis sieben zu zählen, so dass sie auf Verlangen jede Zahl von eins bis sieben zählte und ihm lieferte. Dies tat sie ohne Aufforderung und in der Regel ohne Fehler.

Unter den verschiedenen Affenarten scheint es eine große Bandbreite an Vorlieben zu geben. In dieser Hinsicht variieren sie ähnlich wie die Menschen. Das Gleiche gilt für ihre geistigen Fähigkeiten im Allgemeinen. Bei einigen Affen ist die Wahl der Farbe viel eindeutiger und die der Dimension viel sicherer als bei anderen, und die meisten von ihnen scheinen verschiedenen Zahlen einen unterschiedlichen Wert zuzuordnen.

Manche Affen sind gesprächig, andere wortkarg. Einige sind bösartig und andere stur, während andere so verspielt wie Kätzchen und so fröhlich wie die Sonne sind. Ich halte den Cebus für den intelligentesten aller Affen. Ich habe ihn sogar den "Kaukasus der Affen" genannt. Die Affen der Neuen Welt scheinen intelligenter und geschwätziger zu sein als die Affen der Alten Welt, aber diese Bemerkung bezieht sich nicht auf die Menschenaffen.

Um den Musikgeschmack der Affen zu testen, nahm ich drei kleine Glocken und hängte sie an eine gleiche Anzahl von Schnüren. Die Glocken waren alle gleich, außer dass bei zwei von ihnen die Klöppel entfernt worden waren. Ich ließ die Glöckchen in einem Abstand von zehn oder zwölf Zentimetern durch die Maschen des Käfigs fallen und erlaubte dem Affen, mit ihnen zu spielen. Bald entdeckte er diejenige, die den Klöppel enthielt. Er spielte damit und war ganz vertieft in sie. Dann wurde er zu einem anderen Teil des Käfigs gelockt, und währenddessen wurde die Position der Glocken verändert. Als er zurückkam, fand er seine Lieblingsglocke ohne Klöppel vor. Daraufhin wandte er sich einer anderen Glocke zu, und dann einer anderen, bis er diejenige mit dem Klöppel fand. Dies deutet darauf hin, dass der von der Glocke ausgehende Ton zumindest einen Teil ihrer Anziehungskraft ausmacht.

Während der Zeit, in der ich den Phonographen zum Studium der Affen benutzte, habe ich ihnen viele Musikplatten vorgespielt und festgestellt, dass einige eine Vorliebe für die Musik zeigten, andere waren ihr gegenüber gleichgültig, und einige wenige zeigten eine Abneigung gegen sie. Es zeigte sich, dass die Affen, die sich am meisten von musikalischen Klängen angezogen fühlten, eher die Wiederholung einer einzelnen Note als die Melodie genossen. Es ist möglich, dass Musik, wie wir sie verstehen, für sie eine zu hohe Stufe der Sinneskultur darstellt. Der einzelne Ton einer bestimmten Tonhöhe scheint einige von ihnen anzuziehen und ihnen Freude zu bereiten, aber sie scheinen Rhythmus oder Melodie nicht zu schätzen.

Da Affen das größere von zwei Nahrungsstücken erkennen, kann man sagen, dass sie das Wahrnehmungsvermögen haben, das sie befähigt, Dimensionen zu schätzen. Da sie in der Lage sind, die Einzahl von der Mehrzahl und zwei von drei oder mehr zu unterscheiden, verfügen sie in diesem Maße über die Fähigkeit der Aufzählung. Da sie in der Lage sind, Farben zu unterscheiden und auszuwählen, verfügen sie über das erste Rudiment der Kunst im Umgang mit Farben. Da sie von musikalischen Klängen angezogen oder abgestoßen werden, kann man sagen, dass sie den ersten Grundstock der Musik besitzen. Es darf jedoch nicht so verstanden werden, dass behauptet wird, Affen besäßen einen hohen Grad an geistiger Kultur; aber es wird zugegeben, dass sie die Keime der Mathematik besitzen, die sich mit Form, Dimension und Zahl befassen; der Kunst, die sich mit Form und Farbe befasst; der Musik, die sich mit Ton und Zeit befasst. Es ist unwahrscheinlich, dass sie für irgendeine dieser Empfindungen Namen haben, noch dass sie irgendwelche abstrakten Ideen haben, die nicht direkt aus der Erfahrung stammen. Da aber das Konkrete dem Abstrakten in der Entwicklung der Vernunft vorausgehen muss, ist es mehr als wahrscheinlich, dass sich diese Geschöpfe heute in einem geistigen Horizont befinden, wie ihn der Mensch im Laufe seiner Evolution einmal durchlaufen hat. Es bedarf keiner großen geistigen Anstrengung, um die Möglichkeit zu erkennen, dass sich diese schwachen Fähigkeiten bei ständigem Gebrauch und unter veränderten Bedingungen zu einem höheren Grad an Stärke und Nützlichkeit entwickeln können. In der Tat finden wir in diesen Geschöpfen den Embryo jeder menschlichen Fähigkeit, einschließlich derjenigen der Vernunft und der Sprache, durch deren Ausübung sich die höheren moralischen und sozialen Eigenschaften des Menschen entwickeln. Sie scheinen zumindest das Rohmaterial zu besitzen, aus dem die höchsten Eigenschaften des menschlichen Geistes entstehen, und ich werde ihnen das Recht auf ausschließlichen Besitz nicht streitig machen.

KAPITEL V

*Pedros Rede wird aufgezeichnet - Puck erhält sie über den
Phonographen - der kleine Darwin lernt ein neues Wort*

In der Washingtoner Sammlung gab es einmal einen Kapuzineraffen namens Pedro. Als ich diesen aufgeweckten kleinen Kerl zum ersten Mal besuchte, bewohnte er einen Käfig zusammen mit mehreren anderen Affen verschiedener Arten. Alle schienen sich dem kleinen Pedro aufzudrängen, und ein schelmischer junger Klammeraffe fand besonderen Gefallen daran, ihn am Schwanz zu packen und ihn über den Boden des Käfigs zu schleifen. Ich mischte mich für Pedro ein und vertrieb den Spinnenaffen. Pedro wusste das zu schätzen und begann, mich als Wohltäterin zu betrachten. Wenn er mich sah, schrie er, um meine Aufmerksamkeit zu erregen, und bettelte dann darum, dass ich zu ihm kam. Ich veranlasste den Tierpfleger, ihn allein in einen kleinen Käfig zu setzen. Das schien ihm sehr zu gefallen. Als ich seine Laute auf dem Phonographen aufnehmen wollte, hielt ich ihn auf meinem Arm. Er nahm das Röhrchen in seine winzigen, schwarzen Hände, hielt es dicht an seinen Mund und sprach hinein wie ein braver kleiner Junge, der weiß, was er tun muss und wie er es tun muss. Manchmal lachte er, und er plapperte oft mit mir, solange er mich sehen konnte. Er setzte sich auf meine Hand und küsste meine Wangen, hielt seinen Mund an mein Ohr und plapperte, als ob er wüsste, wozu meine Ohren da sind. Er mochte den Oberaufseher und auch den Direktor sehr gern, aber er hegte eine große Abneigung gegen einen der stellvertretenden Aufseher. Er erzählte mir oft sehr schlimme Dinge über diesen Mann, obwohl ich nicht verstehen konnte, was er sagte. Ich werde mich noch lange daran erinnern, wie dieses liebe kleine Äffchen sich unter mein Kinn kuschelte und versuchte, mir irgendeine traurige Geschichte, die ihm zur Last zu fallen schien, verständlich zu machen. Er verstand die Laute seiner eigenen Sprache sehr gut, wenn man sie ihm vorsprach, und ich machte einige der besten Aufnahmen seiner Stimme, die ich je von einem Affen machen konnte. Einige von ihnen bewahrte ich lange Zeit auf. Sie zeigten ein breites Spektrum an Lauten, und ich studierte sie mit besonderer Sorgfalt und Freude, weil ich wusste, dass sie an mich gerichtet waren. Da ich wusste, dass das kleine Wesen diese Laute an mich richtete, in der Hoffnung, dass ich sie verstehen würde, war ich mehr darauf bedacht zu erfahren, was es wirklich meinte, als wenn es nur etwas an einen anderen gerichtet hätte. Dieser kleine Affe wurde im Amazonastal in Brasilien geboren und nach dem verstorbenen Kaiser Dom Pedro benannt.

Einmal lieh ich mir von einem Händler einen kleinen Kapuziner namens Puck und ließ ihn in meine Wohnung schicken, wo ich einen Phonographen hatte. Ich stellte den Käfig vor das Gerät, auf dem die Schallplatte meines kleinen Freundes Pedro eingestellt war. Ich versteckte mich in einem Nebenzimmer, wo ich durch ein kleines Loch in der Tür das Verhalten von Puck beobachten konnte. Am Hebel der

Maschine war eine Schnur befestigt, die straff gezogen und durch ein weiteres Loch in der Tür geführt wurde. Auf diese Weise konnte die Maschine in Gang gesetzt werden, ohne die Aufmerksamkeit des Affen dadurch zu erregen, dass er sah, dass sich etwas bewegte. Als alles im Raum still war, wurde die Maschine in Gang gesetzt, und Puck wurde von Pedro mit einer phonographischen Darbietung verwöhnt. Diese Rede wurde dem Affen deutlich durch das Horn übermittelt. An seinem Verhalten war zu erkennen, dass er sie als die Stimme eines Angehörigen seines Stammes erkannte. Er schaute erstaunt auf das Horn, gab ein oder zwei Laute von sich, schaute sich im Raum um und stieß erneut zwei oder drei Laute aus. Offenbar etwas ängstlich, zog er sich von dem Horn zurück. Wieder gab das Horn einige Laute von reiner Kapuzinersprache von sich. Puck schien sie als Töne von einiger Bedeutung zu betrachten. Er trat vorsichtig näher und gab eine schwache Antwort; aber ein schneller, scharfer Ton aus dem Horn erschreckte ihn; und da er außer dem Klang der Stimme nichts fand, was auf einen Affen hindeutete, betrachtete er das Horn mit offensichtlichem Misstrauen und wagte es kaum, auf irgendeinen Ton zu antworten, den es von sich gab.

Nachdem ihm der Inhalt der Platte übergeben worden war, betrat ich das Zimmer. Dadurch wurde ihm die Angst vor dem Horn genommen. Wenig später wurde der Apparat erneut eingestellt, und ein kleiner Spiegel wurde direkt über der Öffnung des Horns aufgehängt. Ich zog mich wieder aus dem Zimmer zurück und überließ es ihm, seine neue Umgebung zu untersuchen. Bald entdeckte er den Affen im Glas und begann, ihn zu streicheln und mit ihm zu plappern. Wieder wurde der Phonograph mit Hilfe der Schnur in Gang gesetzt, und als das Horn anfing, seine Affenrede zu halten, war Puck sehr verunsichert und verwirrt. Er blickte auf das Bild im Glas und dann in das Horn. Er zog sich mit einem schwachen Grunzen und einem neugierigen Grinsen zurück, wobei er seine kleinen weißen Zähne zeigte und so tat, als wisse er nicht, ob er die Sache als Scherz oder als ernste und wissenschaftliche Tatsache betrachten sollte. Seine Stimme und seine Handlungen glichen denen eines Kindes, das mit Worten erklärte, dass es sich nicht fürchtete, und gleichzeitig in jeder Handlung Angst verriet. Puck weinte nicht, aber seine große Angst ließ das Grinsen auf seinem Gesicht ziemlich grauenhaft erscheinen. Wieder näherte er sich dem Spiegel und lauschte den Tönen, die aus dem Horn kamen. Sein Verhalten verriet den Konflikt in seiner kleinen Seele. Es war offensichtlich, dass er nicht glaubte, dass der Affe, den er im Glas sah, die Geräusche machte, die aus dem Horn kamen. Immer wieder hielt er seinen Mund an das Glas und streichelte das Bild, versuchte aber gleichzeitig, den Affen zu meiden, den er im Horn hörte. Sein Verhalten in diesem Fall war überraschend, da die in der Aufzeichnung enthaltenen Laute alle in einer Stimmung ängstlichen, ernsten Flehens geäußert wurden, die keinen Ton des Zorns, der Warnung oder des Alarms enthielt, sondern im Gegenteil eine Art Liebesrede zu sein schien. Ich hatte die genaue Bedeutung der einzelnen Laute, die in diesem Zylinder enthalten waren, nicht kennengelernt, aber ich hatte ihnen kollektiv und allgemein eine solche Bedeutung zugeschrieben. Aus Pucks Verhalten war zu schließen, dass es sich um eine Art Beschwerde gegen die Affen handelte, die den anderen Käfig bewohnten. Sie hatten dem kleinen Pedro das Leben zur Last gemacht. Es war offensichtlich, dass Puck die Handlungen des Affen, der im Glas zu sehen war, als eine Sache interpretierte, und die Töne, die aus dem Horn kamen, als eine ganz andere.

Ihre Sprache ist nicht in der Lage, Geschichten zu erzählen oder Details in einer Beschwerde zu nennen, aber in allgemeinen Begriffen der Beschwerde mag sie Puck die Vorstellung von einem Affen in Not vermittelt haben, und daher sein Wunsch, ihn zu meiden. Das Bild im Glas zeigte ihm einen Affen in fröhlicher Stimmung, und er hatte daher keinen Grund, es zu meiden.

Die Sprache der Affen ist nicht von hoher Qualität, aber sie scheint sich aus einer minderwertigen Art entwickelt zu haben. Einige Affenarten haben sehr viel reichhaltigere und ausdrucksvollere Sprachformen als andere. Aus vielen Experimenten mit dem Phonographen schließe ich, dass einige von ihnen viel höhere phonetische Typen haben als andere. Ich habe leichte Beugungen gefunden, die die Werte ihrer Laute zu verändern scheinen. Bestimmte Affen machen bestimmte Beugungen überhaupt nicht, obwohl die Phonation einer Spezies in anderer Hinsicht im Allgemeinen einheitlich ist. In einigen Fällen scheinen sich die Beugungen bei ein und derselben Spezies leicht zu unterscheiden, aber eine lange und konstante Assoziation tendiert in gewissem Maße dazu, diese Dialekte zu vereinheitlichen, ähnlich wie ähnliche Ursachen die Dialekte der menschlichen Sprache vermischen und vereinheitlichen.

Ich beobachtete einen Fall, in dem ein Kapuziner zwei Laute erworben hatte, die eigentlich zur Zunge des weißgesichtigen Cebus gehörten. Zunächst vermutete ich, dass diese Laute in der Sprache beider Varietäten vorkommen; aber auf Nachfrage stellte sich heraus, dass dieser braune Cebus einige Jahre lang mit dem Weißgesichtigen in einem Käfig eingesperrt gewesen war, und in dieser Zeit hatte er sie erworben.

Der interessanteste Fall, über den ich zu berichten habe, ist der, in dem ein junger weißgesichtiger Cebus den Kapuzinerlaut für Nahrung erlernte. Dies geschah unter meiner eigenen Beobachtung, und da es unter solchen Bedingungen geschah, die zeigen, dass der Affe ein Motiv hatte, den Laut zu erlernen, betrachte ich es als äußerst bemerkenswert.

In dem Raum, in dem ein Händler in Washington die Affen aufbewahrte, befand sich ein Käfig mit dem jungen Cebus, um den es ging. Er war von mehr als durchschnittlicher Intelligenz. Er war ein ruhiger, gelassener und nachdenklicher kleiner Affe. Sein graues Haar und sein Bart gaben ihm ein recht ehrwürdiges Aussehen, und deshalb nannte ich ihn Darwin. Aus irgendeinem Grund hatte er Angst vor mir, und ich schenkte ihm nur wenig Aufmerksamkeit. In einem benachbarten Käfig lebte der kleine braune Cebus, genannt Puck. Die Käfige waren nur durch eine offene Drahtwand getrennt, durch die sie sich leicht sehen und hören konnten. Einige Wochen lang besuchte ich Puck fast täglich und versorgte ihn auf seine Rufe nach Futter mit Nüssen, Bananen oder anderem Futter. Ich gab ihm nie etwas zu essen, es sei denn, er bat mich in seiner eigenen Sprache darum.

Einmal erregte der kleine Darwin meine Aufmerksamkeit, der einen seltsamen Laut von sich gab, wie ich ihn noch nie bei einem seiner Artgenossen gehört hatte. Zuerst erkannte ich das Geräusch nicht, entdeckte aber schließlich, dass es das Geräusch des braunen Affen imitieren sollte, auf das hin ich ihm immer einen leckeren Happen zu essen gab. Darwin hatte beobachtet, dass Puck, wenn er dieses Geräusch machte, immer mit etwas zu essen belohnt wurde, und sein eigenes Motiv war offensichtlich, sich eine ähnliche Belohnung zu sichern. Daraufhin gab ich ihm ein Stückchen Futter als Anerkennung für seine Bemühungen. Von Tag zu Tag gelang es ihm besser, das Geräusch zu machen, bis es schließlich kaum noch von dem von Puck zu unterscheiden war. Dies geschah in einem Zeitraum von weniger als sechs Wochen nach meinem ersten Besuch. In diesem Fall war ich zumindest Zeuge, wie ein Affe die Sprache eines anderen Affen erlernte. Dies war für mich doppelt interessant, da ich lange Zeit geglaubt und verkündet hatte, dass kein Affe jemals versucht hatte, die Laute einer anderen Art zu lernen. Dieses Beispiel allein reichte aus, um mich von der unhaltbaren Schlussfolgerung abzubringen; und die kurze Zeit, in der das Kunststück gelang, deutet darauf hin, dass die Schwierigkeit nicht so groß ist, wie man bisher angenommen hatte. In der Regel lernen Affen nicht die Sprache der anderen, aber die Regel ist nicht ohne Ausnahmen. Ich hatte zuvor beobachtet und auf die Tatsache aufmerksam gemacht, dass, wenn zwei Affen verschiedener Arten zusammen eingesperrt sind, jeder die Sprache des anderen zu verstehen lernt, aber nicht versucht, sie zu sprechen. Wenn er überhaupt antwortet, dann in seiner eigenen Sprache. Affen versuchen nicht, ein zusammenhängendes Gespräch zu führen. Ihre Sprache beschränkt sich in der Regel auf einen einzigen Laut oder ein einziges Wort, und sie antworten auf dieselbe Weise. Anzunehmen, dass sie sich auf eine elaborierte Art und Weise unterhalten, würde den Rahmen der Vernunft sprengen. In dieser Hinsicht verstehen die meisten Menschen nicht, wie die Sprache von Affen oder anderen Tieren wirklich beschaffen ist.

KAPITEL VI

*Fünf kleine braune Cousins, Mickie, McGinty, Nemo, Dodo und
Nigger - Nemo entschuldigt sich bei Dodo*

Im Winter 1891 lebten im Central Park fünf kleine braune Affen, die alle von der gleichen Art waren und den gleichen Käfig bewohnten. Sie waren alle mehr oder weniger interessant, und alle waren sie meine Freunde. Ich besuchte sie häufig und verbrachte viel Zeit mit ihnen. Ich habe die Eitelkeit zu glauben, dass ich immer ein willkommener Gast war. Wir hatten viel Freude an der Gesellschaft der anderen. Da das Affenhaus nach neun Uhr für die Öffentlichkeit zugänglich war, machte ich meine Besuche gewöhnlich gegen Sonnenaufgang, um mit meinen kleinen Freunden allein zu sein.

Einer der schlauesten und fröhlichsten aller kleinen Affen war in dieser Gruppe. Sein Name war Mickie und er war der Chef der Schule. Er war nicht sehr gesprächig, es sei denn, er wollte etwas zu essen oder zu trinken, aber er war sehr verspielt, und wir hatten viel Spaß beim Toben. Immer, wenn ich den Käfig betrat, hockte Mickie über der Tür und sprang mir zu meiner Überraschung auf den Hals. Dann warf er liebevoll seine Arme um meinen Hals und leckte mir die Wangen, zog an meinen Ohren und schnatterte in seinem süßen, klagenden Ton. Die anderen Insassen des Käfigs waren eifersüchtig auf ihn, aber keiner focht sein Recht an, zu tun, was er wollte. Leider muss ich sagen, dass Mickie nicht immer so nett zu seinen kleinen Cousins war, wie er es hätte sein können. Er war wie einige Menschen, die ich kenne, die selbstsüchtig und manchmal grausam sind; aber seine gewohnte Gutmütigkeit machte seine plötzlichen Wutausbrüche in gewissem Maße wieder wett. Mickie gehörte nicht zum Park. Er wurde nur als Gast der Stadt gehalten, solange sein Herrchen in Europa war. Er hatte einen ausgeprägten Sinn für Humor und spielte den anderen manchmal Streiche, sehr zu ihrem Ärger. Einmal wickelte Mickie den Schwanz eines anderen Affen um eines der Gitterstäbe des Käfigs. Er setzte sich hin und hielt sich daran fest, während sein Besitzer vor Wut schrie und versuchte, sich zu befreien. Während dieser Zeit trug Mickies Gesicht ein breites, satanisches Grinsen, und er ließ seinen Griff nicht los, bis er den Spaß satt hatte.

Ein anderer dieser kleinen Cousins hieß McGinty. McGinty mochte mich sehr gern, aber er hatte Angst vor Mickie, der viel größer und stärker war als er. McGinty wollte immer mit von der Partie sein. Er mochte es nicht, dass Mickie meine Aufmerksamkeit für sich beanspruchte. Er kletterte oft auf meine Schultern und streichelte mich sehr liebevoll, wenn er nicht von Mickie unterbrochen wurde; aber wenn dieser kam, zog sich der arme kleine McGinty angewidert zurück, schmollte eine Zeit lang und weigerte sich sogar, von mir etwas zu essen anzunehmen. Nach und nach gab er meinem Drängen nach und nahm wieder am Spiel teil. Er schien immer etwas finden zu wollen, das meine Aufmerksamkeit von Mickie ablenken würde.

Ein weiterer Insasse des Käfigs war ein kleines Äffchen, das Herrn G. Scribner aus Yonkers, N.Y., gehörte. Ich nannte ihn Nemo. Er war schüchtern und wortkarg, aber ziemlich intelligent. Er war sanftmütig, gutmütig und besaß ein großes Maß an Diplomatie. Er war nachdenklich und friedfertig, aber "voller Tücke". Er bemühte sich immer, den Frieden mit Mickie zu wahren, für den er den Kriecher spielte. Er legte Mickie liebevoll seine Ärmchen um den Hals und klammerte sich an ihn wie an eine letzte Hoffnung. In allen Auseinandersetzungen, die Mickie betrafen, war Nemo sein Parteigänger. Wenn Mickie abgelenkt war, lachte Nemo. Ich habe manchmal gedacht, dass er das auch tun würde, wenn er Zahnschmerzen hätte. Er schien so sehr unter der Kontrolle von Mickie zu stehen wie die Locke in Mickies Schwanz. Wenn Nemo sah, wie Mickie mir beim Spielen in die Finger biss, dachte er, es geschehe aus Wut, und er ließ keine Gelegenheit aus, sie zu beißen; aber seine kleinen Zähne waren nicht stark genug, um sehr weh zu tun. Schließlich entdeckte er, dass Mickie mich nur aus Spaß biss, und von da an tat Nemo es scheinbar aus Pflichtgefühl. Es scheint kaum, dass ein Affe zu solch weitreichenden Absichten oder zu solcher Diplomatie fähig sein kann, aber bei einer sorgfältigen Untersuchung seiner Handlungen konnte ich kein anderes Motiv finden.

Eine Besonderheit im Verhalten dieses Affen war sein entschuldigendes Verhalten gegenüber einem anderen Insassen des Käfigs. Nemo hatte eine sanfte, musikalische Stimme und eine bemerkenswerte Ausdruckskraft im Gesicht. Bei zwei Gelegenheiten schien er sich bei einem Gefährten namens Dodo zu entschuldigen. Dies geschah in einer sehr bescheidenen Art und Weise. Ich habe vergeblich versucht, eine Aufzeichnung dieser besonderen Rede zu bekommen. Seine Art und Weise, seine Stimme und sein Gesicht drückten Reue aus, aber ich konnte weder den genauen Grund noch das Ausmaß seiner Demütigung in Erfahrung bringen. Er saß in der Hocke, die linke Hand um das rechte Handgelenk geschlungen, und hielt seine Rede in einer äußerst energischen, wenn auch bescheidenen Weise. Nach jedem Versuch machte er eine kurze Pause und wiederholte, was mir wie dasselbe vorkam. Dies geschah drei oder vier Mal. Als er diese Rede ganz beendet hatte, versetzte Dodo, an die sie gerichtet war und die still zugehört hatte, dem kleinen Büßer mit ihrer rechten Hand einen kräftigen Schlag auf die linke Gesichtshälfte. Darauf reagierte er mit einem leisen Schrei, aber ohne Groll. Der Wärter versicherte mir, dass er diese Handlung schon oft gesehen hatte, aber er hatte keine Ahnung von ihrer Bedeutung. Über die Einzelheiten dieser Handlung habe ich keine Theorie, aber die Gemütsverfassung und die Absicht waren offensichtlich. Sie drückten Bedauern, Reue oder Unterwerfung aus. Ich habe etwas Ähnliches bei anderen Affen beobachtet, aber nichts, was dieser Szene zwischen Nemo und Dodo an Vollendung oder Pathos gleichkam.

Dodo hatte ein strahlendes Gesicht und eine symmetrische Figur. Bei ihr wurde ich Zeuge einer der interessantesten Handlungen, die ich je bei einem Affen gesehen habe. Ihr Sprechen und Handeln grenzte ans Theatralische. Ihr Monolog richtete sich an ihren Pfleger, den sie besonders mochte. Zu fast jeder Tageszeit richtete sich Dodo auf und richtete die rührendste und leidenschaftlichste Ansprache an ihren Pfleger. Der Pfleger ging mit mir in den Käfig, um zu sehen, ob er mit ihr umgehen konnte. Nach einigem Zureden erlaubte sie ihm, sie in seine Arme zu nehmen. Nachdem er sie eine Weile gestreichelt und ihr versichert hatte, dass er ihr nichts Böses will, legte sie ihre schlanken Ärmchen um seinen Hals und kuschelte sich wie ein verletztes Kind mit dem Kopf unter sein Kinn. Sie streichelte ihn, indem sie ihm die Wangen leckte, und plapperte mit einer Stimme voller Mitgefühl. Ihre Zuneigungsbekundung war eines Menschen würdig. Die meiste Zeit über fuhr sie mit ihrer pathetischen Rede fort. Sie war nicht gewillt, dass er sie verlassen sollte. Das einzige Mal, dass sie Zorn zeigte oder mir mit einem Angriff drohte, war, als ich versuchte, Hand an ihren Pfleger zu legen oder ihn aus ihrer Umarmung zu befreien. Bei solchen Gelegenheiten stürzte sie sich auf mich und versuchte, mir die Kleider vom Leib zu reißen. Bei diesen Gelegenheiten erlaubte sie keinem anderen Insassen des Käfigs, sich ihm zu nähern oder seine Streicheleinheiten entgegenzunehmen. Die Laute, die sie von sich gab, waren zuweilen mitleiderregend, und die Geschichte, die sie erzählte, schien voller Kummer zu sein. Ich habe diese Laute bisher nicht übersetzen können, aber ihre Bedeutung kann nicht missverstanden werden. Sie beschwerte sich zweifellos über die anderen Affen im Käfig und flehte wahrscheinlich ihren Pfleger an, sie nicht allein in diesem großen eisernen Gefängnis mit all den großen, bösen Affen zu lassen, die so grausam zu ihr waren. Ein Grund für die Annahme, dass dies die Natur ihrer Sprache ist, ist, dass in allen Fällen, in denen ich diese Art von Sprache gehört und diese Gesten gesehen habe, die Bedingungen so waren, dass sie auf eine solche Natur hinwiesen. Es sieht jedoch sehr nach einer sehr intensiven Liebesszene aus.

Es ist schwierig, die Geräusche oder Gesten zu beschreiben, die bei diesen Gelegenheiten gemacht wurden. Das Äffchen stand aufrecht auf ihren Füßen, kreuzte ihre Hände über ihrem Herzen und machte auf die rührendste und anmutigste Weise eine Reihe einzigartiger Verrenkungen. Sie wiegte ihren Körper von einer Seite zur anderen, drehte ihren Kopf auf kokette Weise und bewegte ihre gefalteten Hände dramatisch. Währenddessen zierte ein breites Grinsen ihr Gesicht, und die weichen, satten Töne ihrer Stimme waren vollkommen musikalisch. Sie beugte ihren Körper erst in eine und dann in eine andere Kurve, bewegte ihre Füße mit der Anmut eines Menuetts und setzte ihre inbrünstige Rede so lange fort, wie das Objekt ihrer Anbetung von ihren Appellen berührt zu sein schien. Ihre Stimme wechselte von Tonlage zu Tonlage und von Tonart zu Tonart, durch die ganze Skala des Affengesangs, und mit verschränkten Armen glitt sie mit der Geschicklichkeit eines Ballettmädchens über den Boden ihres Käfigs. Manchmal stand sie mit den Augen fest auf ihren Pfleger gerichtet und hielt ihr Gesicht so, dass sie ihn keinen Augenblick aus den Augen verlor. Zwischendurch drehte sie ihren Körper komplett auf der Stelle. Dies geschah mit einer Geschicklichkeit, wie sie kein Verrenkungskünstler je erreicht hat. Während dieser Reden wurden ihre Augen feucht, als würden sie weinen, was zeigt, dass sie das Gefühl, das ihre Rede vermitteln sollte, empfand.

Diese kleinen Geschöpfe vergießen keine Tränen wie die Menschen, aber ihre Augen befeuchten sich aus denselben Gründen, die auch die menschlichen Augen zu Tränen rühren.

Diese Klänge appellieren direkt an unsere besseren Gefühle. Was in dem Klang selbst steckt, wissen wir nicht wirklich, aber er berührt irgendeinen Akkord im menschlichen Herzen, der als Reaktion darauf schwingt. Mich hat der poetische Gedanke beeindruckt, dass alle unsere Sinne wie die Saiten einer großen Harfe sind, wobei jeder Akkord eine bestimmte Spannung hat, so dass jeder Ton, der durch eine Emotion erzeugt wird, eine Antwort in dem Akkord findet, mit dem er im Einklang ist. Möglicherweise sind unsere Gefühle und Empfindungen wie die diatonische Tonleiter in der Musik, und die Organe, durch die sie wirken, reagieren in Tönen und Halbtönen. Jedes Vielfache eines Grundtons wirkt sich auf den Akkord im Gleichklang aus, so wie die Saiten eines Musikinstruments beeinflusst werden. Die logische Schlussfolgerung ist, dass unsere Sympathien und Zuneigungen die Akkorde und unsere Abneigungen die Dissonanzen dieser großen Harfe der Leidenschaft sind.

Der letzte dieser Quintette war ein gebrechlicher kleiner Kerl namens Nigger. Er war nicht sonderlich interessant, da er sich in einem schlechten Gesundheitszustand befand. Er blieb meist für sich, weil seine Gefährten unfreundlich zu ihm waren und er nicht stark genug war, sich zu wehren. Er war sanft und anhänglich. Er liebte es, gestreichelt zu werden, und zeigte oft ein Gefühl der Dankbarkeit. Er hatte einen Hauch von Humor, der manchmal sehr lustig war. Gelegentlich sorgte er für Aufruhr im Käfig und stahl sich dann in seine Ecke, um die anderen mit dem Kampf zu überlassen. Er war der letzte der fünf im Park verbliebenen Tiere, aber er war der erste von ihnen, der starb. Die anderen wurden von ihren Besitzern mitgenommen, aber der arme kleine Nigger starb in diesem trostlosen Käfig, aus dessen Fenstern er die schönen Bäume und den warmen Sonnenschein des Frühlings sehen konnte, obwohl sie für ihn nur ein Traum waren, der ihn eher traurig als fröhlich stimmte.

KAPITEL VII

*Treffen mit Nellie - Nellie war mein Gast - ihre Sprache und ihr
Benehmen - Helen Keller und Nellie - einer von Nellies Freunden - ihr
Sehvermögen und ihr Gehör - ihr Spielzeug und wie sie damit spielte*

Eine der intelligentesten meiner braunen Kapuzinerfreunde war die kleine Nellie. Als sie in Washington ankam, wurde ich eingeladen, sie zu besuchen. Ich stellte mich ihr vor, indem ich mit ihr über das Geräusch von Essen sprach. Darauf antwortete sie prompt. Sie war ziemlich ungezwungen, und bald waren wir in ein Gespräch über dieses Thema verwickelt, das einen Affen am meisten interessiert. Bei meinem zweiten Besuch benahm sie sich wie eine alte Bekannte, und wir hatten eine schöne Zeit. Bei einem späteren Besuch erlaubte sie mir, meine Hände in ihren Käfig zu stecken, um sie anzufassen und zu streicheln. Bei einem weiteren Besuch holte ich sie aus dem Käfig, und wir tobten uns richtig aus. Das ging einige Tage so weiter, und während dieser Zeit antwortete sie mir, wenn ich nach Futter oder Trinken rief. Sie hatte mich ziemlich liebgewonnen und erkannte mich immer, wenn ich zur Tür hereinkam.

Etwa zu dieser Zeit kam ein kleines Mädchen nach Washington, das taubstumm und blind war. Es war die kleine Helen Keller. Sie wurde von ihrer Lehrerin begleitet, die als Dolmetscherin fungierte. Ein großer Wunsch von Helen war es, einen lebenden Affen zu sehen, d. h. einen mit ihren Fingern zu sehen. Der Besitzer ließ mich kommen, um ihr einen zu zeigen. Wenn jemand außer mir Hand an Nellie legte, knurrte und schimpfte sie und wurde wütend. Ich nahm sie aus dem Käfig. Als das kleine blinde Mädchen zum ersten Mal Hand an Nellie legte, gefiel das dem schüchternen kleinen Affen nicht. Ich streichelte das Haar und die Wangen des Kindes mit meiner eigenen Hand und dann mit der von Nellie. Sie sah zu mir auf und stieß einen dieser leisen, flötenden Töne aus. Dann begann sie, an den Wangen und Ohren des Kindes zu ziehen. Innerhalb weniger Minuten waren sie wie alte Freunde und Spielkameraden, und fast eine Stunde lang bereiteten sie sich gegenseitig großes Vergnügen. Am Ende dieser Zeit trennten sie sich nur widerwillig. Der kleine Affe tat so, als sei er sich des traurigen Leidens des Kindes bewusst, schien sich aber bei ihr vollkommen wohl zu fühlen. Sie wies die zärtlichste Annäherung der anderen zurück. Sie schaute auf die Augen des Kindes und dann auf mich, als wolle sie andeuten, dass sie sich der Blindheit des Kindes bewusst war. Das kleine Mädchen schien nicht zu wissen, dass Affen beißen können. Es war eine schöne und rührende Szene, in der die Lampe des Instinkts ihr schwaches Licht auf alle Anwesenden warf. Helen ist inzwischen zur Frau geworden. Vor kurzem besuchte ich sie, und sie versicherte mir, dass sie sich immer noch gerne an diesen lieben kleinen Affenfreund erinnert.

Eines Tages entkam Nellie aus ihrem Käfig und kletterte auf ein Regal, auf dem einige Vogelkäfige standen. Als sie über die leichten Weidenkäfige kletterte, fielen einige von ihnen mit ihren kleinen gelben Insassen auf den Boden. Ich versuchte, Nellie dazu zu bewegen, zu mir zurückzukehren, aber die fallenden Käfige, das Geschrei der Vögel, das Kreischen der Papageien und das lautstarke Geschnatter der anderen Affen erschreckten die arme Nellie fast zu Tode. Sie dachte, ich sei der Grund für all diesen Ärger, weil ich anwesend war, und schrie vor Angst, als ich mich ihr näherte. Das ist die Regel, die das Affentum regiert. Affen verdächtigen jeden, etwas Falsches zu tun, außer sich selbst. Ich ließ sie in meine Wohnung bringen. Ich versorgte sie mit Glöckchen und Spielzeug und fütterte sie mit dem Fett des Landes. Auf diese Weise konnten wir endlich die zerbrochenen Knochen unserer Freundschaft wieder zusammenfügen. Wenn ein Affe einmal misstrauisch geworden ist, erholt er sich nur selten wieder von seiner Abneigung. Bei jeder weiteren Handlung wird man des Unfugs verdächtigt. Ich machte einige gute Aufzeichnungen über die Sprache dieses liebenswerten Affen und studierte sie mit besonderer Sorgfalt.

Ein häufiger und willkommener Besucher in meinem Arbeitszimmer war ein kleiner Junge von etwa sechs Jahren. Für ihn hegte Nellie eine große Zuneigung. Beim Anblick des Jungen geriet Nellie in vollkommene Verzückung, und wenn sie ihn verließ, rief sie ihn so eindringlich und jammerte so erbärmlich, dass man sich des Mitleids nicht enthalten konnte. Als er zurückkam, lachte sie hörbar und gab jedes Zeichen äußerster Freude von sich. Sie wurde seiner Gesellschaft nie müde und schenkte auch anderen keine Aufmerksamkeit, solange er anwesend war. Einige Kinder aus der Nachbarschaft hatten großes Vergnügen daran, Nellie zu besuchen, und sie zeigte sich immer sehr erfreut über ihre Besuche. Bei diesen Gelegenheiten unterhielt sie sie ganz bewusst und zeigte sich von ihrer besten Seite. Um ihre Geräusche und vor allem ihr Lachen gut aufzeichnen zu können, holte ich den kleinen Jungen zu Hilfe. Der Junge versteckte sich im Zimmer, und nachdem Nellie ihn ein paar Mal gerufen hatte, sprang er heraus und überraschte sie. Das brachte sie zum Lachen, bis man sie im ganzen Haus hören konnte. Auf diese Weise konnte ich einige der besten Aufnahmen machen, die ich je vom Lachen der Affen gemacht habe. Als der Junge sich wieder versteckte, konnte ich den besonderen Laut aufzeichnen, mit dem sie versuchte, seine Aufmerksamkeit zu erregen.

Nellie hatte einen Großteil ihres Lebens in Gefangenschaft verbracht und war an die Gesellschaft von Kindern gewöhnt. Sie verriet selten eine Abneigung gegen sie. Sie liebte es, ihnen die Wangen zu streicheln, an den Ohren zu ziehen und die Haare zu verfilzen. Es bereitete ihr große Freude, die Fingernägel zu reinigen. Sie tat dies mit der Geschicklichkeit einer Maniküre. Es machte ihr Freude, Fetzen, Fetzen und

Flecken aus der Kleidung zu zupfen. Bei der Auswahl ihrer Freunde war sie nicht egoistisch. Sie ließ sich weder vom Alter noch von der Schönheit beeinflussen.

Außerhalb ihres Käfigs zu sein und mit Spielzeug versorgt zu werden, war alles, was sie verlangte, um glücklich zu sein. Ich habe manchmal gedacht, dass sie ein solches Leben der Freiheit ihrer Amazonaswälder vorzog. Leider sind Affen so zerstörerisch, dass man sich nicht traut, sie in einem Raum freizulassen, in dem es irgendetwas gibt, das zerrissen oder zerbrochen werden kann. Sie genießen solchen Unfug. Nellie flehte mich oft so jämmerlich an, aus ihrem kleinen eisernen Gefängnis befreit zu werden, dass ich ihr die Bitte nicht abschlagen konnte, auch wenn es mich viel Mühe kostete, das Zimmer für sie vorzubereiten.

Da wir diese kleinen Gefangenen gegen ihren Willen festhalten und sie schlimmer als Sklaven behandeln, indem wir sie auf engstem Raum halten, sollten wir wenigstens versuchen, sie zu unterhalten. Es ist wahr, dass sie nicht arbeiten müssen; aber es wäre humaner, sie an der frischen Luft arbeiten zu lassen, als sie so eng einzusperren und ihnen jede Möglichkeit des Vergnügens zu nehmen. Als einen Akt der Menschlichkeit und der einfachen Gerechtigkeit möchte ich diejenigen, die für diese kleinen Haustiere verantwortlich sind, darauf hinweisen, wie wichtig es ist, sie mit Spielzeug zu versorgen. In dieser Hinsicht sind sie genau wie Kinder. Für eine Kleinigkeit kann man ihnen so viel Spielzeug zur Verfügung stellen, wie sie brauchen. Es ist absolut grausam, diese kleinen Geschöpfe in der Einsamkeit gefangen zu halten und ihnen das einfache Vergnügen zu verweigern, das sie im Spiel mit einer Glocke, einem Ball oder ein paar Murmeln finden. Ein kleiner Aufwand auf diese Weise wird ihr Leben sehr verlängern. Affen sind immer glücklich, wenn sie genug zu essen und etwas zum Spielen haben. Ich kann mich an keine Investition erinnern, die mir jemals mehr Freude bereitet hat als ein kleiner Taschensafe für fünfundzwanzig Cents, den ich Nellie eines Abends zum Spielen gab. Ich hatte einen kleinen Schlüssel hineingesteckt, um ihn zum Klappern zu bringen, und auch ein paar Bonbons. Sie ließ die Schachtel klappern und hatte viel Freude an dem Geräusch, das sie machte. Ich zeigte ihr, wie man auf die Feder drückt, um die Schachtel zu öffnen; aber ihre kleinen schwarzen Finger waren nicht stark genug, um die Feder zu lösen und den Deckel aufspringen zu lassen. Aber sie verstand die Idee und wusste, dass die Feder das Geheimnis war, das die Schachtel geschlossen hielt. Als sie feststellte, dass sie sie nicht mit den Fingern öffnen konnte, versuchte sie es mit den Zähnen. Als das nicht gelang, drehte sie sich zur Wand, stellte sich aufrecht auf das Dach ihres Käfigs, nahm die Schachtel in beide Hände und schlug die Feder gegen die Wand, bis der Deckel aufflog. Sie war sehr erfreut über das Ergebnis, und ich schloss die Schachtel zum hundertsten Mal, damit sie sie wieder öffnen konnte. Am nächsten Tag kamen einige Freunde zu Besuch. Ich gab ihr den Streichholzsafe zum Öffnen. Bei dieser Gelegenheit befand sie sich in ihrem Käfig, und durch die Maschen konnte sie die Wand nicht erreichen. Sie hatte nichts, woran sie die Feder anschlagen konnte, um ihn zu öffnen. Nachdem sie sich umgesehen und die Schachtel ein paar Mal gegen die Drähte ihres Käfigs geschlagen hatte, entdeckte sie einen Holzklotz von etwa 15 cm Kantenlänge. Sie nahm diesen und setzte sich auf ihre Sitzstange. Sie balancierte den Block auf der Sitzstange und hielt ihn mit dem linken Fuß fest, während sie sich mit dem rechten Fuß an der Sitzstange festhielt. Mit dem Schwanz um die Maschen des Käfigs gewickelt, um sich zu stabilisieren, richtete sie die Streichholzschachtel vorsichtig so aus, dass ihre Finger vor dem Schlag geschützt waren. Dann schlug sie die Feder gegen den Holzklotz und der Deckel flog auf. Sie schrie geradezu vor Freude und hielt die Schachtel stolz in die Höhe. Der Deckel wurde wieder geschlossen, damit sie ihn öffnen konnte.

Die langen Arbeitszeiten, die ich einhielt, machten Nellie zu schaffen, und von Zeit zu Zeit erwischte ich sie tagsüber bei einem Nickerchen. Ich beschloss, einige Vorhänge zu benutzen, um ihre Ruhe nicht zu stören. Ich zog sie um den Käfig herum, stülpte sie über und steckte sie vorne fest. Dann schaltete ich das Licht aus und war eine Weile still, um sie einschlafen zu lassen. Nach einigen Minuten schaltete ich leise das Licht wieder ein und schrieb weiter. In einem Augenblick raschelten die Vorhänge. Als ich mich umdrehte, sah ich ihre kleinen braunen Augen durch die Falten des Vorhangs lugen, den sie mit ihren kleinen schwarzen Händen anmutig auseinander hielt. Als sie sah, was die Störung verursacht hatte, plapperte sie in ihrem weichen, satten Ton und versuchte, die Vorhänge weiter auseinander zu ziehen. Ich brachte sie so an, dass sie sich nicht im Zimmer umsehen konnte. Zu sehen, wie sie die Vorhänge auf diese kokette Weise auseinanderzog, den Kopf hin und her drehte, mich anschaute und anlächelte und in so leisen, süßen Tönen sprach, war wie ein echter Flirt. Jemand, der eine solche Szene nicht erlebt hat, kann sie nicht richtig einschätzen. Nur wer die warme und selbstlose Freundschaft dieser kleinen Geschöpfe erlebt hat, kann erkennen, wie stark die Bindung wird. Die Liebe dieser kleinen Geschöpfe ist resistent gegen Klatsch und Tratsch, und ihre Zungen sind frei davon.

Unter den vielen Gefangenen der Affenrasse, die ihr Leben in eisernen Gefängnissen verbringen, um den Reichtum zu vermehren und die Grausamkeit der Menschen zu befriedigen - nicht um irgendein Verbrechen zu sühnen -, habe ich viele kleine Freunde. Ich bin ihnen zugetan. Soweit ich sehen kann, ist ihre Zuneigung zu mir so warm und aufrichtig wie die eines jeden Menschen. Ich muss gestehen, dass ich zu begriffsstutzig bin, um zu erkennen, inwiefern sich die Liebe, die sie zu mir haben, von meiner Liebe zu ihnen unterscheidet. Ich kann nicht erkennen, inwiefern ihre Liebe weniger erhaben ist als die menschliche Liebe. Ich kann nicht erkennen, inwiefern sich die Zuneigung eines Hundes zu einem freundlichen Herrchen von der eines Kindes zu einem freundlichen Elternteil unterscheidet. Ich kann nicht erkennen, inwiefern sich das Gefühl der Angst vor einem grausamen Herrn von dem des Kindes gegenüber einem grausamen Elternteil unterscheidet. Es ist ein bloßes

Gefühl, das der Leidenschaft eines Kindes eine höhere Quelle zuschreibt als der gleichen Leidenschaft bei einem Hund oder einem Affen. Der Hund hätte genauso gut einen anderen Herrn lieben oder fürchten können. Die Kindesliebe oder -furcht reicht genauso weit, wenn alle Bande der Blutsverwandtschaft entfernt sind. Es wurde gesagt, dass wir für das eine Gefühl einen Grund angeben können, während das andere Gefühl ein bloßer Impuls ist. Ich bin zu dumm, um zu verstehen, wie die Vernunft zur Liebe und der Instinkt zur bloßen Anhänglichkeit führt. Ich glaube nicht, dass es in der Natur dieser Leidenschaften einen wesentlichen Unterschied gibt. Ob es nun die Vernunft oder der Instinkt beim Menschen ist, die Zuneigungen der niederen Tiere werden von denselben Motiven angetrieben, von denselben Bedingungen beherrscht und von denselben Gründen geleitet wie die des Menschen. An einige meiner Affenfreunde werde ich mich noch lange erinnern, und ich bin sicher, dass einige von ihnen weit weg in den stillen Nischen ihres Gedächtnisses mein Bild verankert haben. Manchmal sehe ich sie nach langen Monaten der Abwesenheit wieder. Sie erkennen mich immer auf den ersten Blick und schreien oft vor Freude über meine Rückkehr.

KAPITEL VIII

*Eingesperrt in einem afrikanischen Dschungel - Der Käfig und sein
Inhalt - Sein Standort - Sein Zweck - Der Dschungel - Der große Wald
- Seine Pracht - Seine Stille*

Es wird für den Leser von Interesse sein, zu erfahren, wie ich das Studium der Affen im Naturzustand betrieben habe und welche Mittel ich zu diesem Zweck eingesetzt habe. Ich gebe daher einen kurzen Überblick über mein Leben in einem Käfig im Herzen des afrikanischen Dschungels, wohin ich mich begab, um die Bewohner des Waldes zu beobachten, wenn sie frei von allen Zwängen sind.

Nachdem ich mehrere Jahre lang viel Zeit dem Studium der Sprache und der Gewohnheiten von Affen in Gefangenschaft gewidmet hatte, fasste ich den Plan, in ihre heimischen Gefilde zu gehen, um sie unter günstigeren Bedingungen zu studieren.

Abb. 7: EINGEBORENENDORF BEI GLAS GABUN (Nach einer Fotografie.)

Im Laufe meiner bisherigen Arbeit hatte ich festgestellt, dass die Affen der höchsten physischen Typen auch höhere Sprachtypen haben als die der minderwertigen Arten. In Übereinstimmung mit dieser Tatsache war es logisch zu folgern, dass bei den Menschenaffen - die dem Menschen in der Skala der Natur am nächsten stehen - die Fähigkeit der Sprache in einem höheren Grad entwickelt sein würde als bei den Affen. Das Hauptziel meiner Studie war es, die Sprache der Tiere zu erlernen. Die großen Menschenaffen schienen mir dafür am besten geeignet, und so wandte ich mich ihnen zu. Man sagte, dass der Gorilla dem Menschen am ähnlichsten sei und der Schimpanse am nächsten. Von den ersteren gab es keine in Gefangenschaft, von den letzteren nur wenige, und diese wenigen wurden unter Bedingungen gehalten, die jede Anstrengung untersagten, irgendetwas im Sinne einer wissenschaftlichen Untersuchung ihrer Sprache zu unternehmen. Da sowohl der Gorilla als auch der Schimpanse im gleichen Teil des tropischen Afrikas zu finden waren, wurde diese Region als bestes Einsatzgebiet ausgewählt, und um die gestellte Aufgabe zu erfüllen, bereitete ich mich auf eine Reise dorthin vor.

Der gewählte Ort lag entlang des Äquators und etwa zwei Grad südlich davon. Diese Region ist von Fieber, Insekten, Schlangen und wilden Tieren verschiedener Art befallen. Es wäre töricht, solche Gefahren zu ignorieren; aber es gab keine andere Möglichkeit, diese Affen in ihrer Freiheit zu sehen, als sich unter sie zu begeben und dort zu leben. Um die Gefahren eines solchen Abenteuers in gewissem Maße zu verringern, entwarf ich einen Käfig aus Stahldraht, der zu einem Gitter mit einer Maschenweite von anderthalb Zoll geflochten war. Dieser Käfig bestand aus vierundzwanzig Paneelen, jedes drei Fuß und drei Zoll im Quadrat, die in Rahmen aus schmalen Eisenstreifen eingefasst waren. Jede Seite der Paneele war mit Laschen oder halben Scharnieren versehen, die so angeordnet waren, dass sie zu jeder Seite eines anderen Paneels passten. Diese konnten mit kleinen Eisenstangen schnell zusammengeschraubt werden und bildeten so einen würfelförmigen Käfig von sechs Fuß und sechs Zoll im Quadrat.

Eine oder mehrere der Platten konnten als Tür verwendet werden. Die gesamte Konstruktion war in einem schmuddeligen Grün gestrichen, so dass sie, wenn sie im Wald aufgestellt war, im Laub fast unsichtbar war.

Dieser Käfig war zwar nicht stark genug, um einem längeren Angriff standzuhalten, aber er bot einen gewissen Schutz davor, von den wilden und verstohlenen Tieren des Dschungels überrascht zu werden, und gab dem Insassen Zeit, einen Angreifer zu töten, bevor die Drähte bei einem Angriff von etwas anderem als Elefanten nachgeben würden. Es war zwar nicht als Schutz gegen sie gedacht, aber da sie selten einen Menschen angreifen, es

Abb. 8: EIN NATIV-KANU (Nach einer Fotografie.)

sei denn, sie werden dazu provoziert, ging von dieser Seite kaum eine Gefahr aus. Außerdem gibt es nicht viele dieser riesigen Tiere in dem Teil, in dem dieses seltsame Domizil errichtet wurde.

Durch dieses offene Gewebe konnte man ungehindert nach allen Seiten sehen und fühlte sich dennoch sicher, nicht von Leoparden oder Panthern gefressen zu werden.

Über dieser zerbrechlichen Festung war ein Dach aus Bambusblättern gespannt. Es war mit Vorhängen aus Segeltuch versehen, die im Falle von Regen aufgehängt werden konnten. Der Boden bestand aus dünnen Brettern, die in Teer getränkt waren. Das Gebäude war etwa zwei Fuß hoch und wurde von neun kleinen Pfosten oder Pfählen gestützt, die fest in die Erde getrieben waren. Es war mit einem Bett aus schwerem Segeltuch ausgestattet. Dieses wurde von zwei Bambusstangen gestützt, die an den Rändern befestigt waren. Eine dieser Stangen wurde an der Seite des Käfigs festgebunden, die andere wurde nachts an starken Drahthaken aufgehängt, die oben am Käfig befestigt waren. Tagsüber wurde das Bett auf eine der Stangen aufgerollt, damit es nicht im Weg war. Ich hatte einen leichten Campingstuhl, der sich hochklappen ließ. Ein Tisch wurde aus einem breiten, kurzen Brett, das an Drähten aufgehängt war, improvisiert. Wenn er nicht gebraucht wurde, wurde er an der Seite des Käfigs aufgestellt. Zu dieser Ausstattung kamen ein kleiner Petroleumkocher und ein schwenkbares Regal hinzu. In einigen Blechkisten befanden sich meine Kleidung, Decken, ein Kissen, ein Fotoapparat und fotografisches Zubehör, Medikamente und ein reichlicher Vorrat an Fleischkonserven, Keksen usw. Außerdem gab es einige Zinnteller, Tassen und Löffel. Ein Magazingewehr, ein Revolver, Munition und einige nützliche Werkzeuge wie Hammer, Säge, Zange, Feile und ein schweres Buschmesser vervollständigten meinen Vorrat. Die Zinnteller dienten als Kochgefäße und wurden auch bei Tisch verwendet, anstelle von Geschirr, das schwerer und zerbrechlicher ist.

Abb. 9: DER RAND DES DSCHUNGELS (Aus einer Fotografie.)

Mit dieser Ausrüstung segelte ich am 9. Juli 1892 von New York über England zum Hafen von Gabun, dem Sitz der Kolonialregierung im französischen Kongo. Dieser Ort liegt nur wenige Meilen vom Äquator entfernt und nahe der Grenze des Landes, in dem der Gorilla lebt. Ich kam dort am 19. Oktober desselben Jahres an und machte mich nach einem mehrwöchigen Aufenthalt auf die Suche nach dem Objekt meiner Suche.

Ich verließ diesen Ort und fuhr etwa zweihundert oder zweihundertfünfzig Meilen den Ogowé-Fluss hinauf und von dort durch das Seengebiet auf der Südseite des Flusses. Nach einigen Wochen des Reisens und der Erkundung kam ich am Südufer des Ferran-Vaz-Sees im Gebiet des Nkami-Stammes an. Der See ist etwa dreißig Meilen lang und zehn oder zwölf Meilen breit und ist mit einigen Inseln unterschiedlicher Größe durchsetzt, die mit einer dichten tropischen Vegetation bedeckt sind. Das Land um den See ist meist niedrig und sumpfig und wird von Bächen, Lagunen und Flüssen durchzogen. Der größte Teil des Landes ist von einem dichten und trostlosen Dschungel bedeckt, der in Abständen von kleinen, sandigen Ebenen durchschnitten wird, die mit einem dünnen Bewuchs aus langem, zähem Gras bedeckt sind.

Abb. 10: IM DSCHUNGEL (Nach einer Fotografie.)

Es ist schwierig, mit Worten eine angemessene Vorstellung davon zu vermitteln, was der Dschungel wirklich ist. Für diejenigen, die noch nie einen gesehen haben, ist es fast unmöglich, ihn zu beschreiben. Aber damit Sie sich eine Vorstellung von dem Ort machen können, an dem ich so lange gelebt habe, werde ich versuchen, einige charakteristische Stellen zu beschreiben.

Über einen großen Teil der niedrigen Deltaregion in Küstennähe erstreckt sich ein Wuchs gigantischer Bäume mit einem Durchmesser von fünf bis acht Fuß an der Basis und einer Höhe von achtzig bis hundert Fuß, mit langen, ausladenden Ästen und breitem, dunklem Laub. Dieser Baumbestand ist dicht genug, um einen großen Wald zu bilden. Die ineinander verschlungenen Äste und das dichte Laub bilden einen undurchdringlichen Baldachin, der sich kilometerweit in alle Richtungen erstreckt. Dies wird der "große Wald" genannt. Zwischen den Stämmen und unter den Ästen dieses Waldes befindet sich ein weiteres Wachstum von Bäumen, die an der Basis einen Durchmesser von einem bis zwei Fuß haben und eine Höhe von vierzig, fünfzig oder sechzig Fuß erreichen. Allein dieser Bewuchs würde einen weiteren Wald bilden, der so dicht ist wie die Wälder Nordamerikas vor dem Besuch der Weißen. Dieser Bewuchs wird als "Mittelwald" bezeichnet. Darunter befindet sich ein weiterer Bewuchs, der aus Palmen, Weinreben, Sträuchern und Büschen fast aller Art besteht. Dieser Bewuchs ist so dicht, so verfilzt und so verschlungen, dass er an manchen Stellen für jedes Lebewesen unpassierbar ist, außer für schleimige Reptilien, kleine Nagetiere, giftige Insekten und Kriechtiere aller Art. Dies nennt man den "Unterwald". Die drei kombinierten Gewächse bilden zusammen den Dschungel. Von den Ästen der höheren Bäume hängen lange Bügel aus Moos und Ranken, und von Ast zu Ast hängen anmutige Girlanden aus denselben. Diese sind häufig mit zarten Farnen und großen Büscheln prachtvoller Orchideen geschmückt. Die Vegetation ist an vielen Stellen des Waldes so dicht und üppig, dass kein einziger Sonnenstrahl durchdringt und es in den dunklen, feuchten Grotten selbst zur Mittagszeit fast wie im Zwielicht ist. Hier und da gibt es offenere Stellen, von denen aus man einen besseren Blick auf seine Erhabenheit hat. Wenn man allein inmitten dieser großen Wildnis steht, kann man nicht umhin, von ihrer erhabenen und schrecklichen Schönheit beeindruckt zu sein. Aus bestimmten Blickwinkeln erheben sich die Laubbänke wie Terrassen übereinander und erwecken fast den Anschein eines künstlichen Werks. Von anderen Punkten aus sieht man Gruppen von blühenden Bäumen, die sich in riesigen Hügeln fast bis zum Gipfel des Waldes erheben. Es gibt so viele und so schöne Ausblicke von verschiedenen Punkten aus, dass man sich fast in einem perfekten Labyrinth aus Farben, Licht und Schatten verliert. Manchmal ist kein einziges Geräusch zu hören, und die unsagbare Stille macht die Szene nur noch beeindruckender. Zwar wimmelt es in diesem großen Wald von Leben, doch manchmal scheint er eine endlose, stumme Einsamkeit zu sein. Aber wenn man eine Zeit lang in seinen düsteren Schatten verweilt, sieht man seine vielen Bewohner auf der Suche nach Nahrung durch die verworrenen Maschen kriechen.

In diesem riesigen Reich der Schatten kämpfen die wilden Tiere um die Vorherrschaft. In seinen dunkelgrünen Wipfeln schweben viele Vögel mit glänzendem Gefieder, und durch seine silbrigen Gänge schreien die wilden Winde des Tornados. In seinen tiefen Schatten hockt der Leopard und wartet auf sein Opfer, und durch sein düsteres Labyrinth schlängelt sich die verstohlene Schlange. Jede Brise ist mit den Ausdünstungen der verwesenden Pflanzen beladen, und jedes Blatt verströmt den Geruch des Todes.

In den Tiefen und der Dunkelheit eines solchen Waldes wohnt der Gorilla in Sicherheit und Abgeschiedenheit. In der gleichen Wildnis hat auch der Schimpanse sein Domizil. Aber er ist weniger scheu und zurückhaltend.

An der Südseite dieses Sees, nicht ganz zwei Grad unter dem Äquator und etwa zwanzig Meilen vom Ozean entfernt, liegt der Ort, an dem ich mich mitten im Urwald niederließ. Hier errichtete ich meine kleine Festung und gab ihr den Namen Fort Gorilla. Am 27. April 1893 ließ ich mich an diesem einsamen Ort nieder und begann eine lange und einsame Nachtwache.

Mein einziger Begleiter war ein junger Schimpanse, den ich Moses nannte. Von Zeit zu Zeit hatte ich einen einheimischen Jungen als Diener. Aber ich fand es besser, allein zu sein, und so wurde der Junge nach getaner Arbeit entlassen, bis seine Dienste wieder gefragt waren.

Abb. 11: WARTEN UND BEOBACHTEN IM KÄFIG (Aus einer Fotografie.)

In diesem Käfig sitzend, in der Stille des großen Waldes, habe ich den Gorilla in seiner ganzen Majestät gesehen, wie er in aller Ruhe durch sein schwüles Reich schlendert. Unter ähnlichen Bedingungen habe ich den Schimpansen und die glücklichen, schnatternden Affen in der Freiheit ihres Dschungelheims gesehen.

In dieser neuartigen Einsiedelei blieb ich die meiste Zeit, nämlich einhundertzwölf Tage und Nächte.

Während dieser Zeit hatte ich Gelegenheit, die Tiere in vollkommener Freiheit bei der Ausübung ihres täglichen Lebens zu beobachten. Ich hoffe, dass man mir nicht Eitelkeit vorwirft, wenn ich behaupte, dass ich mehr von diesen Tieren in ihrem natürlichen Zustand gesehen habe, als irgendein anderer weißer Mann je gesehen hat, und das unter Bedingungen, die für ein sorgfältiges Studium ihrer Sitten und Gewohnheiten günstiger waren, als es sonst möglich gewesen wäre. Was ich also über sie zu sagen habe, ist das Ergebnis einer Erfahrung, auf die kein anderer Mensch mit Recht Anspruch erheben kann.

Ich möchte nicht ignorieren oder anzweifeln, was andere zu diesem Thema gesagt haben; aber die Summe meiner Arbeit auf diesem Gebiet veranlasst mich, an vielem zu zweifeln, was gesagt und als wahr akzeptiert wurde. Ich bedaure, dass es mir obliegt, viele der Geschichten, die über die Menschenaffen erzählt werden, zu widerlegen, aber da ich in einigen von ihnen keinen Funken Wahrheit finde, kann ich mich der Pflicht nicht entziehen, sie zu leugnen. Ich bedaure es umso mehr, als viele von ihnen in das Gewebe der Naturgeschichte eingewoben wurden, integraler Bestandteil unserer Literatur geworden sind und das Siegel der wissenschaftlichen Anerkennung erhalten haben; aber die Zeit wird mich in der Verneinung rechtfertigen und unterstützen. Ich bin mir bewusst, dass Fanatiker bestimmter Schulen mich anfechten werden, weil ich auf ihre Irrtümer hinweise; und einige werden annehmen, dass sie mehr über diese Affen wissen als Fische über das Schwimmen; aber die einfache Wahrheit sollte Vorrang vor allen Theorien haben.

Bevor ich mit einem Bericht über die Affen fortfahre, möchte ich einige Begebenheiten aus meiner Einsiedelei erzählen.

KAPITEL IX

*Tägliches Leben und Szenen im Dschungel - Wie ich mir die Zeit
vertrieb - Was ich zu essen hatte - Wie es zubereitet wurde - Wie ich
schlief - Mein Schimpansengefährte*

Ich werde so oft nach den Einzelheiten meines täglichen Lebens im Käfig gefragt, wie ich die Zeit verbracht und was ich außer den Affen gesehen habe, dass ich es für interessant halte, einige der Ereignisse meines Aufenthalts an diesem wilden Ort zu erzählen. Ich werde daher die Geschehnisse eines einzigen Tages und einer einzigen Nacht schildern, wobei dieser Tagesablauf natürlich von Tag zu Tag variierte.

Gegen sechs Uhr, als die Sonne zum ersten Mal in den Wald lugt, finde ich eine Blechtasse mit Kaffee vor, der gerade auf einem kleinen Petroleumkocher zubereitet wurde. Er ist schwarz und trübe, aber mit ein wenig Zucker ist er nicht schlecht. Mit ein paar trockenen Crackern breche ich mein zwölfstündiges Fasten und bin nun bereit für die Aufgaben des Tages. Nachdem ich mein Bett aus dem Weg gerollt und Moses zu ein oder zwei Bananen verholfen habe, nehme ich mein Gewehr, Moses klettert auf meine Schulter, und wir machen einen Spaziergang durch den Busch. Als wir zurückkommen, holen wir von der etwa dreihundert Meter entfernten Quelle einen Vorrat an Wasser für den Tag. Dann klettert Moses im Gebüsch herum und amüsiert sich, während ich nach Gorillas Ausschau halte. Schweigen ist das Gebot des Tages. Und hier sitze ich allein, manchmal stundenlang, in einer Stille, die fast so groß ist wie die eines Grabes.

Plötzlich hört man ein Rascheln im Laub, und ein Stachelschwein watschelt ins Bild. Es stochert mit seiner Nase auf der Suche nach Nahrung herum, hat aber meine Anwesenheit noch nicht entdeckt. Es kommt näher. Mein Geruch oder mein Anblick erschreckt ihn, und

Abb. 12: AUFBRUCH ZU EINEM SPAZIER-GANG *(Aus einer Fotografie.)*

er geht weg. Jetzt kommt ein Zibet durch das Gebüsch geschlichen, bis er mich bemerkt und eilig wieder verschwindet.

Nach einer Stunde geduldigen Wartens ertönt das Geräusch von klappernden Ästen. Wenige Minuten später sieht man einen Schwarm Affen, angeführt von einem feierlich aussehenden alten Piloten, der zweifellos jede Palme im Umkreis von vielen Meilen kennt, die Nüsse trägt. Sie kommen nun, um meinen Käfig zu inspizieren und zu sehen, was für eine Neuheit im Affentum hier geschaffen wurde.

Je näher sie kommen, desto vorsichtiger werden sie. Sie finden einen starken Ast im Wipfel eines großen Baumes, und der ernste alte Pilot hockt sich weit darauf, um einen guten Blick auf meinen Käfig zu werfen. Gleich hinter ihm sitzt der nächste in der Reihe und stützt seine Hände auf die Schulter des Anführers, während ein Dutzend weitere hintereinander entlang des Astes eine ähnliche Position einnehmen. Jeder schubst seinen Vordermann, damit er etwas näher heranrückt, aber außer dem Piloten scheint keiner von ihnen den vorderen Platz haben zu wollen.

Abb. 13: Ein Blick in meinen Käfig

Sie schauen schweigend zu und drehen gelegentlich ihre kleinen Köpfe hin und her, als wollten sie sicher sein, dass es sich nicht um eine Illusion handelt. Wieder stupsen sie sich gegenseitig an und rücken etwas näher heran, wobei sie ihre hellen Augen zusammenkneifen, als seien sie im Zweifel über den seltsamen Anblick, der sich ihnen bietet. Sie haben schon früher solche Rufe ausgestoßen, aber sie haben noch nicht herausgefunden, um was für ein Tier es sich handelt, das den Käfig bewohnt. Bei jedem weiteren Besuch kommen sie ein wenig näher, bis sie keine hundert Meter mehr entfernt sind. Jetzt erschrecken sie vor etwas und eilen in eine andere Richtung davon.

Als Nächstes kommt ein Schuppentier, das zwischen den Blättern nach Insekten stöbert. Es erhascht einen Blick auf den Käfig, bleibt einen Moment regungslos stehen, um zu sehen, was es ist, und dann ist es blitzschnell verschwunden. In dieser Zeit fliegen Vögel verschiedenster Art in alle Richtungen. Einige von ihnen hocken auf den nahe gelegenen Ästen, andere picken Nüsse von den Palmen, wieder andere schreien und kreischen wie viele Blechpfeifen oder Messinghörner. Die auffälligsten unter ihnen sind die lärmenden Tukane und Papageien. Viele von ihnen haben ein glänzendes und schönes Gefieder.

Es ist jetzt zehn Uhr. Nicht ein Lufthauch rührt ein Blatt des großen Waldes. Die Hitze ist brütend und drückend. Die Stimmen der Vögel werden immer seltener. Auch die Insekten scheinen nicht mehr so emsig zu sein wie in den ersten Stunden des Tages. Mose hat seine Streifzüge durch den Busch aufgegeben und sitzt mit verschränkten Armen auf einem umgestürzten Baum, als hätte er seine Arbeit für diesen Tag beendet.

Gegen diese Stunde scheint alles im Wald ruhig und untätig zu werden, und das bleibt so bis etwa zwei Uhr nachmittags. Ich war mehr als einmal von dieser allgemeinen Ruhe während der heißesten Zeit des Tages beeindruckt, und dasselbe scheint auch bei den Wassertieren der Fall zu sein.

Jetzt bereite ich mein Mittagsmahl vor, indem ich eine Dose mit Fleisch oder Fisch öffne und sie auf einem Blechteller auf dem kleinen Herd erwärme. Ich habe kein Gemüse und keinen Nachtisch, aber mit ein paar Crackern, die ich zerkleinere und in das Fett einrühre, und reichlich Wasser zum Trinken, ist es eine reichliche Mahlzeit. Als es fertig ist, rollt sich Moses in seiner kleinen Hängematte an meiner Seite zusammen und macht Siesta. Der Junge streckt sich dann auf dem Boden aus und tut das Gleiche. In den Stunden um die Mittagszeit ist kaum etwas los, obwohl ich in dieser Zeit einige interessante Dinge gesehen habe.

Es darf nicht angenommen werden, dass die Veränderung am Anfang oder am Ende dieses Zeitraums plötzlich erfolgt, denn das ist nicht der Fall. Es gibt keinen festen Zeitpunkt, an dem irgendetwas aufhört, aktiv zu sein. Langsam und allmählich wird eine Sache nach der anderen still, bis das Leben eine Zeit lang fast erloschen zu sein scheint; aber wenn die Sonne am westlichen Himmel untergeht, erwachen Leben und Aktivität wieder, und um drei Uhr ist alles wieder in Bewegung. Jetzt schleicht ein einsamer Gorilla durch den Busch, auf der Suche nach der roten Frucht der Batuna, einer seltsamen Frucht, die in der Nähe der Wurzel der Pflanze wächst. Er pflückt eine Art Knospe, reißt sie mit den Fingern auseinander, riecht daran und wirft sie dann beiseite. Jetzt ergreift er einen hohen Schössling, schaut an den zitternden Ästen hoch und wendet sich ab. Er hält inne und schaut sich um, als ob er eine Gefahr wittert. Er lauscht, um zu sehen, ob sich etwas nähert, aber nachdem er sich beruhigt hat, setzt er seine Suche nach Nahrung fort. Jetzt durchschneidet er vorsichtig die verworrenen Ranken, die ihm den Weg versperren, und schleicht sich geräuschlos hindurch. Er zögert, schaut sich vorsichtig um und geht dann weiter. Er kommt in diese Richtung. Ich sehe sein schwarzes Gesicht, wie er den Kopf von einer Seite zur anderen dreht, um nach Nahrung zu suchen. Was für eine brutale Fratze! Es ist ein finsterer Blick, als ob er mit seiner ganzen Rasse im Streit läge. Er ist jetzt bis auf wenige Meter an den Käfig herangekommen, bemerkt aber meine Anwesenheit nicht. Er zupft eine Ranke von einem Weinstock, riecht daran und steckt sie sich in den Mund. Er zupft noch eine und noch eine. Ich notiere mir diese Ranke und stelle fest, was es ist. Jetzt befindet er sich auf einer kleinen Freifläche, wo das Gebüsch weggeschnitten wurde, um eine bessere Sicht zu ermöglichen. Er scheint zu wissen, dass dies ein ungewöhnlicher Anblick im Dschungel ist. Er betrachtet es mit Vorsicht. Er kommt näher. Jetzt hat er mich entdeckt. Er setzt sich auf den Boden und sieht mich völlig überrascht an. Einen Moment später dreht er sich zur Seite, schaut über die Schulter und eilt in den dichten Dschungel davon.

Es ist jetzt vier Uhr. Ich höre ein Wildschwein, das zwischen den gefallenen Blättern wühlt. Ich sehe ein kleines Nagetier, das wie ein winziger Igel aussieht. Es nagt an der Rinde eines abgestorbenen Baumstamms, möglicherweise um ein darunter befindliches Insekt zu fangen. Da sich Nagetiere aber normalerweise von pflanzlicher Nahrung ernähren, hat er vielleicht einen anderen Grund dafür.

Es ist fünf Uhr und die Schatten im Wald werden immer länger. Ich sehe zwei kleine graue Äffchen, die in der Spitze eines sehr hohen Baumes spielen. Die Vögel werden eintönig und ermüdend. Dort ist eine kleine Schlange, die sich um den Ast eines buschigen Baumes windet. Wahrscheinlich ist sie auf der Suche nach einem Nest mit jungen Vögeln. In der Ferne ist das leise Murmeln eines Donners zu hören. Nach und nach wird er lauter. Es ist die vertraute Stimme des kommenden Tornados. Ich muss mich darauf vorbereiten.

Nun wird der Herd angezündet und ein flacher Topf mit Wasser darauf gestellt. Darin wird eine Unze getrocknete Suppe eingerührt. Sie wird bis zum Siedepunkt erhitzt und dann auf den Schwingtisch gestellt. Eine Dose Hammelfleisch wird in einen anderen Topf der gleichen Art geleert, und ein paar Kekse werden zerbrochen und in das Hammelfleisch gerührt. Die Suppe wird gegessen, während das Fleisch erwärmt wird. Die Suppe ist nun fertig, und die Flamme des Ofens wird ausgeschaltet. Der zweite Gang des Abendessens wird nun serviert. Er besteht aus Hammelfleisch in Dosen, Crackern und Wasser. Das Geschirr, bestehend aus drei Zinntellern und einer Tasse, wird in den angrenzenden Busch gesteckt. Die Ameisen und andere Insekten werden sie während der Nacht säubern.

Moses hat nun sein Abendbrot gegessen und ist in sein eigenes kleines Haus gegangen, um Schutz vor dem herannahenden Sturm zu finden. Die Vorhänge sind an der Seite des Käfigs aufgehängt, auf die der Tornado zusteuert. Die Blätter des Waldes beginnen zu rascheln. Es ist der erste kühle Hauch des Tages, aber es ist der Vorbote des wütenden Windes, der sich schnell nähert. Die Baumkronen beginnen zu schwanken. Jetzt peitschen sie sich gegenseitig wie im Zorn. Die starken Bäume biegen sich vor dem Wind. Die Blitze sind so grell, dass sie blenden. Der Donner ist schrecklich. Eine Welle nach der anderen schleudert die brennenden Blitze durch den stöhnenden Wald.

An den zarten Drähten meines Käfigs rinnt das Wasser in kleinen Rinnsalen herunter. Wie ein Prisma bricht es die grellen Blitze und lässt das ganze Gewebe wie ein Gitterwerk aus geschmolzenem Feuer aussehen, das von den überhängenden Ästen herabrieselt. Wie unsichtbare Dämonen hetzen die kreischenden Winde durch den sich biegenden Wald, und das unaufhörliche Tosen des Donners hallt aus den dunklen Tiefen des Dschungels wider. Inmitten des Lärms der stürmischen Kräfte hört man das dumpfe Krachen umstürzender Bäume, und die knackenden Äste fallen ringsum. Die ganze Natur ist in Aufruhr. Jeder Vogel und jedes Tier sucht jetzt einen Zufluchtsort vor den kriegerischen Elementen. Kein Zeichen von Leben ist zu sehen. Kein Geräusch ist zu hören, nur die Stimme des Sturms. Wie unsagbar trostlos der Dschungel zu dieser Stunde ist, kann keine Phantasie beschreiben. Wie völlig hilflos ein Lebewesen dem Zorn der Natur gegenüber ist, kann niemand erkennen, es sei denn, er hat eine solche Stunde an einem solchen Ort erlebt.

Einmal wurden fünf große Bäume in einem Umkreis von einigen hundert Metern um meinen Käfig herum umgestürzt. Dutzende von Ästen wurden vom Wind abgebrochen und wie Strohhalme verstreut. Einige von ihnen hatten einen Durchmesser von sechs oder acht Zoll und waren zehn oder zwölf Fuß lang. Einer von ihnen brach die Ecke des Bambusdaches über meinem Käfig. Der Ast war von einem riesigen Baumwollbaum in der Nähe abgebrochen und fiel aus einer Höhe von etwa sechzig Fuß herab. Er wurde vom Wind einige Meter aus der Vertikalen herausgetragen, als er fiel, und streifte meinen Käfig nur knapp. Hätte er den Körper getroffen, wäre der Käfig teilweise zerstört worden; der Hauptstamm des Astes hatte einen Durchmesser von etwa sechs Zoll und war zehn Fuß lang. Dieser besondere Tornado dauerte fast drei Stunden und war der heftigste von allen, die ich während des ganzen Jahres gesehen habe.

Jetzt legt sich der Sturm, aber die Dunkelheit ist undurchdringlich. Ich habe kein Licht dabei, denn das würde die Bewohner des Dschungels erschrecken und ein riesiges Heer von Insekten aus allen Richtungen anlocken. Moses schläft tief und fest, während ich den vielen seltsamen und unheimlichen Geräuschen lausche, die man nachts im Dschungel hört. In der Nähe knistert der Busch. Ein riesiger Leopard schleicht durch ihn hindurch. Er kommt auf mich zu. Langsam und vorsichtig nähert er sich. Ich kann ihn in den tiefen Schatten des Laubes nicht sehen, aber ich kann ihn anhand seines Geräusches orten und ihn an seinem merkwürdigen Schritt erkennen. Wenn er nahe genug herankommt, wird er vielleicht den Käfig angreifen. Er schleicht sich näher heran. Offensichtlich wittert er Beute und ist darauf aus, sie zu ergreifen. Mein Gewehr liegt neben meinem Ellbogen. Ich hebe es lautlos hoch und lege es mir in den Schoß. Der Rohling kauert jetzt bis auf wenige Meter an mich heran, aber ich kann nicht sehen, um ihn zu erschießen. Ich höre, wie er sich wieder bewegt, als wolle er sich auf den Käfig stürzen. Er kann ihn sicher nicht sehen, aber er hat mich durch seinen Geruch geortet. Ich höre ein leises Rascheln der Blätter, während er mit dem Schwanz wedelt, um zum Sprung anzusetzen. Wenn ich doch nur einen Knopf drücken und ein helles elektrisches Licht einschalten könnte! Er bleibt in der Nähe geduckt, während ich mit der Mündung des Gewehrs auf ihn gerichtet sitze. Meine Hand liegt auf dem Schloss. Es ist ein schwieriger Moment. Wenn er mit solcher Kraft aufspringt, dass das zerbrechliche Netz zwischen uns zerbricht, kann es für mich nur ein Schicksal geben.

In der kurzen Zeit von wenigen Sekunden gehen einem tausend Dinge durch den Kopf. Sie sind nicht unbedingt von Angst, sondern eher von Nervosität geprägt. Ist es besser, in den schwarzen Schatten zu schießen oder den Angriff des Leoparden abzuwarten? Wie ist seine genaue Haltung? Was hat er vor? Wie groß ist er? Kann er mich sehen? Eine ganze Reihe ähnlicher Fragen taucht in diesem kritischen Moment auf.

Ein Knacken im Gebüsch, und weg ist er; nicht mit den verstohlenen, vorsichtigen Schritten, mit denen er sich näherte, sondern in heißer Eile. Er ist erschrocken, hat sein Ziel aufgegeben, und in der Ferne hört man das Knacken der trockenen Zweige, wenn er sich in eine entlegene Ecke flüchtet. Er flieht, als ob er glaubte, verfolgt zu werden. Er ist verschwunden, und ich fühle ein Gefühl der Erleichterung.

Es ist zehn Uhr. Das leise Grollen eines fernen Donners ist alles, was von dem Tornado übrig geblieben ist, der vor ein paar Stunden über den Wald gefegt ist. Die Sterne leuchten, aber das Laub des Waldes ist so dicht, dass man nur hier und da einen Stern durch die verworrenen Äste über dem Kopf sehen kann. Ich höre ein kleines Waisenkind zwischen den toten Blättern, aber was es ist oder was es will, kann man nur vermuten.

Abb. 14: VORBEREITUNG AUF DIE NACHT
(Aus einer Fotografie.)

Eine weitere Stunde ist vergangen, und ich ziehe mich für die Nacht zurück. Die Geräusche der nächtlichen Vögel sind jetzt weniger geworden. Aus den Zweigen der Büsche in der Nähe des Käfigs höre ich ein seltsames, zittriges Geräusch. Die Blätter vibrieren. Das Geräusch hört auf und setzt in Abständen wieder ein. Ich lausche aufmerksam, denn es ist ein einzigartiges Geräusch. Es ist die Bewegung eines riesigen Pythons auf der Suche nach Vögeln. Er streckt den Kopf aus, reckt den Hals, ergreift den Ast eines schlanken Strauches, löst seine Windung von einem anderen und zieht seinen schleimigen Körper durch Kontraktion vorwärts. Der biegsame Zweig gibt unter seinem schweren Gewicht nach. Der Abrieb bringt ihn zum Zittern und die Blätter zum Beben.

Ich schlafe ein und ruhe mich bequem aus, während der Tau, der auf die Blätter gefallen ist, sich zu riesigen Tropfen sammelt; ihr Gewicht biegt die

Blätter, und sie fallen von ihrem hohen Platz und schlagen mit einem scharfen, knallenden Geräusch auf die großen Blätter weit unter ihnen. Die Stunden vergehen wie im Flug, doch in der Stille des frühen Morgens ertönt ein unheimlicher Schrei. Es ist die Stimme eines Königs-Gorillas. Sein durchdringender Schrei lässt jedes Blatt im Wald erbeben.

So wird eine weitere Nacht aus dem Kalender der Zeit gestrichen und ein neuer Tag beginnt. Die Morgendämmerung erweckt den wimmelnden Wald zum Leben, und alle seine Bewohner begeben sich erneut auf die allgemeine Jagd nach Nahrung.

Alle hier angeführten Begebenheiten sind in jedem Detail wahr, aber sie ereigneten sich nicht jeden Tag und auch nicht alle am selben Tag, wie man aus der Art und Weise, wie sie erzählt werden, schließen könnte. Aber diese Aufzählung vermittelt einen guten Eindruck vom Tagesablauf im Schoß des großen Waldes, auch wenn es sich nur um einen kleinen Einblick in die Szenen des Lebens im Dschungel handelt. Durch ein- oder zweitägige Jagdausflüge in die nur wenige Kilometer entfernten Ebenen konnte ich die Monotonie oft auflockern. Mein Speiseplan wurde gelegentlich durch eine Papageiensuppe, ein Stück Ziege, Fisch oder Stachelschwein variiert, aber im Großen und Ganzen war es ungefähr so wie beschrieben.

KAPITEL X

Der Schimpanse - Der Name - Zwei Arten - Die Kulu-Kamba-
Verbreitung - Farbe und Aussehen

Nach dem Menschen nimmt der Schimpanse die höchste Stufe in der Natur ein. Seine geistigen und sozialen Eigenschaften sowie sein Körperbau weisen ihm diesen Platz zu.

Sein Verbreitungsgebiet beschränkt sich auf das äquatoriale Afrika. Sein Lebensraum erstreckt sich grob umrissen vom vierten Breitengrad nördlich des Äquators bis zum fünften Breitengrad südlich davon, entlang der Westküste, und erstreckt sich in östlicher Richtung etwas mehr als die Hälfte des Kontinents. Sein Verbreitungsgebiet kann nicht genau definiert werden, da seine genauen Grenzen noch nicht bekannt sind. Seine Grenze im Norden wird durch das leicht nach Norden gewölbte Kamerun-Tal bestimmt; seine Ausdehnung nach Osten ist jedoch zweifelhaft. Nördlich dieses Flusses scheint er nicht anzutreffen zu sein, und es ist ziemlich sicher, dass die wenigen Exemplare, die der Nordküste des Golfs von Guinea zugeordnet werden, nicht zu diesem Gebiet gehören. Im Süden beginnt die Grenze seines Lebensraums an der Küste in der Nähe des fünften Breitengrads, biegt leicht nach Norden ab, überquert den Kongo in der Nähe des Stanley Pools, verläuft in nordöstlicher Richtung bis etwa zur Mitte des Kongostaats und biegt dann wieder nach Süden über den Oberkongo ab, nicht weit vom Nordende des Tanganjikasees. Seine Grenzen scheinen eher den Isothermen als den starren geografischen Linien zu entsprechen. Exemplare werden manchmal von Sammlern jenseits dieser Grenzen sichergestellt, aber soweit ich feststellen konnte, wurden sie innerhalb des so begrenzten Gebiets gefangen. Es gibt mehrere Zentren der Bevölkerung. Dieser Affe ist nicht streng auf eine bestimmte Topographie beschränkt, sondern bewohnt sowohl die Wälder im Hochland als auch das Land in den Niederungen.

In einem Abschnitt ist er bei den Eingeborenen unter einem Namen bekannt, in einem anderen unter einem ganz anderen Namen. Der Name Schimpanse stammt von den Eingeborenen. In der Sprache der Fioten ist der Name des Affen chimpan, eine leichte Verballhornung des eigentlichen Namens. Eigentlich ist es ein zusammengesetztes Wort. Die erste Silbe stammt von dem Fiote-Wort tyi, das die Weißen fälschlicherweise wie "chee" aussprechen. Es bedeutet "klein" oder minderwertig und ist in vielen Zusammensetzungen der Eingeborenen zu finden. Die letzte Silbe kommt von mpa, Buschmann; daher bedeutet das Wort in der Sprache der Fiote wörtlich "ein kleiner Buschmann" oder eine minderwertige Rasse. Der Name impliziert tatsächlich die Vorstellung einer niedrigeren Ordnung des menschlichen Wesens. Bei anderen Stämmen ist ein gebräuchlicher Name für den Affen ntyigo. Dieser Name leitet sich von dem Mpongwe-Wort ntyia, Blut, Rasse oder Rasse, und dem Wort iga, Wald, ab. Wörtlich bedeutet es die "Rasse des Waldes". In beiden

Namen steckt die gleiche Vorstellung, dass es sich um einen niedrigen Typus von Mensch handelt. Beide vermitteln den schrägen Eindruck, dass das Tier dem Menschen ähnlicher ist als andere Tiere.

Es gibt zwei verschiedene Arten dieses Affen. Sie werden heute als zwei Arten betrachtet. Die eine ist in dem gesamten beschriebenen Lebensraum verbreitet, während die andere nur südlich des Äquators und zwischen dem zweiten und fünften Breitengrad nördlich des Kongo und westlich des Stanley Pools bekannt ist. Beide Arten kommen in diesem Gebiet vor, aber die auf diese Region beschränkte Variante wird von den Stämmen, die den Affen kennen, kulu-kamba genannt, im Gegensatz zu der anderen Art, die als ntyigo bekannt ist. Dieser Name leitet sich ab von kulu, der Onomatopie des Lautes, den das Tier von sich gibt, und dem einheimischen Verb kamba, sprechen; daher bedeutet der Name wörtlich "das Ding, das kulu spricht".

In gewisser Hinsicht unterscheidet sich die gewöhnliche Art von der kulu-kamba in einem Maße, das darauf hindeuten würde, dass sie zu verschiedenen Arten gehören; aber die Schädel und die Skelette sind sich so ähnlich, dass niemand sie allein anhand der Skelette identifizieren kann. Im Leben ist es jedoch nicht schwierig, sie zu unterscheiden. Der Ntyigo hat ein längeres Gesicht und eine markantere Nase als der Kulu. Sein Teint hat alle Schattierungen von Braun, von einer hellen Bräune bis zu einer dunklen, schmuddeligen Mumienfarbe. Er hat ein dünnes, kurzes, schwarzes Haar, das oft fälschlicherweise als braun beschrieben wird; dieser Effekt ist jedoch auf die Vermischung der Farbe seiner Haut mit der seines Anzugs zurückzuführen. In jungen Jahren ist sein Haar ganz schwarz, aber im fortgeschrittenen Alter sind die Haarspitzen mit einem matten Weiß überzogen, was ihnen eine schmuddelige graue Farbe verleiht. Diese Veränderung ist auf die gleichen Ursachen zurückzuführen, die auch beim Menschen graue Haare hervorrufen. Doch in einem Punkt unterscheiden sie sich deutlich. Beim Menschen wird mit zunehmendem Alter das gesamte Haar weiß, beim Schimpansen dagegen nur das äußere Ende. Beim Menschen wird ein Haar weiß, während die anderen ihre natürliche Farbe behalten; beim Affen hingegen scheinen alle Haare dieselbe Veränderung zu erfahren. Bei sehr alten Exemplaren nimmt der äußere Teil des Haares oft eine schmutzige, bräunliche Farbe an. Dies ist darauf zurückzuführen, dass die Gefäße nicht mehr in der Lage sind, das Farbpigment zu liefern. Derselbe Effekt ist oft bei konservierten Exemplaren zu beobachten, und zwar aus demselben Grund, aus dem das Haar einer ägyptischen Mumie braun ist, obwohl es im Leben zweifellos tiefschwarz war. Bei diesem Affen ist das Haar einheitlich schwarz, abgesehen von einem kleinen weißen Büschel an der Basis der Wirbelsäule und einigen weißen Haaren an der Unterlippe und am Kinn. Ich habe etwa sechzig lebende Exemplare untersucht, und ich habe bei ihnen nie eine andere Farbe gefunden, außer aus der genannten Ursache. Die normale Farbe ist bei beiden Geschlechtern die gleiche. Der Kulu hat in der Regel nur wenig Haare auf dem Kopf, aber die Haare am Hinterkopf und am Hals sind viel länger als an anderen Körperteilen, und an diesen Stellen sind sie länger als bei anderen Affen.

Einige Autoren betonen die Glatze eines Affen und die gescheitelten Haare auf dem Kopf eines anderen. Diesen Merkmalen kann keine spezifische Bedeutung beigemessen werden, es sei denn, es gibt so viele Arten wie Affen. Manchmal hat ein Exemplar keine Haare auf dem Scheitel, während sich ein anderes nur in dieser Hinsicht durch einen mehr oder weniger dichten Haarschopf unterscheidet; in jeder anderen Hinsicht sind sie sich jedoch gleich. Bei einigen wächst das Haar fast bis zu den Augenbrauen, und alle Haare scheinen von einem gemeinsamen Mittelpunkt auszugehen, wie die Radien einer Kugel; bei einem anderen derselben Art kann das Haar in der Mitte so ordentlich gescheitelt sein, als ob es gekämmt wäre, bei einem anderen ist es in wilder Unordnung. Dasselbe ist bei bestimmten Affen zu beobachten, und es gilt auch für den Menschen. Als Klassifizierungsmerkmal ist es bedeutungslos. Es ist zu bemerken, dass der Kulu dazu neigt, nur wenig Haar auf dem Scheitel zu haben.

Zwischen den beiden Arten besteht eine enge Verbindung. Die Männchen unterscheiden sich stärker als die Weibchen. Dies gilt vor allem für die Struktur bestimmter Organe. Das Gesicht des jungen Ntyigos ist frei von Haaren, aber im erwachsenen Zustand neigen beide Geschlechter dazu, einen leichten Flaum auf den Wangen wachsen zu lassen. Die Farbe der Haut ist nicht an allen Körperteilen gleich. Dies gilt insbesondere für das Gesicht. Einige Exemplare haben dunkle Flecken auf einem helleren Grund. Manchmal sind bestimmte Teile des Gesichts dunkel und andere Teile hell. Ich habe ein Exemplar gesehen, das ziemlich sommersprossig war. Manche behaupten, die Haut sei in jungen Jahren hell und werde mit zunehmendem Alter dunkler; ich finde jedoch keinen Grund zu der Annahme, dass dies der Fall ist. Es stimmt zwar, dass die Haut mit der Aushärtung der Kutikula um einige Nuancen dunkler wird, aber es gibt keinen Übergang von einer Farbe zur anderen, und diese leichte Veränderung des Farbtons findet hauptsächlich an den exponierten Stellen statt.

Der Kulu hat ein kurzes, rundes Gesicht, das dem eines Menschen sehr ähnlich ist. In jungen Jahren ist es ganz frei von Haaren, aber wie bei den anderen erscheint mit dem Alter ein leichter Flaum. Sein Körper ist mit einem dichten, schwarzen Haarschopf bedeckt. Es ist gröber und länger als das des Ntyigo. Außerdem neigt es dazu, sich zu wellen und wirkt dadurch flauschig. Die Farbe ist tiefschwarz, mit Ausnahme eines kleinen weißen Büschels an der Basis des Rückens. Ich habe zwei Exemplare gesehen, bei denen dieses Büschel vollkommen schwarz war. Die Haut variiert in der Farbe weniger als beim Ntyigo, und die dunkleren Schattierungen sind nur selten zu finden. Die Augen sind eine Nuance dunkler, und bei beiden Arten sind die Teile des Auges, die beim Menschen weiß sind, bei ihnen braun. In der Nähe der Basis des Sehnervs geht die Farbe jedoch allmählich in ein Gelb über. In der Regel hat der Kulu ein klares, offenes Gesicht mit einem freundlichen Ausdruck. Er ist in einem Maße vertrauensvoll und anhänglich wie kein anderes Tier. Er ist intelligenter als seine Artgenossen und verfügt über eine fast menschenähnliche Verstandesfähigkeit.

Ein wichtiger Punkt, in dem sich die beiden Affenarten unterscheiden, ist der Umfang und die Qualität ihrer Stimmen. Der Kulu verfügt über eine größere Bandbreite an Stimmlauten. Einige von ihnen sind sanft und musikalisch, die des Ntyigo hingegen sind weniger zahlreich und von schärferer Qualität. Einer dieser Laute ähnelt dem Bellen eines Hundes, ein anderer ist ein scharfer, schreiender Ton. Der Kulu zeigt ein gewisses Gefühl der Dankbarkeit, während der Ntyigo fast ohne dieses Gefühl zu sein scheint. Es gibt viele Merkmale, in denen sie sich unterscheiden, aber auch die Menschen, selbst innerhalb desselben Familienkreises, unterscheiden sich in diesen Eigenschaften. Die Punkte, in denen sie übereinstimmen, sind zahlreich, und nach einem kurzen Überblick über sie können wir die Frage erwägen, ob wir zwei Arten aus ihnen machen oder sie ein und demselben zuordnen sollen.

Die Skelette sind - wie wir bereits festgestellt haben - in Form, Größe und Proportion gleich. Ihr Muskel-, Nerven- und Gefäßsystem ist größtenteils gleich. Die Beschaffenheit der Nahrung und die Art der Nahrungsaufnahme sind bei allen gleich. In Gefangenschaft scheinen sie sich gegenseitig als Artgenossen zu betrachten; ob sie sich jedoch untereinander kreuzen oder nicht, bleibt abzuwarten.

Das ist die Summe der Ähnlichkeiten und Unterschiede zwischen den beiden Extremtypen dieser Gattung. Bei so vielen Gemeinsamkeiten und so wenigen Unterschieden kann man ernsthaft bezweifeln, dass es sich um zwei verschiedene Arten oder nur um zwei Varianten einer gemeinsamen Art handelt. Dieser Zweifel wird noch dadurch verstärkt, dass es zwischen diesen beiden Extremen immer wieder Abstufungen von Zwischentypen gibt, so dass es nahezu unmöglich ist, zu sagen, wo der eine aufhört und der andere beginnt.

In Anbetracht all dieser Tatsachen glaube ich, dass es sich um zwei klar definierte Varianten derselben Art handelt. Sie sind der Weiße und der Neger aus einem gemeinsamen Stamm. Sie sind der Patrizier und der Plebejer einer Rasse, oder der Adel und der Bauernstand eines Stammes. Sie sind wie verschiedene Phasen desselben Mondes. Der Kulu-Kamba ist einfach eine hohe Ordnung des Schimpansen. Es stimmt zwar, dass zwei Varietäten einer Spezies in der Regel die gleichen stimmlichen Merkmale aufweisen, und dies scheint das stärkste Argument dafür zu sein, sie verschiedenen Spezies zuzuordnen, aber es ist nicht ausgeschlossen, dass auch darauf verzichtet werden kann. Wir überlassen es anderen, diese Frage zu entscheiden, je nachdem, welche Beweise sie dafür finden, und betrachten sie vorerst als eine Art und betrachten ihre physischen, sozialen und mentalen Merkmale.

Unabhängig davon, ob sie alle zu einer Art gehören oder in mehrere Arten unterteilt sind, herrschen in der gesamten Gruppe dieselben Gewohnheiten, Eigenschaften und Lebensweisen vor, so dass eine Beschreibung auf alle zutrifft, soweit wir uns mit ihnen als Ganzes befassen müssen. An anderer Stelle werden einige Begebenheiten geschildert, die sich auf einzelne der beiden genannten Arten beziehen; wenn wir sie jedoch gemeinsam behandeln, soll der Begriff Schimpanse die gesamte Gruppe einschließen, es sei denn, es ist etwas anderes angegeben.

KAPITEL XI

*Körperliche Eigenschaften des Schimpansen - Seine sozialen
Gewohnheiten - Geistige Eigenschaften*

Körperlich gesehen ähnelt der Schimpanse dem Menschen sehr stark, aber es gibt bestimmte Punkte, in denen er sich sowohl vom Menschen als auch von anderen Affen unterscheidet. Wir können einige dieser Punkte erwähnen. Das Modell des Ohrs des Schimpansen ähnelt dem des Menschen, aber das Organ ist größer und im Verhältnis dünner. Es ist sehr empfindlich für Geräusche, aber stumpf für Berührungen. Die Oberfläche ist nicht gut mit Nerven versorgt. Er kann sein Ohr nicht, wie die meisten Tiere, durch den Einsatz der Muskeln an der Basis aufrichten; aber wie beim menschlichen Ohr sind die Muskeln nutzlos, und in dieser Hinsicht ist das Ohr starr und hilflos.

Die Hand des Schimpansen ist lang und schmal. Die Fingerknochen sind im Verhältnis zu ihrer Größe größer als bei der menschlichen Hand. Eine Besonderheit der Schimpansenhand besteht darin, dass die Sehnen im Inneren der Hand (die so genannten Beugesehnen), die zum Schließen der Finger dienen, kürzer sind als der Verlauf der Knochen. Aus diesem Grund werden die Finger des Affen immer in einer Krümmung gehalten. Er kann sie nicht gerade halten. Dies ist wahrscheinlich auf die Gewohnheit des Kletterns zurückzuführen, der er in so hohem Maße frönt. Er hat auch die Angewohnheit, sich an den Händen aufhängen zu lassen. Wenn er sich seinen Weg durch den Busch bahnt, schwingt er sich oft an den Armen von Ast zu Ast. Manchmal lässt er sich an einem Arm aufhängen, während er den anderen benutzt, um Früchte zu pflücken und zu essen. Diese Eigenschaft wird an die Jungen weitergegeben und ist bereits im Säuglingsalter zu beobachten. Der Daumen ist nicht wirklich opponierbar, sondern neigt dazu, sich der Handfläche anzunähern. Er ist für ihn von geringem Nutzen. Seine Nägel sind dick, von dunkler Farbe und nicht ganz so flach wie die des Menschen.

Die große Zehe steht nicht in einer Linie mit den anderen Zehen, sondern ragt in einem Winkel von der Seite des Fußes ab, ähnlich wie der menschliche Daumen. Der Fuß selbst ist recht biegsam und hat eine große Greifkraft. Beim Klettern und bei vielen anderen Gelegenheiten wird er wie eine Hand benutzt. Die Sehnen in der Fußsohle sind gleich lang wie die Knochen, und die Zehen des Fußes können gestreckt werden; aber durch den gewohnheitsmäßigen Gebrauch beim Klettern ist der Affe dazu veranlagt, die Zehen zu schließen, weshalb der Fuß von Natur aus dazu neigt, sich zu einem Bogen zu krümmen, besonders in der Linie des ersten und zweiten Fingers.

Seine Gehgewohnheiten sind eigenartig. Der größte Teil des Gewichts wird von den Beinen getragen. Die Fußsohle liegt fast flach auf dem Boden, aber der Druck ist an der Außenkante, in der Linie des letzten Fingers, am größten. Dies ist leicht zu erkennen, wenn er über plastischen Boden geht. Beim Gehen benutzt er immer die Hände, aber er legt die Handflächen nicht auf den Boden. Stattdessen benutzt er die Fingerrücken. Manchmal werden nur die ersten Gelenke oder Phalangen, die auf den Nägeln ruhen, auf den Boden gelegt. In anderen Fällen werden die ersten und zweiten Gelenke verwendet. Ich habe ein Exemplar gesehen, das beim Gehen die Rückseiten aller Finger von den Knöcheln bis zu den Nägeln benutzte. Das Integument an diesen Teilen ist nicht schwielig wie das der Handfläche. Das Farbpigment ist genauso verteilt wie an anderen exponierten Körperstellen. Diese Tatsachen zeigen, dass das Gewicht des Körpers nicht auf den vorderen Gliedmaßen lastet, wie es bei einem echten Vierbeiner der Fall ist, sondern dass die Hand nur dazu dient, den Körper beim Gehen auszubalancieren und das Gewicht von einem Fuß auf den anderen zu verlagern. Das Gewicht ist also nicht gleichmäßig zwischen Händen und Füßen verteilt, und das Tier kann nicht wirklich als Vierbeiner bezeichnet werden.

Sein watschelnder Gang ist auf seine kurzen Beine, seine gebückte Haltung und seinen schweren Körper zurückzuführen. Alle Tiere mit gedrungenem Körper und kurzen Beinen neigen zum Watschelgang, der auf den weiten Winkel zwischen dem Gewicht und dem wechselnden Schwerpunkt zurückzuführen ist. Diese Bewegung ist bei Zweibeinern auffälliger als bei Vierbeinern, weil die Basis, die das Gewicht trägt, auf einen einzigen Punkt reduziert ist.

Der Schimpanse ist weder ein echter Vierbeiner noch ein echter Zweibeiner, sondern vereint die Gewohnheiten beider. Er scheint ein Übergangsstadium vom ersten zum zweiten zu sein. Spuren dieser gemischten Lebensweise sind noch beim Menschen zu finden. Beim Gehen bewegen sich seine Arme abwechselnd mit den Beinen. Dies legt den Gedanken nahe, dass er zu irgendeiner Zeit eine ähnliche Fortbewegungsgewohnheit gehabt haben könnte. Diese Tatsache beweist nicht unbedingt, dass er jemals ein Affe war, aber sie deutet darauf hin, dass er einst einen Horizont in der Natur eingenommen hat, der dem des heutigen Affen gleicht, und dass er, nachdem er daraus hervorgegangen ist, immer noch Spuren dieser Gewohnheit beibehalten hat. Diese Besonderheit ist bei Kindern noch leichter zu beobachten als bei Erwachsenen. Im frühen Säuglingsalter neigen alle Kinder dazu, krummbeinig zu sein. Bei ihren ersten Gehversuchen verlagern sie den größten Teil ihres Gewichts auf die Außenkante des Fußes und biegen die Zehen nach innen, als ob sie die Oberfläche, auf der der Fuß steht, festhalten wollten. Der Instinkt des Vorstellungsvermögens kann nicht verwechselt werden. Er ist bei den verschiedenen Rassen unterschiedlich stark ausgeprägt und bei Negerkindern weitaus ausgeprägter als bei weißen Kindern.

Der Gang des Schimpansen weist eine weitere Besonderheit auf. Die Arme und Beine wechseln sich in der Bewegung nicht mit der gleichen Regelmäßigkeit ab wie beim Menschen oder bei Vierbeinern. Dieser Affe benutzt seine Arme eher wie Krücken. Sie werden vorwärts bewegt, nicht ganz, aber fast im gleichen Augenblick, und die Bewegung der Beine erfolgt nicht in gleichen Abständen. Genauer gesagt: Die Hände werden fast gegenüberliegend platziert; der rechte Fuß wird um das Dreifache seiner Länge vorgeschoben; der linke Fuß wird dann etwa eine Länge vor dem rechten platziert; die Arme werden erneut bewegt; der rechte Fuß wird wiederum etwa drei Längen vor dem linken vorgeschoben; und der linke wird wiederum etwa eine Länge vor diesen gebracht. Ein und dasselbe Tier benutzt nicht immer denselben Fuß, um den langen Schritt zu machen. Daraus wird ersichtlich, dass sich jeder Fuß durch denselben Raum bewegt und dass in einer Linie die Spuren beider Füße gleich weit voneinander entfernt sind; aber der Abstand zwischen der Spur des rechten Fußes und der des linken ist etwa dreimal so groß wie der Abstand zwischen der Spur des linken Fußes und der des rechten. Es kann aber auch das Gegenteil der Fall sein. Der Abstand zwischen der Spur des einen Fußes und der darauf folgenden Spur des anderen Fußes ist zwischen der rechten und der linken Spur nie gleich groß, es sei denn, das Tier geht in großer Ruhe.

Es gibt vielleicht kein Tier, das ungeschickter ist als der Schimpanse, wenn er versucht zu laufen. Manchmal schwingt er seinen Körper mit einer solchen Kraft zwischen seinen Armen, dass er das Gleichgewicht verliert und rückwärts auf den Boden fällt. Wenn er sich wieder aufrichtet, ist er manchmal eine halbe Körperlänge hinter seinem Ausgangspunkt zurück.

Der Schimpanse ist zweifellos ein besserer Kletterer als der Gorilla. Er findet einen Großteil seiner Nahrung in Bäumen, aber er ist nicht im eigentlichen Sinne baumbewohnend. Um baumbewohnend zu sein, muss das Tier in einem Baum oder auf einer Stange schlafen können. Der Schimpanse kann das nicht. Er schläft genauso wie ein Mensch. Er legt sich auf den Rücken oder auf die Seite und benutzt häufig seine Arme als Kopfkissen. Ich halte es nicht für möglich, dass er auf einer Sitzstange schläft. Vielleicht döst er manchmal auf diese Weise, aber der Griff seines Fußes kommt nur zum Einsatz, wenn er bei Bewusstsein ist. Ich habe oft erlebt, dass Moses von den Bäumen herunterkletterte und sich auf den Boden legte, um ein Nickerchen zu machen. Ich habe ihn noch nie in einer anderen Position dösen sehen.

An dieser Stelle möchte ich die Aufmerksamkeit auf eine Tatsache lenken, die die Lebensweise der Bäume betrifft. Es scheint eine Regel zu geben, der diese Gewohnheit entspricht. Bei Affen und Menschenaffen steht die Lebensweise im Einklang mit der Größe des Tieres. Die größten Affen sind nur unter den niedrigsten Bäumen zu finden und die kleinen Affen unter den höchsten Bäumen. Es ist selten, einen großen Affen in der Spitze eines hohen Baumes zu sehen. Er mag sich dorthin wagen, um zu fressen oder zu fliehen, aber es ist nicht sein eigentliches Element. Die gleiche Regel scheint bei den Affen zu gelten. Der Gibbon ist in stärkerem Maße als jeder andere Menschenaffe baumbewohnend. Der Orang scheint der nächste zu sein; der Schimpanse steht an dritter Stelle und der Gorilla an letzter. Es ist nicht so zu verstehen, dass alle diese Affen nicht häufig klettern, sogar auf die höchsten Bäume; aber das ist nicht ihre normale Lebensweise, genauso wenig wie die Spitze eines Mastes der übliche Ort für einen Seemann auf einem Schiff ist.

Der Schimpanse ist ein Nomade und verbringt, wie der Gorilla, selten oder nie zwei Nächte am selben Ort. Was den Bau von Hütten oder Nestern in Bäumen oder anderswo betrifft, so bin ich nicht bereit zu glauben, dass er das jemals tut. Monatelang habe ich vergeblich gejagt und in mehreren Stämmen nachgeforscht, aber kein Exemplar irgendeines von einem Affen gebauten Unterschlupfs gefunden. Ich behaupte nicht, dass es absolut unwahr ist, dass er dies tut, aber ich habe nie einen Beweis dafür finden können, außer der Aussage der Eingeborenen. Im Gegenteil, bestimmte Tatsachen deuten auf das Gegenteil hin. Wenn der Affe sich eine dauerhafte Behausung bauen würde, würden die Eingeborenen sie bald entdecken, und es gäbe keine Schwierigkeiten, ihn darauf aufmerksam zu machen. Wenn er jede Nacht eine neue Behausung bauen würde, egal wie grob und primitiv sie auch sein mag, gäbe es so viele davon im Wald, dass es keine Schwierigkeiten geben würde, sie zu finden. Die nomadische Angewohnheit zeigt deutlich, dass er keine Hütten der ersten Art baut, und das völlige Fehlen von Hütten zeigt, dass er keine Hütten der zweiten Art baut. Die ganze Geschichte scheint ohne Grundlage zu sein.

Zusätzlich zu diesen Tatsachen ist zu bemerken, dass nur wenige oder gar keine der Säugetiere der Tropen jemals irgendeine Art von Haus bauen. Die Tiere, die in anderen Klimazonen die Angewohnheit haben, sich einzugraben, scheinen dies in den Tropen nicht zu tun, was zweifellos auf das warme Klima zurückzuführen ist, in dem sie keinen Schutz benötigen. Natürlich bauen Vögel und andere eierlegende Tiere Nester, wie sie es auch anderswo tun. Die Dauer der Brutzeit macht dies erforderlich.

Über die Langlebigkeit dieser Affen kann nur spekuliert werden, aber eine flüchtige Untersuchung ihres Gebisses und anderer Fakten ihrer Entwicklung zeigt, dass die Männchen das Erwachsenenstadium mit acht bis zehn Jahren erreichen, während die Weibchen zwischen sechs und acht Jahren reifen. Dies scheinen die Zeiträume zu sein, in denen sie das Jugendstadium verlassen. Einige von ihnen werden vielleicht vierzig Jahre alt oder älter, aber die durchschnittliche Lebensdauer beträgt wahrscheinlich nicht mehr als einundzwanzig bis dreiundzwanzig Jahre. Das durchschnittliche Leben ist bei ihnen zweifellos einheitlicher als beim Menschen. Diese Zahlen sind keine bloßen Vermutungen, sondern wurden aus zuverlässigen Daten abgeleitet.

Die Dauer der Trächtigkeit bei diesen beiden Affen lässt sich nicht mit Sicherheit feststellen. Einige Eingeborene sagen, dass sie neun Monate beträgt, während andere glauben, dass sie sieben Monate oder weniger beträgt. Für jede dieser Behauptungen gibt es einige Fakten, aber nichts ist wirklich schlüssig. Die Summe der Beweise, die ich finden konnte, deutet eher auf eine Zeitspanne von viereinhalb Monaten oder etwa so hin. In den Monaten Januar und Februar schreien die männlichen Gorillas lautstark, die jungen Erwachsenen trennen sich von den Familien, und andere Dinge deuten darauf hin, dass dies die Zeit der Paarung und der Fortpflanzung ist. Sie sind vielleicht nicht strikt auf diesen Zeitraum beschränkt, aber die Vermutung, dass sie es sind, ist wohl begründet. Es ist ziemlich sicher, dass die Zeit der Jungenaufzucht zwischen Anfang Mai und Ende Juni liegt. Um diese Zeit beginnt die Trockenzeit, die vier Monate andauert. Es hat den Anschein, dass die Natur diese Jahreszeit ausgewählt hat, weil sie für die Aufzucht der Jungen am günstigsten ist. In dieser Zeit ist die Nahrung reichhaltiger und kann mit weniger Aufwand beschafft werden. In den Niederungen ist es trockener, und das ermöglicht es der Mutter, sich mit ihren Jungen in den dichten Dschungel zurückzuziehen, wo sie weniger Gefahren ausgesetzt ist als im offenen Wald. Es ist ungewiss, ob die Perioden bei beiden Affen gleich sind oder nicht. Die Berichte der Einheimischen gehen in diesem Punkt auseinander. Es ist jedoch wahrscheinlich, dass sie gleich lang sind. Die durchschnittliche Dauer dieser Jahreszeit beträgt etwa viereinhalb Monde oder achtzehn Wochen.

In sozialer Hinsicht scheint der Schimpanse einer etwas höheren Kaste anzugehören als andere Affen. In seinen Ehevorstellungen ist er polygam, aber in gewissem Maße loyal gegenüber seiner Familie. Der väterliche Instinkt ist bei ihm ein wenig ausgeprägter als bei anderen Affen. Er scheint die Beziehung zwischen Eltern und Kind besser zu schätzen und sie länger zu bewahren als andere. Die meisten männlichen Tiere entfremden sich von ihren Jungen und werfen sie in einem sehr frühen Alter weg. Der Schimpanse behält seine Kinder bei sich, bis sie alt genug sind, um wegzugehen und ihre eigenen Familien zu gründen.

Die Familie des Schimpansen besteht häufig aus drei oder vier Frauen und zehn oder zwölf Kindern, mit einem erwachsenen Mann. Es sind Fälle bekannt, in denen zwei oder drei erwachsene Männchen in derselben Familie gesehen wurden, wobei jedes seine eigenen Frauen und Kinder hatte. In einem solchen Fall scheint es einen zu geben, der die Oberhand hat. Diese Tatsache legt den Gedanken nahe, dass bei ihnen eine Art patriarchalische Regierung vorherrscht. Die Frauen und Kinder scheinen die Autorität des Patriarchen nicht in Frage zu stellen oder sich dagegen aufzulehnen. Der männliche Elternteil spielt oft mit seinen Kindern und scheint sie sehr gern zu haben.

Es gibt einen allgemeinen Irrtum, den ich hier korrigieren möchte. Es ist die weit verbreitete Vorstellung, dass Tiere so stark von einem väterlichen Instinkt besessen sind, dass sie ihr eigenes Leben für die Verteidigung ihrer Jungen opfern. Ich möchte keine Überzeugung zerstreuen, die dazu tendiert, Tiere zu würdigen oder zu veredeln, denn ich bin ihr Freund und Verfechter. Aber die Wahrheit verlangt, dass diese Aussage relativiert wird. Es ist richtig, dass viele ihr Leben bei solchen Verteidigungshandlungen verloren haben, aber es war kein freiwilliges Opfer. Es geht nicht allein um die Verteidigung ihrer Jungen, sondern in vielen Fällen um einen Akt der Selbstverteidigung. In anderen Fällen ist es eine Folge mangelnden Urteilsvermögens. Diese Affen wurden oft von ihren Jungen verscheucht und diese gefangen genommen, während die Eltern vom Tatort flüchteten. Dies mag eher das Ergebnis von Klugheit als von Verderbtheit gewesen sein; aber der elterliche Instinkt hat bei beiden Geschlechtern und in vielen Fällen versagt, sie von der Flucht abzuhalten. Handelt es sich um einen Feind, der ihren Kräften nahe zu kommen scheint, verteidigen sie ihre Jungen, was manchmal den Verlust ihres eigenen Lebens zur Folge hat; handelt es sich jedoch um einen Feind von so gewaltigem Aussehen, dass er völlig unbesiegbar erscheint, überlassen die Eltern ihre Jungen ihrem Schicksal. Das gilt für alle Tiere, auch für den Menschen.

Ich möchte weder die heroische Qualität dieses Instinkts schmälern noch den Ruhm schmälern, den er auf die ihm zugeschriebenen edlen Taten wirft, aber die Tatsache, dass ein Elternteil bei der Verteidigung seiner Jungen sein eigenes Leben aufs Spiel setzt, ist kein wirklicher Beweis für die Stärke oder Qualität dieses Instinkts. Nur in den wenigen Einzelfällen, in denen sich ein Elternteil freiwillig und in Kenntnis der Folgen aufopfert, kann man sagen, dass die Tat auf den Instinkt zurückzuführen ist. In den meisten solchen Fällen handelt das Elternteil im Glauben an seine eigene Fähigkeit, den in Gefahr befindlichen Menschen zu retten, wobei sich das Elternteil seiner eigenen Gefährdung nicht völlig bewusst ist. Ich bezweifle, dass irgendein Tier außer dem Menschen jemals absichtlich sein eigenes Leben als Lösegeld für das eines anderen angeboten hat. Solche Fälle sind in der menschlichen Geschichte so selten, dass sie den Akteur unsterblich machen.

Unabhängig davon, wie stark der Instinkt ausgeprägt ist, ist er bei weiblichen Tieren viel stärker ausgeprägt als bei männlichen, und er scheint bei Haustieren stärker ausgeprägt zu sein als bei wilden Tieren. Inwieweit dies auf den Kontakt mit dem Menschen zurückzuführen ist, ist schwer zu sagen. Der Keim mag angeboren sein, aber er reagiert auf die Kultur.

Die Tatsache, dass der Affe seine Nachkommen unter bestimmten Bedingungen im Stich lässt, kann als Beweis für eine höhere Intelligenz gewertet werden, die ihm eine höhere Einschätzung von Leben und Gefahr verleiht, als ein niedriger, brutaler Trieb. Es ist die Ausübung eines überlegenen Urteilsvermögens, das den Menschen veranlasst, umsichtiger zu handeln als andere Tiere. Das tut seinem Edelmut keinen Abbruch.

Im Familienkreis des Schimpansen ist der Vater der Oberste, aber er entwürdigt sein Königtum nicht, indem er ein Tyrann ist. Jedes Mitglied der Familie scheint bestimmte Rechte zu haben, die von den anderen nicht angefochten werden. Besitz ist das Recht des Eigentums. Wenn ein Affe sich ein bestimmtes Nahrungsmittel beschafft, versuchen die anderen nicht, ihn zu enteignen. Wahrscheinlich hat der Mensch die Idee des Privateigentums von dieser Quelle geerbt. Es ist dasselbe Prinzip, mit dem die Nationen das Recht auf ein Territorium beanspruchen. Nationen verletzen dieses Recht oft, ebenso wie Schimpansen, wenn sie nicht durch etwas Stärkeres als ein bloßes abstraktes Rechtsempfinden in Schach gehalten werden. Bei allem Respekt, ich glaube nicht, dass der Affe das Recht so sehr missbraucht, indem er seinen Anspruch über seine wirklichen Bedürfnisse hinaus geltend macht, wie es Nationen manchmal tun.

Wenn ein Mitglied einer Affenfamilie krank ist, sind sich die anderen dieser Tatsache durchaus bewusst und zeigen ein gewisses Maß an Mitgefühl. Ihr Verhalten deutet darauf hin, dass sie in geringem Maße die Leidenschaft des Mitgefühls haben, aber das Gefühl ist schwach und schwankend. Soweit ich weiß, schlagen sie keine

Behandlung vor, außer um den Leidenden zu beruhigen und zu trösten. Sie haben sicherlich eine bestimmte Vorstellung davon, was der Tod ist, und ich habe manchmal Grund zu der Annahme gehabt, dass sie einen Namen dafür haben. Sie lassen ihre Kranken nicht ohne weiteres im Stich, aber wenn einer von ihnen nicht in der Lage ist, mit der Gruppe zu reisen, streifen die anderen tagelang umher und bleiben in Rufweite, aber sie kümmern sich nicht um seine Bedürfnisse. Es heißt, wenn einer von ihnen verwundet wird, retten ihn die anderen, wenn möglich, und bringen ihn an einen sicheren Ort. Ich kann dies nicht bestätigen, da ich selbst noch nie einen solchen Vorfall erlebt habe.

Eine der bemerkenswertesten sozialen Gewohnheiten der Schimpansen ist der Kanjo, wie er in der einheimischen Sprache genannt wird. Das Wort bedeutet nicht "Tanz" im Sinne von saltatorischen Drehungen, sondern es impliziert eher die Vorstellung von "Karneval". Es wird angenommen, dass mehrere Familien an diesen Festen teilnehmen. Hier und da findet man im Dschungel einen kleinen Fleck mit klangvoller Erde. Er ist unregelmäßig geformt und hat einen Durchmesser von etwa zwei Fuß. Die Oberfläche besteht aus Lehm und ist künstlich. Der Lehm ist auf eine Art Torfbett aufgebracht, das, da es porös ist, als Resonanzraum dient und den Klang verstärkt. So entsteht eine Art Trommel. Sie erzeugt einen eher toten Klang, der jedoch von beträchtlicher Lautstärke ist.

Abb. 15: KANJO-NTYIGO-SCHIMPANSEN-TANZ

Diese merkwürdige Trommel wird von den Schimpansen so hergestellt. Sie sammeln den Ton am Ufer eines Flusses in der Nähe. Sie tragen ihn mit der Hand, legen ihn im plastischen Zustand ab, verteilen ihn an der ausgewählten Stelle und lassen ihn trocknen. Ich habe einen Teil einer dieser Trommeln, die ich aus dem Nkami-Wald mitgebracht habe, im Museum von Buffalo, N. Y., ausgestellt. Es zeigt die Fingerabdrücke der Affen. Sie wurden in sie eingedrückt, als der Schlamm noch weich war.

Nachdem die Trommel ganz trocken ist, versammeln sich die Schimpansen nachts in großer Zahl und der Karneval beginnt. Ein oder zwei von ihnen schlagen heftig auf den trockenen Ton, während andere wild und grotesk auf und ab hüpfen.

Einige von ihnen stoßen lange, rollende Laute aus, als ob sie singen wollten. Wenn einer müde ist, die Trommel zu schlagen, löst ihn ein anderer ab, und so geht das Fest stundenlang weiter. Ich kenne nichts Vergleichbares im Sozialsystem eines anderen Tieres, aber was es bedeutet oder woher es stammt, entzieht sich meiner Kenntnis. Sie frönen diesem Kanjo nicht in allen Teilen ihres Gebietes, und es findet auch nicht in regelmäßigen Abständen statt.

Der Schimpanse mag die Einsamkeit nicht. Er liebt die Gesellschaft des Menschen und lässt sich daher leicht domestizieren. Wenn man ihn frei laufen lässt, ist er gut gelaunt und hängt stark am Menschen. Wird er eingesperrt, wird er bösartig und schlecht gelaunt. Alle Tiere, auch der Mensch, haben die gleiche Tendenz. Geistig befindet sich der Schimpanse in seinem eigenen Lebensbereich auf einem hohen Niveau, aber innerhalb dieser Grenzen werden die geistigen Fähigkeiten nicht so häufig in Anspruch genommen und sind daher nicht so aktiv wie beim Menschen.

Es ist schwierig, den geistigen Zustand des Affen mit dem des Menschen zu vergleichen, denn es gibt keine gemeinsame Grundlage, auf der beide beruhen. Ihre Lebensweisen sind so unterschiedlich, dass es keine gemeinsame Maßeinheit gibt. Ihre Fähigkeiten sind unterschiedlich entwickelt. Die beiden haben nur wenige gemeinsame Probleme zu lösen. Der menschliche Verstand hat zwar einen viel größeren Aktionsradius als der des Affen, aber daraus folgt nicht, dass er in allen Dingen mit größerer Präzision handeln kann. Es gibt vielleicht Fälle, in denen der Verstand des Affen den des Menschen übertrifft, weil er an bestimmte Bedingungen angepasst ist. Es ist kein sicherer und unfehlbarer Wegweiser, alle Dinge mit dem Maßstab der Selbsteinschätzung des Menschen zu messen. Es ist zwar richtig, dass der Vergleich mit einer solchen Maßeinheit sehr zugunsten des Menschen ausfällt, aber die Schlussfolgerung ist weder gerecht noch angemessen. Es ist jedoch ein sehr interessantes Problem, sie auf diese Weise zu vergleichen, und das Ergebnis zeigt, dass ein erwachsener Affe in etwa den gleichen geistigen Horizont hat wie ein einjähriges Kind. Würde man den Vorgang jedoch umkehren und den Menschen unter die natürlichen Bedingungen des Affen stellen, würde der Vergleich weit weniger zugunsten des Menschen ausfallen. Es gibt keine gemeinsame mentale Einheit zwischen ihnen.

Bei Problemen, die sein eigenes Wohlbefinden oder seine Sicherheit betreffen, übt der Schimpanse seine Vernunftfähigkeit mit ziemlicher Präzision aus. Er ist in der Lage, Motive zu deuten oder Absichten zu erkennen, und er ist ein seltener Menschenkenner. Er ist wissbegierig, aber nicht so nachahmend wie Affen. Er ist aufmerksamer für die Zusammenhänge von Ursache und Wirkung. Seine Handlungen werden von eindeutigeren Motiven gesteuert. Er ist gelehrig und lernt schnell alles, was in den Bereich seiner eigenen geistigen Ebene fällt.

Lange Zeit herrschte die Meinung vor, dass sich diese Affen von pflanzlicher Nahrung ernähren. Das ist ein Irrtum. In dieser Hinsicht sind ihre Gewohnheiten denen des Menschen sehr ähnlich, nur dass letzterer gelernt hat zu kochen, während ersterer seine Nahrung roh verzehrt. Ihre natürlichen Vorlieben sind sehr vielfältig, und sie mögen nicht alle dieselben Nahrungsmittel. Die meisten von ihnen mögen die wilde Mango, die an bestimmten Stellen im Wald in Hülle und Fülle wächst. Sie ist oft verfügbar, wenn andere Nahrungsmittel knapp sind. So wird sie sozusagen zum Grundnahrungsmittel. Es gibt viele Arten von Nüssen in ihrem Gebiet, aber die Nuss der Ölpalme ist sehr beliebt. Manchmal essen sie auch die Kolanuss, aber sie mögen sie nicht. Verschiedene Arten von kleinen Früchten und Beeren gehören ebenfalls zu ihrem Speiseplan. Sie fressen die Stängel einiger Pflanzen, die zarten Knospen anderer und die Ranken bestimmter Weinstöcke. Die Namen dieser Rebstöcke sind mir nicht bekannt.

Die meisten Früchte und Pflanzen, die sie genießen, sind entweder sauer oder bitter im Geschmack. Süße Früchte mögen sie nicht besonders gern. Sie bevorzugen diejenigen, die die genannten Geschmacksrichtungen aufweisen. Sie essen Bananen, Ananas oder andere süße Früchte, aber selten aus freien Stücken. Die meisten von ihnen scheinen eine Limette einer Orange vorzuziehen, eine Kochbanane einer Banane, eine Kolanuss einer süßen Mango. In Gefangenschaft entwickeln sie eine Vorliebe für süße Speisen aller Art.

Darüber hinaus fressen sie Vögel, Eidechsen und kleine Nagetiere. Sie rauben Vögeln ihre Eier und ihre Jungen. Sie vertilgen viele Arten von großen Insekten. Die Tiere, die ich besessen habe, mochten gekochtes Fleisch und gesalzenen Fisch, entweder roh oder gekocht.

KAPITEL XII

*Die Sprache der Schimpansen - Ein neues System phonetischer
Symbole - Einige gebräuchliche Wörter - Gesten*

Die Sprache der Schimpansen (wie auch anderer Affen) beschränkt sich auf einige wenige Laute, die sich hauptsächlich auf ihre natürlichen Bedürfnisse beziehen. Der gesamte Wortschatz ihrer Sprache umfasst vielleicht nicht mehr als fünfundzwanzig oder dreißig Wörter. Viele von ihnen sind vage oder zweideutig, aber sie drücken das Konzept des Affen mit so viel Präzision aus, wie es für seinen Verstand definiert ist, und ziemlich deutlich genug für seinen Zweck.

Während meiner Forschungen habe ich zehn Wörter der Sprache dieses Affen gelernt, so dass ich sie verstehen und mich mit ihnen verständigen kann. Die meisten Laute liegen in Tonfall, Tonhöhe und Modulation innerhalb des Bereichs der menschlichen Stimme. Zwei von ihnen haben ein viel größeres Volumen, als die menschliche Lunge erreichen kann, und einer von ihnen erreicht eine Tonhöhe, die mehr als eine Oktave höher ist als die einer menschlichen Stimme mit mittlerer Tonhöhe. Diese beiden Töne sind in großer Entfernung hörbar, aber sie fallen nicht wirklich in den Bereich der Sprache.

Die Stimmorgane des Schimpansen ähneln denen des Menschen so sehr, wie andere körperliche Merkmale nachweislich ähnlich sind. Sie unterscheiden sich geringfügig in einer Hinsicht, die es wert ist, beachtet zu werden. Direkt über der Glottis genannten Öffnung (der Öffnung zwischen den Stimmbändern) befinden sich zwei kleine Säcke oder Ventrikel. Beim Affen sind diese größer und flexibler als beim Menschen. Beim Sprechen werden sie durch die Luft aufgeblasen, die aus der Lunge in die lange Röhre des Kehlkopfes strömt. Die Funktion dieser Ventrikel besteht darin, den Ton zu kontrollieren und zu modifizieren, indem sie den Druck der Luft, die durch die Röhre strömt, erhöhen oder verringern. Sie dienen gleichzeitig als Reservoir und als Messgerät.

Bei den lauteren Lauten, die der Schimpanse von sich gibt, dehnen sich diese Ventrikel stark aus. Dadurch wird die Stimme intensiver oder lauter. Dass der Affe einen so lauten und durchdringenden Schrei ausstoßen kann, ist zum Teil diesen kleinen Bläschen zu verdanken. Aber die Höhe und Lautstärke seiner Stimme kann nicht allein auf diese Ursache zurückzuführen sein, denn der Gorilla (bei dem diese Ventrikel viel kleiner sind) kann einen viel lauteren Ton erzeugen. Vielleicht irren wir uns aber auch in Bezug auf das Geräusch, das man ihm gemeinhin zuschreibt.

Obwohl die Laute des Schimpansen von der menschlichen Stimme nachgeahmt werden können, lassen sie sich mit keinem der beim Menschen gebräuchlichen phonetischen Symbole ausdrücken oder darstellen. Alphabete wurden aus Piktogrammen abgeleitet, und das herkömmliche Symbol, das zur Darstellung eines bestimmten Lautes verwendet wird, hat keinen Bezug zu den Sprachorganen, die ihn hervorgebracht haben. Die wenigen starren Linien, die überlebt haben und heute die Alphabete bilden, sind in sich selbst bedeutungslos, aber sie wurden so lange verwendet, um die elementaren Laute der Sprache darzustellen, dass es schwierig wäre, sie durch andere zu verdrängen.

Da es keine wörtliche Formel gibt, um die phonetischen Elemente der Schimpansensprache darzustellen, habe ich einen neuen Schritt in der Kunst des Schreibens unternommen. Ich schlage ein System von Symbolen vor, das rational in der Methode und einfach im Aufbau ist.

Die Sprechorgane wirken immer in Harmonie. Eine bestimmte Bewegung der Lippen wird immer von einer bestimmten Bewegung der inneren Sprechorgane begleitet. Das gilt sowohl für den Affen als auch für den Menschen. Um die gleichen Laute auszusprechen, würden beide die gleichen Organe benutzen und sie auf die gleiche Weise einsetzen.

Auf diese Weise sind Taubstumme in der Lage, die Laute der Sprache zu unterscheiden und wiederzugeben, obwohl sie sie nicht hören. Durch genaues Studium und langes Üben lernen sie, die feinsten Klangnuancen zu unterscheiden.

In dieser einfachen Tatsache liegt der Schlüssel zu der Methode, die ich Ihnen vorschlage. Noch befindet sie sich im Anfangsstadium, aber es ist möglich, mit sehr wenigen Symbolen die gesamte Palette der von Menschen oder anderen Tieren erzeugten Stimmlaute darzustellen.

Die Hauptsymbole, die ich verwende, sind die Klammern, die in der gewöhnlichen Druckschrift verwendet werden. Die beiden gekrümmten Linien, die sich mit den konvexen Seiten gegenüberliegen, also (), stellen die offene Stimmritze dar, in der die Stimme den breiten Laut "A" wie in "Vater" ausspricht. Die etwa halb geschlossene Stimmritze erzeugt den Laut "O". Um diesen Laut darzustellen, wird ein Punkt zwischen den beiden gebogenen Linien eingefügt, also (.). Wenn die Stimmritze noch mehr zusammengezogen ist, entsteht der Laut "U", wie "[=oo]" in "woo". Um diesen Laut darzustellen, wird ein Doppelpunkt zwischen die Linien gesetzt, also (:). Wenn die Öffnung auf einen noch kleineren Umfang beschränkt ist, wird der Laut "U" kurz ausgesprochen, wie in "aber". Um diesen Laut darzustellen, wird ein Apostroph zwischen die Zeilen gesetzt, also (.). Wenn die Stimmbänder zu einer größeren Spannung gebracht werden und die Öffnung fast geschlossen ist, wird der kurze Laut "E" ausgesprochen, wie in "met". Um diesen Laut darzustellen, wird ein Bindestrich zwischen die Zeilen gesetzt, also (-). Dies sind die Hauptvokallaute aller Tiere, obwohl sie beim Menschen manchmal modifiziert sind und ihnen der lange Laut "E" hinzugefügt wird, während beim Affen die langen Laute "O" und "E" selten zu hören sind.

Auf dieser Vokalbasis können alle anderen Laute entwickelt werden, und durch die Verwendung von diakritischen Zeichen, die die Bewegungen der Sprechorgane anzeigen, werden die Konsonantenelemente angegeben.

Eine einzelne Klammer, mit der konkaven Seite nach links, stellt den Anfangslaut "W" dar, der manchmal in den Tierlauten vorkommt. Wenn sie verwendet wird,

wird sie auf der linken Seite des führenden Symbols platziert, also)(), und dieses Symbol wird, so wie es steht, fast wie "O-A" ausgesprochen, wobei das "O" unterdrückt wird, bis es fast unhörbar ist. Dreht man die konkave Seite nach rechts und platziert sie auf der rechten Seite des Symbols, also ()(), stellt sie den verschwindenden Klang von "W" dar. Dieses Symbol bedeutet "A-O", wobei der letzte Vokal zum Endlaut "O" unterdrückt wird. Der Apostroph vor oder nach dem Zeichen steht für "F" oder "V". Der ernste Akzent, also è, steht für den Atemlaut von "H", unabhängig davon, ob er vor oder nach dem Symbol steht, und der akute Akzent, also é, steht für den Aspirationslaut dieses Buchstabens.

Wenn das Symbol mit einem numerischen Exponenten geschrieben wird, gibt es den Grad der Tonhöhe an. Fehlt die Ziffer, so ist der Ton so, wie ihn die menschliche Stimme beim normalen Sprechen erzeugen würde. Der Buchstabe "X" steht für eine Wiederholung des Tons, und die nachfolgende Zahl gibt die Anzahl der Wiederholungen anstelle der Tonhöhe an. Wir schreiben zum Beispiel den Laut (.), der einem langen "O" entspricht, das in einem normalen Ton erzeugt wird; das gleiche Symbol (.)2 zeigt an, dass der Laut mit größerer Energie und etwa fünf Halbtöne höher erzeugt wird. Die Schreibweise (.)2X bedeutet, dass der Laut fünf Halbtöne über der normalen Tonhöhe der menschlichen Stimme liegt und einmal wiederholt wird.

Ich werde den Leser nicht mit der Ermüdung einer ausführlichen Beschreibung des hier skizzierten Systems konfrontieren. Diese kurze Darstellung der Methode zur Darstellung der Tierlaute reicht aus, um eine Vorstellung von den Mitteln zu vermitteln, mit denen es möglich ist, die Laute aller Tiere zu schreiben, so dass der Phonetikstudent sofort den Charakter des Lautes erkennt, auch wenn er ihn nicht mit natürlichen Mitteln reproduzieren kann.

Es könnte von Interesse sein, den Charakter und die Verwendung einiger Laute zu beschreiben, die der Schimpanse von sich gibt. Der häufigste Laut, den die Tiere von sich geben, ist derjenige, der sich auf die Nahrung bezieht, und daher kann ihm die erste Aufmerksamkeit gelten. Dieses Wort beginnt in der Sprache der Schimpansen mit dem kurzen Vokal "U", der in einen starken Atemlaut "H" übergeht. Die Lippen sind an den Seiten zusammengepresst, und die Mundöffnung ist fast rund. Es ist nicht schwer zu imitieren, und der Affe versteht es sogar, wenn es schlecht gemacht ist. Mit der oben beschriebenen Schreibweise wird er so ausgedrückt: (I)`.

Ein bei ihnen häufig verwendeter Laut ist der des Rufens. Das Vokalelement ist "[=U]" lang, leicht zugespitzt. Er geht in ein deutliches, verschwindendes "W" über. In Symbolen ausgedrückt, ist es (:)(. Der Nahrungslaut wird oft zwei- oder dreimal hintereinander wiederholt, aber der Ruf wird selten wiederholt, außer in großen Abständen.

Ein Klang, der eher weich und musikalisch ist, ist ein Ausdruck von Freundschaft oder Verbundenheit. Er scheint im Ton weicher und in der Dauer länger zu werden, je nach der Intensität des Gefühls. Das Vokalelement ist ein langes "U". Es

geht in ein aspiriertes "H" über. Es wird durch das Symbol (:)' angemessen dargestellt.

Der komplexeste Laut, den ich bisher von ihnen gehört habe, ist der, der an anderer Stelle als "gut" bezeichnet wird. Sie verwenden ihn oft in der gleichen Bedeutung wie der Mensch den Ausdruck "danke" oder "danke" verwendet. Es ist unwahrscheinlich, dass sie ihn als Höflichkeitsausdruck verwenden, aber der Gedanke ist
derselbe.

Eines der Warn- oder Alarmwörter enthält ein Vokalelement, das dem kurzen
Laut "E" sehr ähnlich ist. Es endet mit dem Atemlaut "H". Es wird verwendet, um
das Herannahen von etwas anzukündigen, das dem Tier vertraut ist und vor dem es
keine Angst hat. Wenn die Warnung das Herannahen eines Feindes oder von etwas
Fremdem ankündigen soll, wird derselbe Vokal verwendet, endet aber mit dem Aspirationslaut "H", der mit Energie und Deutlichkeit ausgesprochen wird. Das Vokalelement ist in beiden Wörtern dasselbe, aber sie unterscheiden sich in der Zeit, die man
braucht, um sie auszusprechen, und in den abschließenden Atem- und Ansauggeräu-
schen. Es gibt auch einen Unterschied in der Art und Weise, wie der Sprecher das
Wort ausspricht. Sie zeigt deutlich, dass er den Nutzen und den Wert der Laute
kennt. Wenn sich eine Gefahr nähert, wird das letztere Wort oft fast flüsternd und in
großen Abständen ausgesprochen, wobei die Lautstärke zunimmt, je näher die
Gefahr kommt. Das andere Wort wird gewöhnlich deutlich gesprochen und häufig
wiederholt. Es ist erwähnenswert, dass die Eingeborenen ein ähnliches Wort auf dieselbe Weise und für denselben Zweck verwenden.

Es gibt andere Laute, die leicht zu identifizieren, aber schwer zu beschreiben
sind, wie z. B. das Wort für "Kälte" oder "Unbehagen", ein anderes für "Trinken"
oder "Durst", ein weiteres für "Krankheit" und wieder ein anderes, von dem ich
Grund zu der Annahme habe, dass es "tot" oder "Tod" bedeutet. Es gibt vielleicht
noch ein Dutzend weiterer Wörter, die sich leicht unterscheiden lassen, aber ich
konnte ihre genaue Bedeutung noch nicht bestimmen. Ich habe eine Meinung zu
einigen von ihnen, bin aber noch nicht zu einem endgültigen Schluss gekommen.

Der Schimpanse bedient sich einiger Zeichen, die als Hilfsmittel des Ausdrucks
betrachtet werden können. Er macht ein negatives Zeichen, indem er den Kopf von
einer Seite zur anderen bewegt, wie es der Mensch tut, aber die Geste ist nicht häufig oder ausgeprägt. Ein weiteres negatives Zeichen, das häufiger vorkommt, ist eine
wellenförmige Bewegung der Hand vom Körper in Richtung der angesprochenen
Person oder Sache. Diese Geste wird manchmal mit großer Betonung ausgeführt.
Die Bedeutung dieses Zeichens ist unbestritten. Die Art und Weise, wie dieses Zeichen gemacht wird, ist nicht einheitlich. Manchmal wird es durch eine eindringliche
Bewegung der Hand gemacht. Sie wird von der gegenüberliegenden Seite mit dem
Rücken nach vorne in Richtung der sich nähernden Person oder Sache gestoßen. Die
Interpretation ist, dass sich der Affe gegen die Annäherung wehrt. Das gleiche Zei-
chen wird oft als Ablehnung von Angeboten gemacht. Eine andere Art, dieses Zei-
chen zu machen, besteht darin, den Arm nach vorne auszustrecken, die Hand nach

unten hängen zu lassen und den Rücken in Richtung der sich nähernden Person oder der abgelehnten Sache zu halten. Neben diesen negativen Zeichen gibt es ein Zeichen, das als bejahend angesehen werden kann. Dabei wird einfach ein Arm in Richtung der gewünschten Person oder Sache ausgestreckt. Manchmal dient es dem Zweck des Winkens. Bei dieser Handlung wird die Hand nicht bewegt. Diese Zeichen scheinen angeboren zu sein und ähneln sehr denen, die von den Menschen verwendet werden, um dieselbe Idee zu signalisieren.

Aus dieser kleinen Liste von Wörtern und Zeichen darf nicht gefolgert werden, dass es nichts mehr zu lernen gäbe. Bislang wurde bei der Erforschung der Sprache der Menschenaffen sozusagen nur der erste Schritt getan. Je vertrauter wir mit ihren Lauten werden, desto geringer wird die Schwierigkeit, sie zu verstehen. Ich bin in dem, was ich von diesen Tieren zu lernen hoffte, nicht enttäuscht worden. Die Gesamtzahl der Wörter, die ich bis jetzt unterscheiden konnte, beläuft sich auf etwa hundert. Davon habe ich etwa dreißig gedeutet. In letzter Zeit habe ich den kleinen Affen keine Aufmerksamkeit geschenkt. Ich werde sie zu einem späteren Zeitpunkt wieder studieren, da dies ein wesentlicher Teil der Aufgabe ist, die ich übernommen habe. Die Tatsache, dass Tiere in der Lage sind, die menschliche Sprache zu interpretieren, ist an sich schon ein Beweis dafür, dass sie den Sprachinstinkt besitzen. Aber ein sorgfältiges Studium ihrer Gewohnheiten offenbart den weiteren Beweis, dass sie die Fähigkeit der Sprache besitzen und ausüben. Zusätzlich zu diesen Tatsachen erwerben sie manchmal neue Sprachlaute. Dies ist ein Fortschritt. Wenn ein Affe einen Schritt in der Entwicklung der Sprache machen kann, warum dann nicht auch zwei? Ein Beispiel, das in dem Kapitel über Moses, meinen Affengefährten, angeführt wird, betrachte ich als den Höhepunkt all meiner Bemühungen um das Studium oder die Ausbildung von Affen, nämlich die Tatsache, dass es mir gelungen ist, ihm ein Wort der menschlichen Sprache beizubringen. Dies allein reicht aus, um zu beweisen, dass das Tier die Fähigkeit zur Sprache in sich trägt.

Abschließend behaupte ich erneut, dass die von diesen Affen geäußerten Laute die Merkmale der menschlichen Sprache aufweisen. Der Sprecher ist sich der Bedeutung des verwendeten Lautes bewusst. Die Tonhöhe und die Lautstärke der Stimme werden so reguliert, dass sie der jeweiligen Situation angepasst sind. Der Affe kennt den Wert des Klangs als Medium zur Übermittlung von Gedanken. Diese und viele andere Tatsachen zeigen, dass ihre Laute wirklich Sprache sind.

Die geistigen Fähigkeiten des wilden Affen mit denen des domestizierten Hundes zu vergleichen, ist kein fairer Maßstab, an dem man die jeweiligen Fähigkeiten messen kann. Der Hund hat sich durch seine lange und enge Verbindung mit dem Menschen viel angeeignet. Würde der Affe domestiziert und dort so lange gehalten wie der Hund, wäre er dem Hund an Klugheit so weit überlegen, wie er es von Natur aus gegenüber den wilden Vorfahren der Hunderasse ist.

KAPITEL XIII

Mose - Seine Gefangennahme - Sein Charakter - Seine Zuneigung -
Sein Essen - Sein tägliches Leben - Anekdoten über ihn

Während meines Aufenthalts im Wald hatte ich einen schönen jungen Schimpansen, der von gewöhnlicher Intelligenz war, und er war von mehr als gewöhnlichem Interesse, wegen seiner Geschichte. Ich gab ihm den Namen Moses, nicht in Anlehnung an den historischen Israeliten dieses Namens, sondern aufgrund der Umstände, unter denen er gefangen wurde und gelebt hat. Er wurde ganz allein in einem wilden Papyrussumpf am Ogowé-Fluss gefunden. Keiner wusste, wer seine Eltern waren. Der niedrige Busch, in dem er kauerte, als er entdeckt wurde, war von Wasser umgeben, und so war der arme kleine Waise vom angrenzenden trockenen Land abgeschnitten. Als sich der Eingeborene näherte, um ihn zu fangen, versuchte der schüchterne kleine Affe, zwischen den Ranken hochzuklettern und zu entkommen; aber der flinke Jäger packte ihn. Zuerst schrie der Schimpanse und wehrte sich, weil er vielleicht noch nie einen Menschen gesehen hatte. Als er aber merkte, dass er nicht verletzt werden würde, legte er seine zarten Arme um seinen Fänger und klammerte sich an ihn wie an einen Freund. In der Tat schien er froh zu sein, von einem so trostlosen Ort gerettet zu werden, selbst von einem so seltsamen Wesen wie einem Menschen. Einen Moment lang fürchtete der Mann, dass die Schreie seines kleinen Gefangenen seine Mutter und möglicherweise eine Schar anderer zu Hilfe rufen könnten; aber wenn sie es hörte, reagierte sie nicht, und so band er den kleinen Gefangenen mit einem Rindenbändchen fest, setzte ihn in ein Kanu und brachte ihn ins Dorf. Dort versorgte er ihn mit Nahrung und machte es ihm recht gemütlich. Am nächsten Tag wurde er an einen Händler verkauft. Etwa zu dieser Zeit kam ich auf der Suche nach dem Gorilla und anderen Affen flussaufwärts in den Dschungel. Ich hielt an der Station des Händlers an, kaufte den jungen Schimpansen und nahm ihn mit. Wir wurden bald die besten Freunde und ständige Begleiter.

Man nahm an, dass die Schimpansenmutter ihr Junges auf dem Baum zurückgelassen hatte, während sie sich auf Nahrungssuche begab, und so weit weggewandert war, dass sie die Orientierung verlor und es nicht wiederfinden konnte. Er schien lange Zeit ohne Nahrung gewesen zu sein und könnte schon seit ein oder zwei Tagen in der Baumgabelung gehockt haben; dies wurde jedoch nur aus seinem Hunger gefolgert, da es keine Möglichkeit gab, festzustellen, wie lange er geblieben war oder wie er überhaupt dorthin gekommen war.

Ich beabsichtigte, Moses so zu erziehen, wie gute Schimpansen erzogen werden sollten, und begann daher, ihm gute Manieren beizubringen, in der Hoffnung, dass er eines Tages ein leuchtendes Licht für seine Rasse sein und mir bei meiner Arbeit unter ihnen helfen würde. Zu diesem Zweck kümmerte ich mich sehr um ihn und widmete viel Zeit dem Studium seiner natürlichen Umgangsformen, um sie so weit zu verbessern, wie es seine Natur zuließ.

Ich baute ihm ein hübsches kleines Haus, nur wenige Meter von meinem Käfig entfernt. Es war mit einem dünnen Tuch umschlossen, und an der Tür hing ich einen Vorhang auf, um Mücken und andere Insekten fernzuhalten. Es war mit reichlich weichen, sauberen Blättern und einigen Bettbezügen aus Leinen ausgestattet. Er war mit einem Bambusdach bedeckt und hing ein paar Meter über dem Boden, um die Ameisen fernzuhalten.

Moses lernte bald, den Vorhang zuzuziehen und ohne meine Hilfe ins Bett zu gehen. Er blieb morgens im Bett liegen, bis er hörte, dass ich oder der Junge sich im Käfig bewegten, dann steckte er seinen kleinen schwarzen Kopf heraus und begann, nach seinem Frühstück zu rufen. Dann kletterte er heraus und kam zum Käfig, um zu sehen, was da los war. Er war überhaupt nicht eingesperrt, sondern konnte frei im Wald herumlaufen, auf die Bäume und Büsche klettern und sich amüsieren. Er war eifersüchtig auf den Jungen, und der Junge war eifersüchtig auf ihn, vor allem, wenn es um das Essen ging. Keiner von ihnen schien zu wollen, dass der andere etwas aß, was sie gemeinsam mochten, und ich musste bei vielen ihrer Streitigkeiten über dieses ernste Thema, das der zentrale Gedanke der beiden zu sein schien, als Schiedsrichter fungieren. Ich erlaubte Moses häufig, mit mir zu essen, und ich habe nie erlebt, dass er sich weigerte oder zu spät kam; aber seine Tischmanieren waren nicht die besten. Ich gab ihm einen Zinnteller und einen Holzlöffel. Letzteren benutzte er nicht gerne, sondern schien zu glauben, dass es reine Affektiertheit sei, mit einem so unhandlichen Ding zu essen. Er hielt ihn immer in einer Hand, während er mit der anderen aß oder seine Suppe aus dem Teller trank. In diesem Teil der Welt war es so schwierig, die Wäsche zu waschen, dass ich zu allen Mitteln der Sparsamkeit griff, und als Tischtuch benutzte ich ein Blatt Zeitungspapier, wenn ich eins hatte. Das Zerreißen dieses Papiers bereitete Moses ein Vergnügen, das es sonst nicht gab, und bei dieser Handlung glich sein Verhalten mehr dem eines ungezogenen Kindes als bei allem anderen, was er tat: Wenn er zum ersten Mal seinen Platz am Tisch einnahm, benahm er sich nett und anständig; aber nachdem er gegessen hatte, bis er ganz satt war, wurde er gewöhnlich frech und unverschämt. Er stellte seinen Fuß schlau über die Tischkante und griff nach der Ecke der Zeitung, während er mich genau beobachtete, um zu sehen, ob ich mit ihm schimpfen würde. Wenn ich ruhig blieb, zerriss er das Papier ein wenig und wartete das Ergebnis ab. Wenn er das nicht beachtete, riss er es noch ein wenig weiter ein, beobachtete aber weiterhin mein Gesicht, um zu sehen, wann ich ihn beobachtete. Wenn ich meinen Finger zu ihm erhob, ließ er schnell los, zog seinen Fuß herunter und begann zu fressen. Wenn ich nichts weiter unternahm, um ihn zu stoppen, war in dem Moment, in dem ich den Finger und die Augen fallen ließ, der geschickte Fuß wieder auf dem Tisch und der Unfug wurde mit größerer Kühnheit als zuvor fortgesetzt. Als er seinen Spaß zu weit getrieben hatte, zwang ich ihn, vom Tisch herunterzusteigen und sich auf den Boden zu setzen. Diese Demütigung gefiel ihm überhaupt nicht; aber wenn der Junge ihn dafür angrinste, nahm er es so heftig übel, als hätte man ihn mit einem Stock gestochen. Er war in diesem Punkt sehr empfindlich und mochte es zweifellos nicht, ausgelacht zu werden.

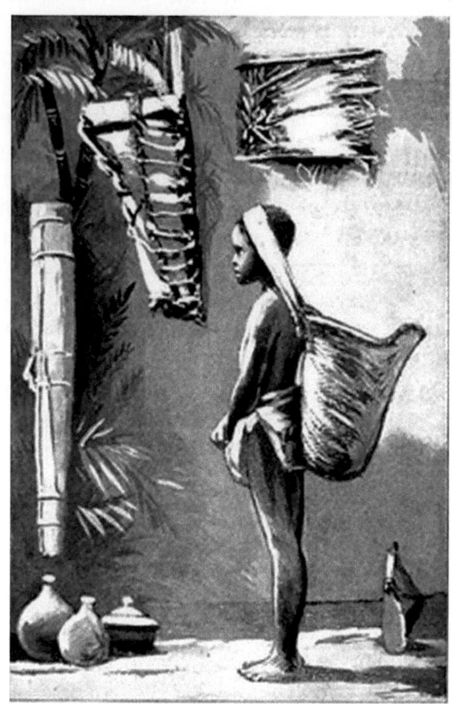

Abb. 16: EINGEBORENER CARRIER BOY (nach einer Fotografie).

Eine weitere Angewohnheit von Moses war es, seine Finger in den Teller zu stecken, um sich zu bedienen. Er musste ständig beobachtet werden, um dies zu verhindern, und schien keinen Grund zu erkennen, warum er dies nicht tun durfte. Er schien immer zu denken, dass mein Löffel, mein Messer und meine Gabel besser waren als seine eigenen. Einmal bettelte er beharrlich um meine Gabel, bis ich sie ihm gab. Er tauchte sie in seine Suppe, hielt sie hoch und sah sie an, als sei er enttäuscht. Er steckte sie wieder in seine Suppe. Dann untersuchte er sie, als wolle er sehen, wie ich mein Essen damit aufhob. Er schien nicht zu bemerken, dass ich damit nicht die Suppe, sondern das Fleisch anhob. Nachdem er dies drei- oder viermal wiederholt hatte, leckte er die Gabel ab, roch daran und warf sie dann absichtlich auf den Boden, als wollte er sagen: "Das ist ein Reinfall." Dann beugte er sich vor und trank seine Suppe vom Teller.

Das einzige, womit er gerne spielte, war eine Blechdose, in der ich einige Nägel aufbewahrte. Dafür hatte er eine Art Manie. Er wurde nicht müde zu versuchen, den Deckel zu entfernen. Wenn man ihm einen Hammer und einen Nagel in die Hand drückte, wusste er, wofür er sie brauchte, und machte sich daran, den Nagel in den Boden des Käfigs oder in den Tisch zu schlagen; aber er verletzte sich ein paar Mal an den Fingern, und danach stellte er den Nagel auf den flachen Kopf, nahm die Finger weg und schlug ihn mit dem Hammer ein; aber natürlich gelang es ihm nie, ihn in irgendetwas zu schlagen.

Ein Bündel Zuckerrohr wurde für Moses aufbewahrt, damit er es essen konnte, wenn er es wollte. Um ihm zu helfen, die harte Schale abzureißen, hielt ich einen Knüppel bereit, um sie zu zerquetschen. Manchmal suchte er sich einen Stängel aus, trug ihn zum Block, nahm den Knüppel in beide Hände und versuchte, das Rohr zu zerquetschen; da ihm aber der Schlag oft an den Händen weh tat, lernte er, dies zu vermeiden, indem er den Knüppel losließ, während er hinunterging. Es gelang ihm nie, den Stock zu zerquetschen, aber er setzte seine Bemühungen fort, bis ihm jemand zu Hilfe kam. Manchmal schleppte er einen Halm des Rohrs zum Käfig und stieß ihn durch die Drähte, dann brachte er den Knüppel und stieß ihn durch, um mich dazu zu bringen, das Rohr für ihn zu zerquetschen.

Von Zeit zu Zeit bekam ich von zu Hause Zeitungen zugeschickt. Moses konnte nicht verstehen, was mich dazu veranlasste, dieses Ding vor mich zu halten, aber er wollte es ausprobieren und sehen. Er nahm ein Blatt davon und hielt es mit beiden Händen vor sich, so wie er es bei mir gesehen hatte; aber anstatt die Zeitung anzuschauen, blickte er die meiste Zeit auf mich. Wenn ich mein Blatt umdrehte, tat er dasselbe mit seinem, aber die Hälfte der Zeit stand es auf dem Kopf. Er schien sich nicht für die Bilder zu interessieren oder sie zu bemerken, außer ein paar Mal, als er versuchte, sie vom Papier zu pflücken. Einen großen Ausschnitt eines Hundekopfes, den er in geringer Entfernung von sich hielt, schien er mit einem gewissen Interesse zu betrachten, als ob er ihn als den eines Tieres erkannte; aber ich kann nicht sagen, welche Vorstellungen er wirklich davon hatte.

Schimpansen sind normalerweise nicht so verspielt oder lustig wie Affen, aber sie haben einen gewissen Grad an Fröhlichkeit in ihrem Wesen und zeigen manchmal einen ausgeprägten Sinn für Humor. Moses spielte gerne Guck-Guck. Er versuchte nicht, seinen Körper vor den Blicken zu verbergen, sondern steckte seinen Kopf hinter eine Kiste oder etwas anderes, um seine Augen zu verbergen. Dann spähte er vorsichtig zu mir. Oft steckte er seinen Kopf hinter eine der großen Blechkisten im Käfig, so dass sein ganzer Körper sichtbar war. In dieser Haltung stieß er einen merkwürdigen Laut aus, zog dann den Kopf heraus und schaute, ob ich ihn beobachtete. War dies nicht der Fall, wiederholte er das Schauspiel ein paar Mal und griff dann zu einem anderen Mittel, um sich zu amüsieren. Aber wenn er die Aufmerksamkeit auf sich lenken konnte, begann das Herumtollen. Er fand großen Gefallen an diesem einfachen Zeitvertreib. Er wälzte sich, strampelte mit den Fersen und grinste mit offensichtlicher Freude. Seine Lieblingsstunde für diesen Sport war am frühen Nachmittag. Ich verbrachte viel Zeit damit, ihn auf diese und viele andere Arten zu unterhalten, und fühlte mich durch die Befriedigung, die er dabei empfand, reichlich belohnt. Ich konnte seinen Aufforderungen zum Spielen nicht widerstehen, da er mein einziger Gefährte war, und da wir in dieser Einsamkeit lebten, fanden wir beide Gefallen an solchen Vergnügungen.

Eine andere Gelegenheit, bei der er mich zu beobachten pflegte, war, wenn er sich hinlegte, um sein Mittagsschläfchen zu halten. Zu diesem Zweck hatte ich ihm eine kleine Hängematte gebaut. Sie war an Drähten aufgehängt, die oben an meinem Käfig befestigt waren, so dass sie bei Nichtgebrauch abgenommen werden konnte. Ich hängte sie immer in meiner Nähe auf, so dass ich ihn wie ein Kind in den Schlaf schaukeln konnte. Das gefiel ihm sehr, und ich tat ihm den Gefallen, ihn zu verwöhnen. Wenn er in dieser kleinen Hängematte lag, wurde er gewöhnlich mit einem kleinen Stück Segeltuch zugedeckt, und wenn ich es über ihn ausbreitete, legte ich manchmal den Rand des Segeltuchs über seine Augen. Das veranlasste ihn jedoch, mich zu verdächtigen, dass ich ein Motiv dafür hatte. Dann griff er mit dem Finger nach oben, ergriff den Rand des Tuches und zog ihn vorsichtig herunter, um zu sehen, was ich tat. Wenn er merkte, dass er entdeckt wurde, ließ er das Tuch schnell los und kuschelte sich an mich, als hätte er es aus Versehen heruntergezogen; aber der kleine Schelm wusste genauso gut wie ich, dass es nicht fair war, zu spionieren.

Ich habe ihm auch eine andere Hängematte gebaut, die ein paar Meter vom Käfig entfernt aufgehängt wurde. In diese sollte er hineingehen, ohne mich zu stören. Aber er schien sich nicht dafür zu interessieren, bis ich einen jungen Gorilla zu uns in unser Dschungelhaus holte. Da Moses diese Hängematte nie benutzt hatte, wies ich sie dem neuen Mitglied unseres Haushalts zu. Jedes Mal, wenn der Gorilla in die Hängematte stieg, gab es einen kleinen Streit darüber. Moses erlaubte ihm nie, die Hängematte in Ruhe zu benutzen. Er schien zu wissen, dass sie ihm rechtmäßig gehörte und der Gorilla als Eindringling betrachtet wurde. Er schubste und stieß den Gorilla, grunzte und jammerte und zankte, bis er ihn loswurde. Aber dann verließ er die Hängematte und kletterte in die Büsche oder ging auf die Suche nach etwas Essbarem. Er wollte nur den Eindringling vertreiben, auf den er eine unmäßige Eifersucht hegte. Er ging nie in das kleine Haus des Gorillas, das sich auf der anderen Seite meines Käfigs befand. Auch nach dem Tod des Gorillas hielt sich Moses von dessen Haus fern.

In der Regel nahm ich Moses bei meinen Streifzügen durch den Wald mit, und ich fand ihn in einer Hinsicht recht nützlich. Seine Augen waren wie die Linse eines Fotoapparates; ihnen entging nichts. Wenn er im Dschungel etwas entdeckte, machte er es immer mit einem seltsamen Geräusch bekannt. Er konnte zwar nicht mit dem Finger darauf zeigen, aber mit Hilfe seiner Augen konnte das Objekt oft lokalisiert werden. Während dieser Touren ritt der Affe oft auf meinen Schultern. Zu anderen Zeiten trug ihn der Junge; gelegentlich wurde er aber auch zum Laufen auf den Boden gesetzt. Wenn wir in einem sehr langsamen Tempo reisten und ihm erlaubten, in aller Ruhe zu schlendern, war er damit zufrieden; aber wenn wir uns über eine bestimmte Geschwindigkeit hinaus beeilten, machte er immer einen Wutausbruch. Er stürzte sich auf den Jungen und griff ihn an, wenn es ihm möglich war; wenn der Junge aber entkam, warf sich der wütende kleine Affe auf den Boden, schrie, trat und schlug mit seinem Kopf und seinen Händen auf die Erde, und zwar auf die heftigste und ausdauerndste Weise. Manchmal tat er dasselbe, wenn er nicht bekam, was er wollte. Sein Verhalten war genau wie das eines verwöhnten oder hässlichen Kindes.

Er besaß einen gewissen Einfallsreichtum und bewies oft einen Grad an Vernunft, der eher unerwartet war. Es war keine Seltenheit, dass er ein Problem löste, das eine Untersuchung von Ursache und Wirkung beinhaltete, aber dies war immer in einem begrenzten Ausmaß. Damit will ich nicht sagen, dass er irgendein abstraktes Problem, wie es zur Mathematik gehört, lösen konnte, sondern nur einfache, konkrete Probleme, bei denen der Gegenstand präsent war.

Einmal, als wir durch den Wald gingen, kamen wir an einen kleinen Wasserlauf. Der Junge und ich überquerten ihn und überließen es Moses, ohne Hilfe hinüberzugehen. Er mochte es nicht, wenn seine Füße nass wurden, und hielt inne, um hinübergehoben zu werden. Wir gingen ein paar Schritte weiter und warteten. Er schaute den Ast auf und ab, um zu sehen, ob es eine Möglichkeit gab, ihn zu umgehen. Er ging ein paar Meter hin und her, fand aber keine Möglichkeit zum Überqueren. Er setzte sich ans Ufer und weigerte sich zu waten. Nach einigen Augenblicken watschelte er etwa zehn oder zwölf Meter am Ufer entlang bis zu einem Büschel hoher, schlanker Sträucher, die am Rande des Baches wuchsen. Hier blieb er stehen, wimmerte und schaute nachdenklich zu ihnen hinauf. Schließlich begann er, auf einen der Büsche zu klettern, der sich über das Wasser lehnte. Als er hinaufkletterte, bog sich der Stängel unter seinem Gewicht, und im Nu war er sicher über den kleinen Bach geschwungen. Er ließ die Pflanze los und kam humpelnd zu mir, mit einem triumphierenden Gesichtsausdruck, der deutlich zeigte, dass er sich bewusst war, eine sehr geschickte Leistung vollbracht zu haben.

In einer dunklen, regnerischen Nacht spürte ich, wie etwas an meiner Decke und meinem Mückengitter zerrte. Ich konnte mir keinen Moment lang vorstellen, was es war, wusste aber, dass es etwas an der Außenseite meines Käfigs war. Ich blieb ein paar Sekunden liegen, und dann spürte ich einen weiteren starken Zug. In einem Augenblick berührte etwas Kaltes, Feuchtes, Raues mein Gesicht. Ich merkte, dass es seine Hand war, die durch die Maschen stieß und nach etwas tastete. Ich sprach mit ihm, und er antwortete mit einer Reihe von klagenden Lauten, die mir versicherten, dass etwas nicht in Ordnung sein musste. Ich stand auf und zündete eine Kerze an. Sein kleines braunes Gesicht

Abb. 17: EIN SPAZIERGANG DURCH DEN DSCHUNGEL - MR. GARNER, MOSES, UND EINHEIMISCHER JUNGE (Nach einer Fotografie.)

war an die Drähte gepresst und hatte einen traurigen, müden Blick. Er konnte mir nicht in Worten sagen, was ihn bedrückte, aber jedes Zeichen, jeder Blick und jede Geste deuteten auf Ärger hin. Ich nahm die Kerze in die eine und meinen Revolver in die andere Hand, verließ den Käfig und ging zu seinem Domizil. Dort stellte ich fest, dass eine Ameisenkolonie in sein Quartier eingedrungen war. Diese Ameisen sind eine große Plage, wenn sie irgendetwas angreifen, und wenn sie ein Haus über-fallen, ist das einzige, was man tun kann, es zu verlassen, bis sie alles aufgefressen haben, was sie fressen können. Wenn sie ein Haus verlassen, ist keine einzige Kaker-lake, Ratte, Wanze oder ein Insekt mehr darin. Da das Haus von Mose so klein war, war es nicht schwer, die Ameisen zu vertreiben, indem man es mit Petroleum tränkte. Das war schnell erledigt, und der kleine Bewohner durfte zurückkehren und ins Bett gehen. Er beobachtete die Prozedur mit offensichtlichem Interesse und schien genau zu wissen, dass ich ihn von seinen wilden Angreifern befreien konnte. In einem wilden Zustand hätte er zweifellos seinen Anspruch aufgegeben und wäre an einen anderen Ort geflüchtet, ohne zu versuchen, die Ameisen zu vertreiben; aber in diesem Fall hatte er die Vorstellung von den Rechten des Besitzes erworben.

Moses hatte eine besondere Vorliebe für Corned Beef und Sardinen und erkannte eine Dose von beidem schon von weitem, wenn er sie sah. Er kannte auch das Instrument, mit dem man die Dosen öffnete. Aber er schien nicht zu begreifen, dass es sinnlos war, die Dose wieder zu öffnen, wenn der Inhalt einmal herausgenommen worden war; so brachte er oft die leeren Dosen, die in den Busch geworfen worden waren, holte den Dosenöffner herunter und wollte, dass ich ihn für ihn benutzte! Ich habe nie gesehen, dass er selbst versucht hat, eine Dose anders als mit den Fingern zu öffnen. Manchmal, wenn ich meine eigenen Mahlzeiten zubereiten wollte, öffnete ich die Kiste, in der ich einen Vorrat an Fleischkonserven aufbewahrte, und erlaubte Moses, sich eine Dose für diesen Zweck auszusuchen. Er zog immer eine der Rind-fleischdosen mit dem blauen Etikett heraus. Wenn ich sie zurückstellte, wählte er wieder dieselbe Sorte, und er konnte sich in seiner Wahl nicht täuschen. Das war kein Zufall, denn er jagte so lange, bis er die richtige Sorte gefunden hatte. Ich weiß nicht, was er dachte, wenn seine Wahl nicht zum Abendessen serviert wurde. Ich tauschte sie oft gegen eine andere Sorte aus, ohne ihn zu fragen.

Ich bewahrte meinen Wasservorrat in einem großen Krug auf, der im Schatten der Büsche in der Nähe des Käfigs stand. Ich hielt auch eine kleine Schale bereit, aus der Moses trinken konnte. Manchmal bat er um Wasser, indem er es mit seinem eigenen Wort bezeichnete. Er stellte seine Schale neben den Krug und wiederholte das Geräusch ein paar Mal. Wenn er nicht bedient wurde, bediente er sich selbst. Er konnte den Korken genauso gut aus dem Krug nehmen wie ich. Dann hielt er sein Auge an die Öffnung des Gefäßes und schaute hinunter, um zu sehen, ob sich dort Wasser befand. Natürlich würde der Schatten seines Kopfes das Innere des Kruges verdunkeln, so dass er nichts sehen konnte. Dann nahm er seinen Blick von der Öff-nung und steckte seine Hand hinein. Aber ich tadelte ihn dafür, bis ich ihm diese Angewohnheit abgewöhnte. Nachdem er den Krug genau untersucht hatte, versuchte er, das Wasser auszugießen. Er wusste zwar, wie es gemacht werden musste, war aber nicht in der Lage, das Gefäß zu handhaben. Er setzte die Pfanne immer auf die untere Seite der Kanne; dann lehnte er die Kanne gegen die Pfanne und ließ sie los. Nur selten gelang es ihm, das Wasser in die Pfanne zu bekommen, sondern er drehte den Krug immer so, dass der Hals nach unten zeigte. Als Wasserbauingenieur war er nicht sehr erfolgreich, aber er kannte die ersten Grundsätze der Wissenschaft.

Ich versuchte, Moses zu lehren, sauber zu sein, aber es war eine schwierige Aufgabe. Er hörte sich meine Anweisungen an, als ob sie einen tiefen Eindruck hinterlassen hätten, aber er wusch sich nicht von selbst die Hände. Er erlaubte mir oder dem Jungen, sie zu waschen, aber wenn es darum ging, ein Bad zu nehmen oder sich auch nur das Gesicht nass zu machen, war er ein echter Ketzer, und keine noch so große Logik konnte ihn davon überzeugen, dass er es brauchte. Wenn man ihn badete, schrie und kämpfte er während des gesamten Vorgangs. Wenn er fertig war, kletterte er auf das Dach des Käfigs und streckte sich in der Sonne aus. Das waren die einzigen Gelegenheiten, bei denen er auf das Dach geklettert ist, wie ich weiß. Ich weiß nicht, warum er das Bad so sehr ablehnte. Es machte ihm nichts aus, im Regen nass zu werden, sondern er schien das sogar zu mögen.

Er hatte eine große Abneigung gegen Ameisen und bestimmte große Käfer. Wenn ein solches Insekt in seine Nähe kam, sprach er wie eine Elster und strich mit den Händen über das Insekt, bis er es los war. Für diese Art der Verärgerung benutzte er immer ein bestimmtes Geräusch, das sich leicht von denen unterschied, die ich als Warnung beschrieben habe.

Moses versuchte, ehrlich zu sein, aber er war von einer Art Kleptomanie befallen und konnte der Versuchung nicht widerstehen, alles zu stehlen, was ihm in die Quere kam. Der kleine Herd, auf dem ich mein Essen zubereitete, stand auf einem Regal in einer Ecke des Käfigs, etwa auf halber Höhe zwischen dem Boden und der Decke. Wann immer etwas zum Kochen auf den Herd gestellt wurde, musste man aufpassen, dass er nicht an der Seite des Käfigs hochkletterte, seinen Arm durch die Maschen steckte und das Futter stahl. Manchmal war er in dieser Angelegenheit sehr ausdauernd. Eines Tages stellte ich eine Blechkanne mit Wasser zum Erhitzen auf den Herd, um einen Kaffee zu kochen. Er kletterte lautlos hinauf, griff mit der Hand hindurch, steckte sie in die Dose und begann, nach allem zu suchen, was sie enthalten könnte. Ich schüttete das Wasser aus, füllte die Kanne wieder auf und vertrieb ihn. Nach ein paar Minuten kam er zurück und wiederholte die Tat. Ich hatte ein Stück Segeltuch an der Außenseite des Käfigs aufgehängt, um ihn fernzuhalten. Die Kanne mit Wasser wurde zum dritten Mal auf den Herd gestellt, aber innerhalb einer Minute fand er seinen Weg, indem er unter dem Vorhang hindurch und zwischen diesen und den Käfig kletterte. Ich beschloss, ihm eine Lektion zu erteilen. Er durfte die Dose erforschen, aber da er nichts fand, zog er seine Hand zurück und saß an der Seite des Käfigs fest. Wieder versuchte er es, fand aber nichts. Das Wasser wurde wärmer, aber es war immer noch nicht heiß. Schließlich, zum dritten oder vierten Mal, steckte er seine Hand bis zum Handgelenk hinein. Inzwischen war das Wasser so heiß, dass es seine Hand verbrühte. Es war nicht schlimm genug, um ihm zu schaden, aber es reichte für eine gute Lektion. Er riss seine Hand mit solcher Wucht heraus, dass er den Becher umwarf und das Wasser über die ganze Seite des Käfigs schüttete. Von da an bis zum Ende seines Lebens lehnte er immer alles ab, was

Dampf oder Rauch enthielt. Wenn ihm am Tisch etwas mit Dampf oder Rauch angeboten wurde, kletterte er sofort herunter und zog sich zurück. Armer kleiner Moses! Ich wusste im Voraus, was passieren würde. Ich wollte nicht, dass er verletzt wurde, aber nichts anderes konnte ihm die Gefahr vor Augen führen und ihn davon abhalten, Unheil anzurichten.

Um alles, was er mich essen sah, bettelte er unentwegt. Egal, was er selbst gegessen hatte, er wollte alles andere probieren, was er mich essen sah. Eine Sache, in der die Affen klüger zu sein scheinen als der Mensch, ist, dass sie aufhören, wenn sie genug gegessen oder getrunken haben, um ihre Bedürfnisse zu befriedigen. Menschen tun das manchmal nicht. Affen trinken nie Wasser oder etwas anderes während ihrer Mahlzeit, aber wenn sie mit dem Essen fertig sind, wollen sie in der Regel etwas zu trinken. Der Brauch der Eingeborenen ist derselbe. Ich habe noch nie erlebt, dass ein afrikanischer Eingeborener irgendeine Art von Diätgetränk zu sich nimmt, sondern immer, wenn er mit dem Essen fertig ist, nimmt er einen Schluck Wasser.

Moses kannte den Gebrauch fast aller Werkzeuge, die ich im Dschungel mit mir führte. Er konnte sie nicht zu dem Zweck benutzen, für den sie bestimmt waren, und ich weiß nicht, inwieweit er ihren Gebrauch zu schätzen wusste; aber er kannte die Art und Weise, sie zu benutzen, recht gut. Ich habe bereits erwähnt, dass er Hammer und Nägel benutzte; aber er wusste auch, wie man die Säge benutzt; allerdings setzte er sie immer von hinten an, weil die Zähne zu grob waren; aber er gab ihr die Bewegung. Wenn man es ihm erlaubte, legte er den Rücken der Säge über einen Stock und sägte mit der Energie eines Mannes, der viel Geld verdient. Wenn man ihm eine Feile gab, feilte er alles, was ihm in die Quere kam. Hätte er sich bemüht, die menschliche Sprache so genau und mit so viel Eifer zu erlernen, wie er sich um meine Zange bemühte, hätte er es in kurzer Zeit geschafft.

Ob diese Geschöpfe bei den genannten Handlungen von der Vernunft oder vom Instinkt angetrieben werden, mag der Höhlenforscher für sich selbst entscheiden; aber die Handlungen erfüllen den Zweck der Akteure auf logische und praktische Weise, und sie sind sich dieser Tatsache vollkommen bewusst.

KAPITEL XIV

*Der Charakter von Moses - Er lernt ein menschliches Wort - Er
unterschreibt seinen Namen auf einem Dokument - Seine Krankheit -
Tod*

Ich kenne nichts, was an Zuneigung und Loyalität unter Tieren die Anhänglichkeit meines Moses übertreffen könnte. Er war nicht nur zahm und gefügig, sondern er wurde auch nicht müde, mich zu streicheln und von mir gestreichelt zu werden. Stundenlang schmiegte er sich an meinen Hals, spielte mit meinen Ohren, Lippen und meiner Nase, biss mir in die Wange und umarmte mich wie eine letzte Hoffnung. Er wollte nie, dass ich ihn von meinem Schoß absetzte, er wollte nie, dass ich meinen Käfig ohne ihn verließ, er wollte nie, dass ich etwas anderes als ihn streichelte, und er wollte nie, dass ich aufhörte, ihn zu streicheln. Er weinte und bangte um mich, wann immer wir getrennt waren, und ich muss gestehen, dass meine Abwesenheit von ihm während einer dreiwöchigen Reise seinen traurigen und vorzeitigen Tod beschleunigt hat.

Vom zweiten Tag an, nachdem wir uns kennengelernt hatten, schien er mich als denjenigen zu betrachten, der das Sagen hat. Er nahm mir nichts übel, was ich mit ihm tat. Ich konnte ihm sein Essen aus der Hand nehmen, aber er erlaubte niemandem, dies zu tun. Er folgte mir und weinte hinter mir her wie ein Kind. Im Laufe der Zeit wurde seine Anhänglichkeit immer stärker. Er zeigte sich sehr erfreut über meine Aufmerksamkeiten und erwiderte sie mit einem gewissen Maß an Wertschätzung und Dankbarkeit. Er teilte jeden Bissen des Essens mit mir. Dies ist vielleicht der beste Test für die Zuneigung eines Tieres. Ich kann nicht behaupten, dass eine solche Handlung echtes Wohlwollen oder ein Ausdruck von Zuneigung im eigentlichen Sinne des Wortes war; aber nichts außer tiefer Zuneigung oder unterwürfiger Angst treibt Tiere zu solchen Handlungen an; und Angst war sicherlich nicht sein Motiv.

Es gab andere, die er mochte und mit denen er sich vertraut machte; es gab einige, die er fürchtete, und andere, die er hasste; aber sein Verhalten mir gegenüber war das einer tiefen Zuneigung. Er tat dies nicht nur als Gegenleistung für die Nahrung, die er erhielt, denn mein Junge gab ihm häufiger Nahrung als ich, und viele andere fütterten ihn von Zeit zu Zeit. Seine Anhänglichkeit war wie eine Verliebtheit, die kein offensichtliches Motiv hatte; sie war selbstlos und überragend.

Da der Hauptzweck meines Lebens unter den Tieren darin bestand, ihre Laute zu studieren, schenkte ich den Lauten von Moses große Aufmerksamkeit. Eine Zeit lang war es schwierig, mehr als zwei oder drei verschiedene Laute zu erkennen, aber als ich immer vertrauter mit ihnen wurde, konnte ich eine Vielzahl von ihnen erkennen, und indem ich ständig seine Handlungen beobachtete und sie mit seinen Lauten in Verbindung brachte, lernte ich, bestimmte Laute für bestimmte Dinge zu deuten.

Im Laufe meines Aufenthalts bei ihm lernte ich ein Geräusch kennen, das er immer von sich gab, wenn er etwas sah, das er kannte, wie etwa einen Menschen oder einen Hund, aber er konnte mir nicht sagen, welches von beiden es war. Wenn er etwas sah, das ihm fremd war, konnte er es mir sagen, aber nicht so, daß ich wußte, ob es eine Schlange, ein Leopard oder ein Affe war; aber ich wußte, daß es eine fremde Kreatur war. Ich lernte ein bestimmtes Wort für Nahrung, Hunger, Essen usw., aber er konnte es nicht näher erklären, außer dass ein bestimmter Laut "gut" oder "Sättigung" bedeutete und ein anderer das Gegenteil.

Zu den Lauten, die ich lernte, gehörte einer, mit dem ein Schimpanse einen anderen zu sich ruft. Einige der Eingeborenen versicherten mir, dass die Mütter diesen Laut immer benutzen, um ihre Jungen zu sich zu rufen. Wenn Moses den Käfig verließ und in den Dschungel ging, rief er mich manchmal mit diesem Laut. Ich kann ihn weder in Buchstaben des Alphabets ausdrücken noch so beschreiben, dass ich eine klare Vorstellung von seinem Charakter bekomme. Es ist ein einziger Laut oder ein einsilbiges Wort, das von der menschlichen Stimme leicht nachgeahmt werden kann. Jedes Mal, wenn ich Mose aufforderte, zu mir zu kommen, benutzte ich dieses Wort, und die Tatsache, dass er es immer befolgte, indem er kam, bestätigte meine Meinung über seine Bedeutung. Ich glaube nicht, dass er, als er es an mich richtete, erwartete, dass ich zu ihm käme, sondern er wollte mich vielleicht lokalisieren, um sich mit Hilfe des Geräusches zum Käfig zurückführen zu lassen. Je vertrauter er mit dem umliegenden Wald wurde, desto seltener benutzte er ihn, aber er benutzte ihn immer, um mich oder den Jungen zu rufen. Wenn er damit gerufen wurde, antwortete er mit demselben Geräusch; aber eine Tatsache, die uns auffiel, war, dass er, wenn er den Rufenden sehen konnte, nie eine Antwort gab. Er gehorchte zwar dem Ruf, antwortete aber nicht. Wahrscheinlich dachte er, dass er, wenn er den Rufenden sehen konnte, von diesem gesehen werden konnte und es daher sinnlos war, zu antworten.

Die Sprache dieser Tiere ist sehr begrenzt, aber sie ist ausreichend für ihren Zweck. Für den Menschen ist es jedoch schwieriger, sie zu erlernen, weil seine Gedankengänge so viel umfangreicher und deutlicher sind. Doch wenn man gezwungen ist, seine Bedürfnisse in einer fremden Sprache kundzutun, kann man vieles in wenigen Worten ausdrücken. Ich wurde einmal unter einen Stamm geworfen, dessen Sprache ich weniger als fünfzig Worte kannte, aber es gelang mir mit wenig Mühe, mich mit ihnen über zwei oder drei Themen zu unterhalten. Vieles hängt von der Notwendigkeit ab, aber noch mehr von der Übung. Mit Moses unterhielt ich mich hauptsächlich in seiner eigenen Sprache und war manchmal überrascht, wie gut wir uns verstanden. Ich konnte so gut wie alle Laute, die er von sich gab, wiederholen, bis auf ein oder zwei, aber ich war in der Zeit, in der wir zusammen waren, nicht in der Lage, sie alle zu deuten. Diese Laute waren mehr als eine bloße Aneinanderreihung von Grunzen oder Wimmern, und er brachte sie nie in ihrer Bedeutung durcheinander. Wenn ihm einer dieser Laute richtig übermittelt wurde, verstand er ihn eindeutig und handelte danach.

Es war nie meine Absicht gewesen, einem Affen das Sprechen beizubringen; aber nachdem ich mich mit den Eigenschaften und dem Umfang der Stimme von Moses vertraut gemacht hatte, beschloss ich, zu sehen, ob man ihm nicht ein paar einfache Worte der menschlichen Sprache beibringen könnte. Um dies auf die einfachste Weise und in kürzester Zeit zu bewerkstelligen, beobachtete ich sorgfältig die Bewegungen seiner Lippen und seiner Stimmorgane, um diejenigen Wörter für ihn auszuwählen, die seinen Fähigkeiten am besten entsprachen.

Ich wählte das Wort mamma, das als ein fast universelles Wort der menschlichen Sprache betrachtet werden kann, das französische Wort feu, Feuer, das deutsche Wort wie und das einheimische Nkami-Wort nkgwe, Mutter. Jeden Tag nahm ich ihn auf meinen Schoß und versuchte, ihn dazu zu bringen, eines oder mehrere dieser Wörter zu sagen. Lange Zeit machte er keine Anstalten, sie zu lernen; aber nach einigen Wochen beharrlicher Arbeit und einer Bestechung mit Corned Beef begann er zu begreifen, was ich von ihm wollte. Das zitierte einheimische Wort ist einem der Laute seiner eigenen Sprache sehr ähnlich, das "gut" oder "Zufriedenheit" bedeutet. Die Vokalelemente sind unterschiedlich, und er war in der Zeit, in der er unterrichtet wurde, nicht in der Lage, sie zu ändern; aber er konnte sie von anderen Wörtern unterscheiden.

Bei seinem Versuch, "Mama" zu sagen, bewegte er die Lippen, ohne einen Laut von sich zu geben, obwohl er sich wirklich darum bemühte. Ich glaube, dass es ihm im Laufe der Zeit gelungen wäre. Er beobachtete die Bewegung meiner Lippen und versuchte, sie nachzuahmen, aber er schien zu glauben, dass die Lippen allein den Laut erzeugen. Mit feu gelang ihm das ziemlich gut, nur dass der Konsonant, so wie er ihn aussprach, mehr dem "v" als dem "f" ähnelte, so dass der Klang eher wie vu klang und das "u" kurz war wie in "nut". Es war so perfekt, wie die meisten Menschen anderer Sprachen das gleiche Wort im Französischen auszusprechen lernen, und wenn es in einem Satz ausgesprochen worden wäre, würde jeder, der diese Sprache kennt, erkennen, dass es Feuer bedeutet. Bei seinen Bemühungen, "wie" auszusprechen, gab er dem Vokalelement immer das deutsche "u" mit dem Umlaut, aber das "w" ähnelte eher dem englischen als dem deutschen Klang dieses Buchstabens.

In Anbetracht der Tatsache, dass er erst etwas mehr als ein Jahr alt war und sich weniger als drei Monate in der Ausbildung befand, waren seine Fortschritte alles, was man sich hätte wünschen können, und weitaus mehr, als man sich erhofft hatte. Ich bin davon überzeugt, dass er, wenn er bis zu diesem Zeitpunkt gelebt hätte, diese und andere Wörter der menschlichen Sprache zur Zufriedenheit des anspruchsvollsten Linguisten gemeistert hätte. Selbst wenn er in seinem ganzen Leben nur ein einziges Wort gelernt hätte, hätte er zumindest bewiesen, dass die Rasse in gewissem Maße verbesserungsfähig und erhaben ist.

Ein anderes Experiment, das ich mit ihm ausprobierte, war eines, das ich schon einmal benutzt hatte, um die Fähigkeit eines Affen zu testen, Formen zu unterscheiden. Ich schnitt ein rundes Loch in das eine Ende eines Brettes und ein quadratisches Loch in das andere und fertigte einen Block an, der in jedes der beiden Löcher passte. Die Blöcke wurden ihm dann gegeben, um zu sehen, ob er sie in die richtigen Löcher einpassen konnte. Nachdem man ihm ein paar Mal gezeigt hatte, wie das geht, passte er die Klötze ohne Schwierigkeiten hinein; aber als er für diese Aufgabe nicht mit einem Stück Corned Beef oder einer Sardine belohnt wurde, versuchte er es nicht mehr. Er wollte nicht nur zum Spaß arbeiten.

Bei den Farben hatte er nur wenig Auswahl, es sei denn, es handelte sich um etwas zu essen; aber er konnte sie mit Leichtigkeit unterscheiden, wenn die Schattierungen ausgeprägt waren. Ich hatte keine Möglichkeit, seinen Musikgeschmack oder seinen Sinn für musikalische Klänge zu testen.

Ich muss an dieser Stelle einen Vorfall im Leben von Moses erwähnen, wie er vielleicht noch nie im Leben eines Schimpansen vorgekommen ist. Sie mag zwar nicht von wissenschaftlichem Wert sein, aber sie ist zumindest amüsant.

Als ich im Dschungel lebte, erhielt ich einen Brief, dem ein Vertrag beigefügt war, der von mir und einem Zeugen unterzeichnet werden sollte. Da ich keine Möglichkeit hatte, einen Zeugen für die Unterschrift zu finden, rief ich Moses aus dem Gebüsch, setzte ihn an den Tisch, gab ihm einen Stift und ließ ihn das Dokument als Zeugen unterschreiben. Er schrieb seinen Namen nicht selbst, da er die Kunst des Schreibens noch nicht beherrschte, sondern machte sein Kreuzchen zwischen den Namen, wie es schon viele gute Männer vor ihm getan hatten. Ich schrieb den Namen in das leere Feld,

Das ist die
"MOSES X NTYIGO"
eigene Markierung

(wobei das Kreuzzeichen weggelassen wurde), und ließ ihn mit seiner eigenen Hand das Kreuz machen, wie es von Personen, die nicht schreiben können, rechtmäßig gemacht wird. Mit dieser Unterschrift wurde der Vertrag in gutem Glauben zurückgegeben, um der Prüfung durch die Gerichte der Zivilisation standzuhalten; und so unterzeichnete zum ersten Mal in der Geschichte der Rasse ein Schimpanse seinen Namen.

Als ich mich auf eine Reise durch das Esyira-Land vorbereitete, konnte ich Moses nicht mitnehmen, sondern überließ ihn der Obhut eines Missionars. Kurz nach meiner Abreise erkrankte der Mann an Fieber, und der Schimpanse wurde der Obhut eines einheimischen Jungen überlassen, der zur Mission gehörte. Der kleine Gefangene wurde mit einem kleinen Seil, das an seinem Käfig befestigt war, gefangen gehalten. Dies geschah, um ihn vor Unheil zu bewahren. Es war in der Trockenzeit, wenn der Tau schwer und die Nächte kühl sind, und die Winde sind zu dieser Zeit frisch und häufig.

Innerhalb einer Woche, nachdem ich ihn verlassen hatte, zog er sich eine schwere Erkältung zu. Daraus entwickelte sich bald ein akutes Lungenleiden komplexer Art, und sein Zustand verschlechterte sich zusehends. Nach einer Abwesenheit von drei Wochen und drei Tagen kehrte ich zurück und fand ihn in einem Zustand vor, der mit keiner Behandlung mehr zu erreichen war. Er war zu einem lebenden Skelett abgemagert, seine Augen waren tief in die Augenhöhlen gesunken, seine Schritte waren schwach und torkelnd, seine Stimme war heiser und piepsig, er hatte keinen Appetit mehr und alles um ihn herum war ihm völlig gleichgültig.

Während meiner Reise hatte ich ihm einen Begleiter besorgt, und als ich aus dem Kanu stieg, eilte ich mit diesem neuen Mitglied unserer kleinen Familie zu ihm. Man hatte mir nicht gesagt, dass er krank war, und ich war natürlich nicht darauf vorbereitet, ihn in einem so grässlichen Zustand zu sehen. Als er mich näherkommen sah, erhob er sich und begann mich zu rufen, wie er es zu tun pflegte, bevor ich ihn verließ; aber seine schwache Stimme klang in meinen Ohren wie eine Todesglocke. Mein Herz schlug mir bis zum Hals, als ich sah, wie er versuchte, seine langen, knochigen Arme auszustrecken, um meine Rückkehr zu begrüßen. Armer, treuer Moses! Ich konnte die Tränen des Mitleids und des Bedauerns über diese plötzliche Veränderung nicht unterdrücken, denn sie schien mir das Werk eines Augenblicks zu sein. Das letzte Mal hatte ich ihn in der Kraft einer starken und robusten Jugend gesehen, aber jetzt sah ich ihn in der Hinfälligkeit einer schwachen Senilität. Was für eine Verwandlung!

Ich diagnostizierte seinen Fall so gut ich konnte und begann ihn zu behandeln, aber es war offensichtlich, dass er so weit fortgeschritten war, dass ich nicht erwarten konnte, dass er sich erholen würde. Mein Gewissen plagte mich, weil ich ihn verlassen hatte, aber ich fühlte, dass ich kein Unrecht getan hatte. Es war keine Vernachlässigung oder Grausamkeit, ihn zu verlassen, während ich das Hauptziel meiner Suche verfolgte, und ich hatte keinen Grund, mir Vorwürfe zu machen, weil ich es getan hatte. Aber die Emotionen, die durch solche Vorfälle aufgewühlt werden, lassen sich nicht durch die Vernunft kontrollieren oder durch Argumente zum Schweigen bringen, und der Schmerz, der mir zugefügt wurde, war größer, als ich sagen kann.

Wenn ich Unrecht getan hatte, war die einzige Wiedergutmachung, die ich leisten konnte, ihn geduldig und zärtlich bis zum Ende zu pflegen, oder bis er wieder gesund und stark war. Das habe ich gewissenhaft getan, und ich kann mich damit trösten, dass die letzten traurigen Tage seines Lebens durch jede nur erdenkliche Fürsorge gelindert wurden. Stunde um Stunde lag er während dieser Zeit still und zufrieden auf meinem Schoß. Das schien ein Allheilmittel für alle seine Schmerzen zu sein. Er rollte seine dunkelbraunen Augen auf und schaute mir ins Gesicht, als wolle er sich vergewissern, dass ich ihm wiedergegeben worden war. Mit seinen langen Fingern streichelte er mein Gesicht, als wolle er mir sagen, dass er wieder glücklich sei. Er nahm die Medikamente, die ich ihm gab, als ob er ihren Zweck und ihre Wirkung kannte. Sein Leiden war nicht schwer, und er ertrug es wie ein Philosoph. Er schien eine vage Vorstellung von seinem eigenen Zustand zu haben, aber ich weiß nicht, ob er das Ergebnis voraussah. Er verweilte eine ganze Woche lang von Tag zu Tag, sank langsam und wurde immer schwächer; aber seine Liebe zu mir war bis zuletzt spürbar, und ich wage zu gestehen, dass ich sie von ganzem Herzen erwiderte.

Ist es falsch, dass ich eine solche Hingabe und Treue mit gegenseitiger Rührung erwidere? Nein. Ich würde die Liebe eines jeden Geschöpfes nicht verdienen, wenn mir die Liebe von Moses gleichgültig wäre. Dieses liebevolle kleine Geschöpf hatte mit mir in den düsteren Schatten des Urwalds viele lange Tage und trostlose Nächte gelebt; es hatte mit mir getobt und gespielt, wenn ich weit weg von den Freuden der Heimat war; und es war mir ein ständiger Freund gewesen, bei Sonnenschein und Sturm. Zu sagen, dass ich ihn nicht liebte, hieße, mich als undankbar und meiner Rasse unwürdig zu bezeichnen.

Der letzte Funke des Lebens erlosch in der Nacht. Der Tod war nicht von akuten Schmerzen oder Kämpfen begleitet, sondern er fiel in einen tiefen und ruhigen Schlaf und wachte nicht mehr auf.

Mose wird in der Geschichte weiterleben. Er verdient dies, weil er der erste seiner Rasse war, der jemals ein Wort der menschlichen Sprache gesprochen hat; weil er der erste war, der sich jemals in seiner eigenen Sprache mit einem Menschen unterhalten hat; und weil er der erste war, der jemals ein Dokument mit seinem Namen unterzeichnet hat. Der Ruhm wird ihm einen Platz in seinem Tempel unter den Helden, die die Völker der Welt geführt haben, nicht verwehren.

KAPITEL XV

*Aaron - Seine Gefangennahme - Geistige Kräfte - Bekanntschaft mit
Mose - Sein Verhalten während Mose' Krankheit*

Nachdem ich in Ferran Vaz meine Angelegenheiten geregelt hatte, um eine Reise durch den großen Wald zu machen, der im Süden des Nkami-Landes liegt und es von dem des Esyira-Stammes trennt, machte ich mich mit dem Kanu auf den Weg zu einem Punkt am Rembo, der etwa drei Tagesreisen von dem Ort entfernt war, an dem ich so lange in meinem Käfig gelebt hatte. In einem Dorf namens Tyimba ging ich von Bord, und nach einer Reise von fünf Tagen und einer Verzögerung von drei weiteren Tagen, die durch einen Fieberanfall verursacht wurde, erreichte ich eine Handelsstation in der Nähe der Mündung eines kleinen Flusses namens Noogo. Er mündet bei Sette Kama, etwa vier Grad südlich des Äquators, in das Meer. Der Handelsposten liegt etwa hundert Meilen landeinwärts in einem Eingeborenendorf namens Ntyi-ne-nye-ni, was in der Sprache der Eingeborenen seltsamerweise "Ein anderer Ort" bedeutet.

Ungefähr zu der Zeit, als ich den Handelsposten erreichte, kamen zwei Esyira-Jäger aus einem entfernten Dorf und brachten einen intelligenten jungen Schimpansen mit, der in diesem Land als kulu-kamba bekannt ist. Er war das schönste Exemplar seiner Rasse, das ich je gesehen habe. Sein freimütiges, offenes Gesicht, seine großen braunen Augen und sein wohlgeformter Körperbau, der keinerlei Flecken oder Makel aufwies, würden jedem auffallen, der nicht absolut dumm ist. Es ist nicht abwertend für das Andenken von Moses, wenn ich das sage, und es mindert auch nicht meine Zuneigung zu ihm. Unsere Leidenschaften lassen sich weder durch sichtbare Kräfte bewegen noch durch feste Einheiten messen. Sie verachten alle Gesetze der Logik, verschmähen die engen Grenzen der Vernunft und halten sich an keine Handlungstheorie.

Als ich diesen kleinen Affen sah, wollte ich ihn sofort besitzen. Der zuständige Händler kaufte ihn und stellte ihn mir vor. Da er der Freund und Verbündete von Moses sein sollte, obwohl er nicht sein Bruder war, gab ich ihm den Namen Aaron. Die beiden Namen sind in der Geschichte so eng miteinander verbunden, dass die Erwähnung des einen immer an den anderen erinnert.

Aaron wurde im Dschungel von Esyira von den Jägern gefangen genommen, etwa eine Tagesreise von dem Ort entfernt, an dem ich ihn sichergestellt hatte; und mit diesem Ereignis begann eine Reihe trauriger Szenen in dem kurzen, aber abwechslungsreichen Leben dieses kleinen Helden, wie sie nur selten von einer Kreatur erlebt werden.

Bei seiner Gefangennahme wurde seine Mutter getötet, als sie ihn vor den grausamen Jägern verteidigen wollte. Als sie tödlich verwundet zu Boden fiel, stand dieser tapfere kleine Kerl neben ihrem zitternden Körper und verteidigte ihn gegen ihre

Mörder, bis er von einer Übermacht überwältigt, von seinen Entführern ergriffen, mit Rindenstreifen gefesselt und in die Gefangenschaft verschleppt wurde. Kein Mensch kann sich der Bewunderung für sein Verhalten entziehen, ob es nun vom Selbsterhaltungstrieb oder von einem Gefühl der Treue zu seiner Mutter geleitet wurde, denn er übte das oberste Gesetz der Natur aus, das alle Geschöpfe dazu veranlasst, sich gegen Angriffe zu verteidigen, und sein wildes, junges Herz pochte mit Empfindungen, die denen eines Menschen unter ähnlicher Prüfung gleichen.

Ich möchte nicht sentimental erscheinen, wenn ich diejenigen tadle, die dem Jagdsport frönen, aber viele Grausamkeiten könnten vermieden werden, ohne dass die Freude an der Jagd verloren ginge. Ich habe es mir immer zur Regel gemacht, die Mutter mit ihren Jungen zu verschonen. Unabhängig davon, ob Tiere den gleichen Grad an seelischem und körperlichem Schmerz empfinden wie Menschen, zeigen sie in diesen tragischen Momenten eine gewisse Anteilnahme füreinander. Dies verleiht ihnen einen Hauch von Mitgefühl, der jeden ansprechen muss, der nicht frei von jeglichem Mitgefühl ist. Es stimmt, dass es oft schwierig - und manchmal unmöglich - ist, die Jungtiere auf andere Weise zu sichern; aber die Art und Weise, wie man sie bekommt, trübt oft die Freude, sie zu haben; und obwohl Aaron für mich ein reizendes Haustier und ein wertvolles Studienobjekt war, muss ich gestehen, dass mich die Geschichte seiner Gefangennahme immer an einer empfindlichen Stelle berührt hat.

Ich möchte an dieser Stelle erwähnen, dass die wenigen Schimpansen, die die zivilisierten Teile der Welt erreichen, nur einen kleinen Prozentsatz der großen Zahl der Gefangenen ausmachen. Einige sterben auf dem Weg zur Küste, andere nach ihrer Ankunft, und viele von ihnen sterben an Bord der Schiffe, auf denen sie zu verschiedenen Häfen in Europa und anderen Ländern gebracht werden. Der Tod ist nicht oft auf Vernachlässigung oder Grausamkeit zurückzuführen, sondern meist auf eine Veränderung der Nahrung, des Klimas oder der Bedingungen; doch die Kreatur leidet genauso, ob die Ursache nun Absicht oder Unfall ist. Eine häufige Todesursache bei ihnen sind Lungenerkrankungen verschiedener Art.

Ein Blick auf das Porträt von Aaron wird jeden von den hohen geistigen Qualitäten dieses kleinen Gefangenen beeindrucken; aber sie im Leben zu sehen und zu studieren, würde einen Ketzer von seinem überlegenen Charakter überzeugen. In jedem Blick und jeder Geste lag ein Hauch des Menschlichen, den niemand übersehen konnte. Die Bandbreite des Gesichtsausdrucks übertraf die eines jeden anderen Tieres, das ich je studiert habe. In der Ruhe trug sein drolliges Gesicht den Blick der Weisheit, der einem Weisen gebührt, während es im Spiel von einem Grinsen echter Fröhlichkeit gekrönt war. Der tiefe, forschende Blick, den er einem Fremden zuwarf, war eine Studie für den Psychologen. Der ernste, forschende Blick, wenn er verwirrt war, hätte einen Stoiker amüsiert. All diese wechselnden Stimmungen wurden in seinem beweglichen Gesicht mit einer solchen Intensität dargestellt, dass kein Zweifel an der Aktivität bestimmter geistiger Fähigkeiten aufkommen konnte, die weit über die der Tiere im Allgemeinen hinausgingen; und sein Verhalten zeigte in vielen Fällen die Ausübung geistiger Kräfte höherer Ordnung als die begrenzte Kraft, die als Instinkt bekannt ist. Darüber hinaus war seine Stimme von besserer Qualität und flexibler als die jedes anderen Exemplars, das ich je gekannt habe. Sie war klar und sanft beim Aussprechen von Tönen jeglicher Tonhöhe, während die Stimmen der meisten von ihnen dazu neigen, rau oder heiser zu sein, besonders bei Tönen mit hoher Tonhöhe.

Bevor ich das Dorf verließ, in dem ich ihn festhielt, fertigte ich eine Art Trage-tuch für ihn an, in dem er getragen werden konnte. Sie bestand aus einem kurzen Leinensack, in dessen Boden zwei Löcher für seine Beine geschnitten waren. Oben wurde ein breites Band aus demselben Stoff befestigt, um es über den Kopf des Trä-gers zu hängen, dem der kleine Gefangene übergeben wurde. Dies bot dem Affen einen bequemen Sitz und verringerte gleichzeitig die Mühe des Tragens. Es ließ seine Arme und Beine frei, so dass er seine Position ändern und sich ausruhen konnte, während es dem Jungen außerdem erlaubte, seine eigenen Hände zu benut-zen, wenn er unterwegs eine schwierige Stelle im Dschungel passierte.

Vom Handelsposten bis zum Rembo waren es fünf Tage Fußmarsch. Entlang des Weges lagen ein paar kleine Dörfer, aber der größte Teil des Weges führte durch einen wilden und trostlosen Wald, der von niedrigen, breiten Sümpfen durchzogen war, durch die sich seichte Schluchten mit schmutzigem, grünlichem Wasser schlän-gelten, das sich seinen Weg zwischen gebogenen Wurzeln und abgefallenen Blättern suchte. Aus dem fauligen Schoß dieser Sümpfe steigen die Ausdünstungen verwe-sender Pflanzen auf, die Pestilenz und Tod hervorbringen. Hier und da findet sich eine Elefantenspur, wo sich die großen Tiere einen verschlungenen Weg durch die dichten Barrieren aus Busch und Reben gebahnt haben. Diese Pfade dienen den ein-heimischen Reisenden als Straßen und stellen die einzige Möglichkeit dar, den ansonsten weglosen Dschungel zu durchqueren. Die einzige Möglichkeit, die düste-ren Sümpfe zu durchqueren, besteht darin, durch den dünnen, schleimigen Schlamm zu waten, der oft mehr als knietief ist und sich manchmal über mehrere hundert Meter erstreckt. Der Reisende wird bei fast jedem Schritt von den verworrenen Wur-zeln der Mangrovenbäume unter seinen Füßen oder von den Ranken, die von den Ästen über ihm hängen, aufgehalten.

Das war der Weg, den wir kamen. Aaron war sich jedoch nicht bewusst, wie schwer die Aufgabe seines Trägers war, sich durch solche Orte zu stapfen, und der kleine Schelm machte sich die Arbeit oft noch schwerer, indem er sich an Gliedma-ßen oder Lianen festhielt, die im Vorbeigehen in seiner Reichweite hingen. Auf diese Weise verlangsamte er das Vorankommen des Jungen, der sich heftig dagegen ver-wahrte, dass der Affe sich auf diese Weise amüsierte. Letzterer schien keinen Grund zu kennen, warum er das nicht tun sollte, und ersterer ließ sich nicht herab, einen zu nennen. So ging der Streit weiter, bis wir den Fluss erreichten; aber zu diesem Zeit-punkt hatte jeder von ihnen einen Hass auf den anderen entwickelt, der durch nichts in der Zukunft gemildert werden konnte. Keiner von ihnen vergaß ihn je, solange sie zusammen waren, und beide brachten ihre Abneigung bei jeder Gelegenheit zum

Ausdruck. Der Junge machte seiner Abneigung Luft, indem er dem Affen hässliche Grimassen schnitt, und der Affe zeigte seine Abneigung, indem er schrie und versuchte, ihn zu beißen. Aaron weigerte sich, das Essen zu essen, das ihm der Junge gab, und der Junge gab ihm keinen Bissen, es sei denn, er forderte ihn auf, dies zu tun. Zuweilen wurde die Fehde lächerlich. Sie endete erst mit der endgültigen Trennung der beiden. Das letzte Mal, als ich den Jungen sah, fragte ich ihn, ob er mit mir in mein Land gehen wolle, um sich um Aaron zu kümmern; aber er schüttelte den Kopf und sagte: "Er ist ein schlechter Mensch." Dies war die einzige Person, gegen die Aaron eine tiefe und bittere Abneigung empfand, aber den Jungen hasste er von ganzem Herzen.

Bei meiner Rückkehr nach Ferran Vaz, wo ich Moses zurückgelassen hatte, fand ich ihn in einem schwachen Gesundheitszustand vor, wie an anderer Stelle berichtet. Als ich Aaron vor ihm absetzte, warf er dem kleinen Fremden nur einen flüchtigen Blick zu, streckte aber seine langen, mageren Arme aus, damit ich ihn in die meinen nahm. Seinem Wunsch wurde entsprochen, und ich gönnte ihm einen langen Spaziergang. Als wir zurückkehrten, setzte ich ihn neben seinem neuen Freund ab, der alle Anzeichen von Freude und Interesse zeigte. Er war wie ein kleiner Junge, wenn ein neues Baby im Haus ist. Er schmiegte sich eng an Moses und machte viele Annäherungsversuche, um sich mit ihm anzufreunden; doch dieser wies sie nicht zurück, sondern behandelte sie mit Gleichgültigkeit. Aaron versuchte auf vielerlei Weise, die Aufmerksamkeit von Mose auf sich zu lenken oder ihm ein Zeichen der Anerkennung zu entlocken, aber es war vergeblich.

Zweifellos waren Moses' Manieren auf seine Krankheit zurückzuführen, und Aaron schien das auch zu merken. Er saß lange Zeit mit einer Banane in der Hand da und blickte mit offensichtlicher Sorge in das Gesicht seines kleinen kranken Cousins. Schließlich hob er die Frucht an die Lippen des Kranken und stieß einen leisen Laut aus; aber die Freundlichkeit wurde nicht angenommen. Es war eine rein freiwillige Handlung, zu der er nicht durch irgendeine Anregung von außen veranlasst wurde. Jeder Blick und jede Bewegung deutete auf den Wunsch hin, seinen Freund zu erleichtern oder zu trösten. Sein Verhalten war sanft und menschlich, und sein Gesicht war ein Bild des Mitleids.

Da er kein Zeichen der Aufmerksamkeit von Mose erhielt, rückte Aaron näher an seine Seite heran und legte seine Arme um ihn, so wie es auf dem Bild von ihm mit Elisheba zu sehen ist. In den folgenden Tagen saß er Stunde um Stunde in derselben Haltung und erlaubte niemandem außer mir, seinen Patienten zu berühren; aber wenn ich mich ihm näherte, überließ er ihn immer mir, während er mit Interesse beobachtete, was ich für ihn tat.

Unter anderem gab ich Moses zweimal täglich ein Tabloid aus Chinin und Eisen. Dies wurde in etwas Wasser aufgelöst und ihm in einem kleinen Zinnbecher verabreicht, der für diesen Zweck aufbewahrt wurde. Wenn er es nicht brauchte, wurde der Becher an einen hohen Pfosten gehängt. Aaron lernte bald, damit umzugehen, und immer, wenn ich zu Moses ging, kletterte Aaron auf den Pfosten und brachte mir den Becher, um die Medizin zu verabreichen. Daraus ist nicht zu schließen, dass er irgendetwas über die Art oder Wirkung der Medizin wusste, aber er kannte den Gebrauch, und zwar den einzigen Gebrauch, für den dieser Becher verwendet wurde.

Aaron zeigte bei der Verabreichung der Dosis ein ausgeprägtes Interesse und schien zu erkennen, dass sie dem Wohl des Patienten diente. Er saß dicht neben dem Kranken und beobachtete jede Bewegung seines Gesichts, als wolle er sehen, welche Wirkung er erzielte, während die wechselnden Ausdrücke seiner eigenen Miene deutlich zeigten, dass ihm die Handlungen des Patienten nicht gleichgültig waren.

Während ich bei dem Kranken war, schien Aaron eine gewisse Erleichterung von der Sorge um ihn zu verspüren und kletterte häufig umher, als wolle er sich ausruhen und sich durch eine Abwechslung erholen. Wenn ich mit Moses spazieren ging oder mit ihm auf meinem Schoß saß, war seine kleine Amme vollkommen zufrieden; aber sobald man sie allein ließ, nahm Aaron ihn wieder in die Arme, als ob er es als seine Pflicht empfände, dies zu tun.

Es war nur natürlich, dass Mose in einem solchen Gesundheitszustand manchmal ärgerlich und mürrisch war, wie es Menschen in einem solchen Zustand sind; aber ich habe nicht ein einziges Mal gesehen, dass Aaron etwas von Mose übel nahm oder ihm gegenüber die geringste schlechte Laune zeigte. Im Gegenteil, sein Verhalten war so geduldig und nachsichtig, dass man sich nur schwer der Überzeugung entziehen konnte, dass es von denselben Motiven der Güte und des Mitgefühls geleitet wurde, die das menschliche Herz zu Taten der Zärtlichkeit und Barmherzigkeit bewegen. Nachts, wenn sie sich zur Ruhe legten, lagen sie sich in den Armen, und am Morgen fand man sie immer in derselben engen Umarmung.

Doch an dem Morgen, an dem Mose starb, war das Verhalten von Aaron anders als alles, was ich zuvor beobachtet hatte. Als ich mich ihrem gemütlichen kleinen Haus näherte und den Vorhang beiseite zog, fand ich ihn in einer Ecke des Käfigs sitzen. Sein Gesicht trug einen Ausdruck der Besorgnis, als wäre er sich bewusst, dass etwas Schreckliches geschehen war. Als ich die Tür öffnete, bewegte er sich nicht und gab keinen Laut von sich. Ich weiß nicht, ob Affen einen Namen für den Tod haben, aber sie wissen sicher, was er ist.

Moses war tot. Sein kalter Körper lag an seinem üblichen Platz, aber er war vollständig mit dem Stück Segeltuch bedeckt, das im Käfig als Bettzeug aufbewahrt wurde. Ich weiß nicht, ob Aaron ihn zugedeckt hatte oder nicht, aber er schien die Situation zu begreifen. Ich nahm ihn bei der Hand und hob ihn aus dem Käfig, aber er sträubte sich. Ich ließ den Körper herausnehmen und auf eine Bank legen, die etwa dreißig Meter entfernt stand, um ihn zu sezieren und die Haut und das Skelett für die Konservierung vorzubereiten.

Als ich mich daran machte, ließ ich Aaron in den Käfig sperren, damit er mich nicht bei der Arbeit stören und behindern würde; aber er weinte und ärgerte sich, bis man ihn freiließ. Es heißt nicht, dass er Tränen über den Verlust seines Gefährten vergoss, denn die Tränendrüsen und -kanäle sind bei diesen Affen nicht entwickelt;

aber sie zeigen Besorgnis und Bedauern, die Motive der Leidenschaft des Kummers sind. Die Ursache für Aarons Kummer war jedoch, dass er allein gelassen wurde. Als er freigelassen wurde, kam er und setzte sich in die Nähe der Leiche, wo er den ganzen Tag über saß und die Operation beobachtete.

Danach war Aaron keinen Augenblick ruhig, wenn er mich sehen oder hören konnte, bis ich ihm einen anderen seiner Art als Gefährten besorgte; dann ließ sein Interesse an mir in gewissem Maße nach, aber seine Zuneigung zu mir blieb ungebrochen. Sein Verhalten gegenüber Moses beeindruckte mich immer mit der Überzeugung, dass er die Tatsache schätzte, dass der Kranke in Not oder Schmerz war, und obwohl er das Ergebnis vielleicht nicht voraussah, wusste er, wenn er den Tod sah, sicher, was es war. Ob es nun der Instinkt oder die Vernunft ist, die den Menschen veranlasst, vor dem Tod zurückzuschrecken, derselbe Einfluss wirkt auch beim Affen; und das Verhalten dieses Affen gegenüber seiner späteren Gefährtin Elisheba bestätigt diese Meinung nur.

KAPITEL XVI

Aaron und Elisheba - Ihre Eigenschaften - Anekdoten - Eifersucht Aarons

Vier Tage nach dem Tod von Moses sicherte ich mir eine Überfahrt auf einem Handelsschiff, das in den See einfuhr. Das Boot war klein, zum Schleppen von Kanus bestimmt und in keiner Weise für die Beförderung von Passagieren oder Fracht vorbereitet; aber ich fand in einem der Kanus Platz für den Käfig, den ich für Aaron vorgesehen hatte, verstaute den Rest meiner Habe, wo immer es der Platz erlaubte, und schiffte mich zur Küste ein.

Wir kamen nur langsam voran und die Reise war mühsam. Der einzige Weg, der zu dieser Jahreszeit aus dem See herausführt, ist ein langer, schmaler, gewundener Bach, der von Sandbänken, Felsen, Baumstämmen und Baumstümpfen durchzogen ist und an einigen Stellen von niedrigen, gebogenen Bäumen überragt wird. Aber die wilde, seltsame Landschaft ist großartig und schön. Lange Bambusreihen, die hier und da von Pendanus-Gruppen oder stattlichen Palmen unterbrochen werden, Lilieninseln und lange Papyrusbüschel, die sich zu beiden Seiten des Ufers ausbreiten, das prächtige Laub der Wasserpflanzen, das sich wie ein massiver Saum am Ufer entlangzieht und von hohen, wogenden Grasbüscheln aufgelockert wird, bilden ein perfektes Paradies für die Vögel und Affen, die sich in diesen Szenen des ewigen Sommers aufhalten.

Nach einer achttägigen Verzögerung am Kap Lopez sicherten wir uns die Überfahrt auf einem kleinen französischen Kanonenboot namens Komo, mit dem wir nach Gabun kamen. Dort fand ich eine weitere Kulu-Kamba. Sie befand sich in den Händen eines großzügigen Freundes, Herrn Adolph Strohm, der sie mir schenkte. Ich gab sie Aaron zur Frau und nannte sie Elisheba, nach dem Namen der Frau des großen Hohepriesters. Elisheba war am Oberlauf des Nguni-Flusses gefangen genommen worden, etwa auf demselben Breitengrad, auf dem Aaron gefunden wurde, aber mehr als hundert Meilen östlich und einige Minuten nördlich von diesem Punkt. Ich habe die Geschichte ihrer Gefangennahme nicht erfahren.

Es wäre schwierig, zwei menschliche Wesen zu finden, die sich in Geschmack und Temperament mehr unterscheiden als diese beiden Affen. Aaron war eines der liebenswürdigsten Geschöpfe; er war liebevoll und treu zu denen, die ihn freundlich behandelten; er war von Natur aus fröhlich und verspielt und zeigte oft einen ausgeprägten Sinn für Humor; er liebte die menschliche Gesellschaft und hatte eine starke Abneigung gegen die Einsamkeit oder das Eingesperrtsein.

Elisheba war eine perfekte Widerspenstige. Sie erinnerte mich oft an bestimmte Frauen, die ich gesehen habe und die der Welt verfallen waren. Sie war verräterisch, undankbar und grausam in jedem Gedanken und in jeder Tat; sie war völlig ohne Zuneigung; sie war selbstsüchtig, mürrisch und immer mürrisch; sie war oft bösartig und immer starrköpfig; sie war gleichgültig gegenüber Zärtlichkeiten und war allein genauso zufrieden wie in bester Gesellschaft. Es ist wahr, dass sie sich in einem schlechten Gesundheitszustand befand und schlecht behandelt worden war, bevor sie in meine Hände fiel; aber sie war von Natur aus mit einem schlechten Charakter und verdorbenen Instinkten ausgestattet.

Es ist gar nicht so selten, dass man bei Exemplaren, die zu einer Art gehören, große Unterschiede im Benehmen, in der Intelligenz und im Temperament findet. In diesen Punkten unterscheiden sie sich im Verhältnis zu ihrem geistigen Umfang genauso stark wie die Menschen; aber ich habe noch nie gesehen, dass bei zwei Affen derselben Art die beiden Extreme so weit voneinander entfernt waren.

Während ich in Gabun auf einen Dampfer wartete, ließ ich meinen eigenen Käfig für die Affen aufstellen, da er groß war und ihnen viel Platz zum Spielen und Bewegen bot. In einer Ecke des Käfigs war ein kleines, gemütliches Haus aufgehängt, in dem sie schlafen konnten. Es war mit einem guten Vorrat an sauberem Stroh und einigen Stücken Segeltuch als Bettzeug ausgestattet. In der Mitte des Käfigs befand sich eine Schaukel oder ein Trapez, das die Tiere nach Belieben benutzen konnten. Aaron fand dies sehr amüsant und führte oft eine Reihe von Gymnastikübungen durch, die den Neid eines Königs der Sportarten hervorrufen könnten.

Elisheba hatte keine Lust auf solchen Zeitvertreib, aber ihre Verderbtheit konnte dem Drang nicht widerstehen, Aaron bei seiner lustigen Übung zu unterbrechen. Sie kletterte hinauf und kämpfte um den Besitz der Schaukel, bis sie ihn vertreiben konnte. Dann setzte sie sich auf die Schaukel und saß eine Zeit lang zufrieden da, aber sie wollte weder schaukeln noch spielen. Häufig ging sie tagsüber, wenn Aaron ruhig auf dem Stroh lag, in das gemütliche Häuschen und legte sich mit ihm an, indem sie ihm eine Handvoll Stroh unter den Füßen wegzog und es aus der Box warf, bis nichts mehr darin war. Ganz gleich, welche Art oder Menge von Futter sie bekamen, sie wollte immer das Stück, das er hatte, und rang mit ihm, um es zu bekommen; aber wenn sie es bekommen hatte, hielt sie es in der Hand, ohne es zu essen; denn es gab einige Dinge, die er mochte, die sie überhaupt nicht essen wollte.

Wenn wir spazieren gingen, egal welchen Weg wir einschlugen, wollte Elisheba immer einen anderen Weg einschlagen. Wenn ich nachgab, änderte sie wieder ihre Meinung und lief in eine andere Richtung los. Wenn ich sie zwang, sich zu fügen, schrie sie und kämpfte, als ginge es um ihr Leben. Ich kann mich des Eindrucks nicht erwehren, dass diese Ausbrüche auf eine niedere und perverse Natur zurückzuführen sind, und ich konnte kein höheres Motiv für ihr störrisches Verhalten finden.

Aaron war ihr sehr zugetan und widersetzte sich nur selten ihrem unnachgiebigen Willen. Er klammerte sich an sie und ließ ihr den Vortritt. Ich habe mich oft über ihn geärgert, weil er ihren Wünschen so bereitwillig nachkam. Der einzige Fall, in dem er gegen sie Partei ergriff, war ihr Verhalten mir gegenüber.

Als ich sie zum ersten Mal in meine Obhut nahm, hatte sie das Temperament eines Dämons, und beim kleinsten Vorwand griff sie mich an und versuchte, mich zu beißen oder meine Kleidung zu zerreißen. Bei diesen Angriffen war Aaron immer bei mir, und der treue kleine Champion stürzte sich in der größten Wut auf sie. Er schlug ihr mit den Händen auf den Kopf und den Rücken, biss sie und schlug sie, bis sie aufhörte. Wenn sie den Schlag erwiderte, ergriff er ihre Hand und biss sie, oder er schlug ihr ins Gesicht. Er kämpfte so lange, bis sie aufgab. Dann feierte er seinen Sieg, indem er auf höchst groteske Weise auf und ab sprang, mit den Füßen stampfte, mit den Händen auf den Boden schlug und wie eine Maske grinste. Er schien sich dessen, was er getan hatte, so bewusst zu sein und so stolz darauf zu sein, wie es nur ein Mensch hätte sein können; aber egal, was sie anderen antat, er war immer auf ihrer Seite. Wenn jemand anderes sie ärgerte, nahm er es ihr stets mit Gewalt übel.

Auf dem Gelände gingen ständig Eingeborene hin und her, und diese beiden kleinen Gefangenen waren für sie von besonderem Interesse. Stunde um Stunde standen sie am Käfig und beobachteten sie. Der vorherrschende Trieb fast aller Eingeborenen scheint Grausamkeit zu sein, und sie können der Versuchung nicht widerstehen, alles zu necken und zu quälen, was sich nicht wehren kann. Sie waren so hartnäckig darin, mit Stöcken nach meinen Schimpansen zu stochern, dass ich die ganze Zeit einen Jungen aufpassen lassen musste, um das zu verhindern; aber dem Jungen konnte man nicht trauen, also musste ich ihn beobachten.

Im hinteren Teil des Zimmers, das ich bewohnte, befand sich ein Fenster, durch das ich von Zeit zu Zeit den Jungen und die Eingeborenen beobachtete, und wenn irgendetwas nicht in Ordnung war, rief ich nach dem Jungen. Aaron bemerkte dies bald und stellte fest, dass er selbst meine Aufmerksamkeit erregen konnte, indem er rief, wenn ihn jemand ärgerte, und er wusste auch, dass der Junge als Beschützer dort hingestellt worden war. Immer, wenn einer der Eingeborenen in die Nähe des Käfigs kam, rief er auf seine besondere Art nach mir, was ich gut verstand und sofort beantwortete. Der Junge wusste auch, was der Ruf bedeutete, und eilte mir zu Hilfe. Wenn ich nicht im Haus war und der Junge das mitbekam, kam er dem Affen oft erst mit Verspätung zu Hilfe, und manchmal kam er überhaupt nicht. In letzterem Fall krochen die beiden in ihr Haus und zogen den Vorhang herunter, so dass sie nicht gesehen werden konnten. Hier blieben sie, bis die Eingeborenen weg waren oder ihnen jemand zu Hilfe kam.

Keiner der Affen nahm den Eingeborenen irgendetwas übel, solange sie mich nicht sehen konnten; aber wann immer ich in Sichtweite kam, kämpften sie mit ihren Peinigern, und wenn sie aus dem großen Käfig befreit wurden, jagten sie den letzten von ihnen aus dem Hof. Aaron wusste ganz genau, dass sie weder ihn noch seine Gefährtin belästigen durften, und als er wusste, dass er meine Unterstützung hatte, war er bereit, den Krieg bis zum Ende zu führen. Aber es war wirklich lustig zu sehen, wie sanftmütig und geduldig er war, als er sich allein gegen den Eingeborenen mit einem Stock verteidigen musste, und dann die Veränderung in ihm zu bemerken, als er wusste, dass er von einem Freund unterstützt wurde, auf den er sich verlassen konnte.

Herr Strohm, der bereits erwähnte Händler, bei dem ich an diesem Ort Gastfreundschaft fand, hielt auf dem Grundstück, auf dem sich der Käfig befand, eine Kuh. Es war ein kleines schwarzes Tier, die erste Kuh, die Aaron je gesehen hatte. Er betrachtete sie immer wieder mit Staunen und Angst. Wenn sie sich dem Käfig näherte, wenn niemand in der Nähe war, eilte er in seine Box und spähte von dort aus schweigend hinaus, bis sie wegging. Die Kuh war ebenso erstaunt über den Käfig und seine seltsamen Bewohner, obwohl sie sich weniger fürchtete als diese und häufig in ihre Nähe kam, um sie zu untersuchen. Sie stand ein paar Meter entfernt mit hoch erhobenem Kopf, gewölbten Augen und angelegten Ohren und wartete darauf, dass sie aus dem geheimnisvollen Käfig kamen. Aber sie wagten sich nicht aus ihrem Versteck heraus, solange sie blieb. Schließlich, als sie des Wartens müde war, wedelte sie mit dem Schwanz, schüttelte den Kopf und wandte sich ab.

Wenn er aus dem Käfig geholt wurde, hatte Aaron ein besonderes Vergnügen daran, die Kuh zu vertreiben; und wenn sie in der Nähe war, packte er mich an der Hand und ging auf sie zu. Er stampfte mit dem Fuß auf den Boden, schlug mit aller Kraft mit seinem langen Arm, klatschte mit der Hand auf den Boden und schrie sie lauthals an. Wenn sie sich wegbewegte, ließ er meine Hand los und stürzte sich auf sie, als wolle er sie zerreißen; wenn die Kuh sich aber plötzlich zu ihm umdrehte, lief der kleine Betrüger zu mir, packte mein Bein und schrie vor Angst. Die Kuh fürchtete sich vor einem Menschen, und solange sie von einem solchen verfolgt wurde, ging sie weiter; als sie aber entdeckte, dass der Affe allein die Verfolgung aufnahm, drehte sie sich um und sah sich um, als ob sie herausfinden wollte, was das für ein Ding war. Elisheba schien der Kuh keine besondere Beachtung zu schenken, außer wenn sie sich dem Käfig zu sehr näherte, und dann war es Aarons Verhalten zu verdanken, dass sie sich überhaupt darum kümmerte.

An Bord des Dampfers, mit dem wir nach Hause fuhren, befand sich ein junger Elefant, der von einem Händler zum Verkauf geschickt worden war. Er wurde an Deck in einem starken Stall gehalten, der für sein Quartier gebaut worden war. Zwischen den Brettern gab es breite Ritzen, und der Elefant hatte die Angewohnheit, seinen Rüssel hindurchzustrecken, um nach allem zu suchen, was er finden konnte. Mit seinem langen, biegsamen Rüssel, den er ausstreckte, drehte und wickelte er sich in allen möglichen Formen. Dies war die Krönung des Lebens dieser beiden Affen; es war das Schreckgespenst ihrer Existenz, und nichts konnte einen von ihnen dazu bewegen, sich ihm zu nähern. Wenn sie sahen, wie ich mich ihm näherte, schrien und brüllten sie, bis ich weg war. Wenn Aaron mich zu fassen bekam, ohne dem Elefanten zu nahe zu kommen, klammerte er sich an mich, bis er mir fast die Kleider zerriss, um mich vom Elefanten fernzuhalten. Es war das Einzige, wovor Elisheba Angst hatte, und das Einzige, vor dem sie mich jemals gewarnt hat.

Sie zeigten nicht die gleiche Besorgnis für andere, sondern beobachteten sie, ohne zu protestieren. Sogar der blinde Passagier, der sie fütterte und sich um ihren Käfig kümmerte, durfte sich dem Elefanten nähern; aber ihre Sorge um mich wurde von jedem Mann an Bord bemerkt. Ich war nie in der Lage zu sagen, was sie von dieser Sache hielten. Sie hatten viel weniger Angst vor dem Elefanten, wenn sie ihn ganz sehen konnten, als vor dem Rüssel, wenn sie ihn allein sahen. Vielleicht hielten sie letzteren für eine große Schlange, aber das ist nur eine Vermutung.

Zu Beginn der Reise nahm ich sechs Platten meines eigenen Käfigs und baute einen kleinen Käfig für sie. Ich brachte ihnen bei, Wasser aus einer Bierflasche mit langem Hals zu trinken, die durch eine Masche der Drähte gesteckt werden konnte. Sie bevorzugten diese Art des Trinkens und schienen sie als eine fortschrittliche Idee zu betrachten. Elisheba bestand immer darauf, zuerst bedient zu werden; da sie eine Frau war, wurde ihrem Wunsch entsprochen. Wenn sie fertig war, kletterte Aaron an den Drähten hoch und kam an die Reihe. Es gibt ein bestimmtes Geräusch oder Wort, das der Schimpanse immer benutzt, um "gut" oder "zufrieden" auszudrücken, und er machte häufig davon Gebrauch. Er trank ein paar Schlucke Wasser und stieß dann das Geräusch aus, woraufhin Elisheba wieder hochkletterte und kostete. Sie schien es für etwas Besseres zu halten als das, was sie getrunken hatte, aber da sie es für dasselbe hielt wie das, was sie getrunken hatte, wich sie wieder vor ihm zurück. Jedes Mal, wenn er den Laut ausstieß, nahm sie eine weitere Kostprobe und wandte sich ab; aber sie versäumte nie, es zu versuchen, wenn er den Laut ausstieß.

Der Junge, der sich auf der Reise um sie kümmerte, war geneigt, ihnen Streiche zu spielen. Einer dieser hässlichen Streiche bestand darin, die Flasche so umzudrehen, dass, wenn sie mit dem Trinken fertig waren und die Lippen wegnahmen, das Wasser herausschwappte und über sie herablief. Mehrmals weigerten sie sich, aus der Flasche zu trinken, während er sie in der Hand hielt, aber wenn er sie losließ, hing sie so, dass sie das Wasser gar nicht mehr herausbekamen. Schließlich löste Aaron das Problem, indem er auf eine Seite des Käfigs kletterte und sich auf eine Höhe mit der Flasche begab; dann griff er über den Winkel, den die beiden Seiten des Käfigs bildeten, und trank. In dieser Position war es ihm egal, wie sehr das Wasser auslief; es konnte ihn nicht berühren. Elisheba sah ihm zu, bis sie die Idee begriffen hatte; dann kletterte sie auf die gleiche Weise hinauf und löschte ihren Durst. Ich schimpfte mit dem Jungen, weil er sie mit solch grausamen Tricks bedient hatte; aber es lehrte mich eine weitere wertvolle Lektion über die geistigen Ressourcen des Schimpansen, denn kein Philosoph hätte einen viel besseren Plan finden können, um den Ärger zu vermeiden, als dieser schlaue kleine Weise in der Stunde der Not.

Ich habe die Ausbildung von Tieren nie als den wahren Maßstab für ihre geistigen Fähigkeiten angesehen. Der wahre Test besteht darin, das Tier auf seine eigenen Ressourcen zu reduzieren und zu sehen, wie es sich unter Bedingungen verhält, die neue Probleme aufwerfen. Man kann Tiere lehren, viele Dinge auf mechanische Art und Weise zu tun, ohne ein Motiv, das mit der Handlung zusammenhängt; aber wenn sie die Lösung ohne die Hilfe des Menschen erarbeiten können, ist es nur die Fähigkeit der Vernunft, die sie leiten kann.

Eine Sache, die Aaron nie herausfinden konnte, war, was aus dem Schimpansen wurde, den er in einem Spiegel gesehen hatte. Ich habe gesehen, wie er stundenlang nach diesem mysteriösen Affen suchte. Einmal brach er ein Stück von einem Spiegel ab, den ich hatte, um den anderen Kerl zu finden, aber es gelang ihm nie. Ich habe das Glas fest vor ihn gehalten, und er hat sein Gesicht ganz nah daran gehalten, manchmal sogar fast berührt. Er betrachtete das Bild in aller Ruhe und griff dann mit der Hand um das Glas, um es zu ertasten. Wenn er es nicht fand, spähte er an der Seite des Glases herum und schaute erneut hinein. Er nahm es in die Hand, drehte es um, legte es auf den Boden, betrachtete das Bild erneut und legte seine Hand unter den Rand des Glases. Der fragende Blick in diesem drolligen Gesicht war so auffallend, dass man Mitleid mit ihm hatte. Aber er ließ sich nicht entmutigen. Er nahm die Suche wieder auf, wann immer er den Spiegel hatte.

Elisheba machte sich keine großen Gedanken darüber. Als sie das Bild im Glas sah, schien sie es als eines ihrer Artgenossen zu erkennen; aber als es verschwand, ließ sie es gehen, ohne zu versuchen, es zu finden. Oft wandte sie sich sogar von ihm ab, als würde sie es nicht bewundern. Sie nahm das Glas nur selten in die Hand und tastete auch nie nach dem anderen Affen dahinter.

Alles in allem war Elisheba ein merkwürdiges Exemplar ihres Stammes - exzentrischer und launischer als alles, was ich je unter Tieren gesehen habe; dennoch war Aaron trotz all ihrer Launen in sie verliebt, und sie leistete ihm Gesellschaft; aber er war äußerst eifersüchtig auf sie und erlaubte keinem Fremden, sich ungestraft irgendwelche Freiheiten mit ihr zu nehmen. Er hatte nichts dagegen, wenn sie es mit ihm taten. Er nahm selten Anstoß an einem gewissen Grad von Vertrautheit, denn er freundete sich mit jedem an, der sanft zu ihm war; aber er konnte ihre Aufmerksamkeiten ihr gegenüber nicht dulden. Sie zeigte keine Anzeichen von Zuneigung zu ihm, es sei denn, jemand ärgerte oder ärgerte ihn; aber in diesem Fall versäumte sie es nie, gegen alle Widerstände für ihn einzutreten. In solchen Momenten wurde sie rasend vor Wut, und wenn der Anlass länger andauerte, weigerte sie sich oft stundenlang, zu essen.

Auf der Heimreise befand sich ein weiterer Schimpanse an Bord, der einem Seemann gehörte, der ihn zum Verkauf mit nach Hause brachte. Dieser Schimpanse war etwa zwei Jahre älter als Aaron und doppelt so groß. Er war zahm und sanftmütig, wurde aber in einem engen Käfig für sich allein gehalten. Er sah die anderen auf dem Deck umherstreifen und versuchte, sich mit ihnen zu versöhnen, aber sie zeigten kein Verlangen, mit einem derartig Eingesperrten intim zu werden.

An einem hellen Sonntagmorgen, als wir in der Nähe der Kanarischen Inseln durch die ruhigen Gewässer fuhren, veranlasste ich den Matrosen, seinen Gefangenen zusammen mit meinem eigenen auf dem Hauptdeck freizulassen, um zu sehen, wie sie sich zueinander verhalten würden. Er tat es, und im Nu schlenderte der große Affe über das Deck auf Aaron und Elisheba zu, die oben auf einer Luke saßen und vertieft in das Nagen einiger Truthahnknochen waren.

Als der Fremde näher kam, verlangsamte er seinen Schritt und sah die anderen ernst an. Aaron hörte auf zu essen und starrte den Besucher mit einem überraschten Blick an, aber Elisheba bemerkte ihn kaum. Er musterte Aaron von Kopf bis Fuß, und Aaron tat das Gleiche mit ihm. Er rückte vor, bis seine Nase fast die von Aaron berührte, und in dieser Position blieben die beiden einige Sekunden lang. Dann ging der Große dazu über, Elisheba auf die gleiche Weise zu grüßen, aber sie schenkte ihm kaum Beachtung. Sie nagte weiter an dem Knochen in ihrer Hand, und er hatte keinen Grund, sich durch den Eindruck, den er auf sie gemacht hatte, geschmeichelt zu fühlen. Aaron beobachtete ihn mit tiefer Besorgnis, aber ohne einen Laut von sich zu geben.

Der große Affe wandte sich wieder Aaron zu und griff nach seinem Truthahnknochen, aber die Gastfreundschaft des kleinen Gastgebers war der Forderung nicht gewachsen. Mit einem Schulterzucken wich er zurück, hielt den Knochen näher an sich und aß weiter. Dann reichte ein Steward dem Besucher einen Knochen. Er kletterte auf die Luke und nahm zur Rechten von Elisheba Platz, Aaron saß zu ihrer Linken. Sobald der Große seinen Platz eingenommen hatte, gab Aaron seinen Platz auf und drängte sich zwischen die beiden. Die drei saßen einige Augenblicke in dieser Reihenfolge, bis der Große aufstand und sich bewusst auf die andere Seite von Elisheba begab und sich wieder neben sie setzte. Wieder drängte sich Aaron zwischen die beiden.

Diese Handlung wiederholte sich sechs oder acht Mal; dann verließ Elisheba die Luke und setzte sich auf einen Holm, der an Deck lag. Der große Affe ging sofort hinüber und setzte sich neben sie; aber als er saß, stellte sich Aaron wieder zwischen sie, und dabei versetzte er seinem Rivalen einen kräftigen Schlag auf den Rücken. So saßen sie etwa eine Minute lang. Dann zog Aaron seine Hand zurück und schlug erneut zu. Er setzte seine Schläge fort und steigerte ihre Kraft und Häufigkeit, aber der andere nahm sie nicht übel. Sein Verhalten war von würdevoller Verachtung geprägt, als ob er die geringere Kraft seines Angreifers als unwürdig für seine eigenen Fähigkeiten ansah. Es wäre absurd anzunehmen, dass er von irgendeinem Prinzip der Ehre gezwungen wurde, aber sein Verhalten war gönnerhaft und nachsichtig, wie das eines rücksichtsvollen Mannes gegenüber einem kleinen Jungen.

Ein amüsantes Merkmal der Angelegenheit war die halb ernste, halb scherzhafte Art von Aaron. Wenn er zuschlug, drehte er sich nicht um, um seinen Rivalen anzusehen, und sobald der Schlag ausgeführt war, zog er seine Hand zurück, als wollte er nicht entdeckt werden. Er gab kein Zeichen des Zorns, obwohl er sich nicht bemühte, seine Eifersucht zu verbergen, und der andere schien den Grund für seine Unruhe zu kennen. Das gleichgültige Lächeln auf dem Gesicht des kleinen Liebhabers täuschte über den Gemütszustand hinweg, der ihn zu seinem Handeln veranlasste, und es war für alle, die das Geschehen beobachteten, offensichtlich, dass Aaron eifersüchtig auf seinen Gast war. Von Zeit zu Zeit wechselte Elisheba ihren Platz. Dann spielte sich eine ähnliche Szene ab.

Die ganze Angelegenheit war so komisch und doch so real, dass man das Lachen nicht unterdrücken konnte, das sie hervorrief. Es war das Drama des "jungen Traums der Liebe" im wirklichen Leben, in dem jeder Mann zu irgendeinem Zeitpunkt seiner jungen Karriere jede Rolle so gespielt hat, wie diese beiden Rivalen es taten.

Jedes Detail der Handlung und des Verlaufs war das Duplikat einer ähnlichen Begebenheit aus der Erfahrung der Jugend.

Elisheba schien den Anzug dieses affenartigen Verehrers nicht zu unterstützen, aber sie wies ihn auch nicht zurück, wie es eine wahre und treue Ehefrau tun sollte, und ich habe Aaron nie einen Vorwurf gemacht, dass es ihr nicht gefiel. Sie hatte kein Recht, die Aufmerksamkeiten eines völlig Fremden zu dulden; aber sie war weiblich und vielleicht mit der ganzen Eitelkeit ihres Geschlechts ausgestattet und liebte es, bewundert zu werden. Meine Sympathie für den anhänglichen kleinen Aaron war jedoch zu stark, als dass ich es zulassen konnte, dass er von einem Rivalen, der doppelt so groß und dreimal so stark war wie er selbst, bedrängt wurde, und so nahm ich ihn und Elisheba mit auf das Achterdeck, wo sie sich allein vergnügten.

Elisheba war mir nie sehr zugetan, aber in den ersten Jahren ihrer Laufbahn begann sie zu begreifen, dass ich ihr Herr und ihr Freund war. Sie war von Natur aus nicht dankbar, aber sie hatte genug Verstand, um zu erkennen, dass all ihr Essen und ihre Bequemlichkeit mir zustanden, und so wurde sie unterwürfig; aber sie war nie gefügig. Sie war zweifellos eine Plebejerin in ihrer eigenen Rasse und nicht in der Lage, zu einer hohen Kultur erzogen zu werden. Sie konnte nicht durch Freundlichkeit allein beherrscht werden, denn sie war von Natur aus schmutzig und pervers. Ich war nie grausam oder streng im Umgang mit ihr, aber es war notwendig, streng und hart zu sein. Ihr schlechter Gesundheitszustand veranlasste mich jedoch oft, ihr Launen zu erlauben, die sie andernfalls einer strengeren Disziplin unterworfen hätten. Das geduldige Verhalten von Aaron schien von derselben Rücksichtnahme geprägt zu sein.

KAPITEL XVII

*Krankheit von Elisheba - Aarons Fürsorge für sie - ihr Tod -
Krankheit und Tod von Aaron*

Am Ende von zweiundvierzig langen Tagen auf See kamen wir in Liverpool an. Es war gegen Ende des Herbstes. Das Wetter war kalt und neblig. Elisheba war gesundheitlich angeschlagen, wie ich es befürchtet hatte, da sie aus dem feuchtwarmen Klima entlang des Äquators kam und gleichzeitig ihre Ernährung umgestellt hatte.

Als wir am Ende unserer langen und beschwerlichen Reise ankamen, besorgte ich ein Quartier für die Affen und brachte sie schnell in einem warmen, sonnigen Käfig unter. Elisheba erholte sich allmählich von der Müdigkeit und den Sorgen der Reise und war eine Zeit lang so fröhlich wie nie zuvor, seit ich sie kenne. Ihr Appetit kehrte zurück, die Fiebersymptome verschwanden, und sie schien von der Reise eher profitiert als geschädigt zu haben. Aaron erfreute sich bester Gesundheit und zeigte keine Anzeichen für irgendwelche negativen Folgen der Reise.

Als wir den Landungssteg in Liverpool erreichten, äußerten einige Freunde, die uns dort trafen, den Wunsch, die Affen zu sehen, und zu diesem Zweck öffnete ich ihren Käfig im Wartesaal. Als sie das Gewimmel von riesigen Gestalten mit weißen Gesichtern, langen Röcken und dicken Mänteln erblickten, waren sie fast außer sich vor Angst. So etwas hatten sie noch nie gesehen, und sie kauerten sich in die Ecke des Käfigs, klammerten sich aneinander und schrien vor Angst. Als sie mich neben sich stehen sahen, stürzten sie zu mir, packten mich an den Beinen und kletterten an meinen Armen hoch. Als sie merkten, dass sie hier in Sicherheit waren, starrten sie einen Moment lang wie erstaunt auf die Menge; dann vergrub Elisheba ihr Gesicht unter meinem Kinn und weigerte sich, irgendjemanden anzuschauen. Sie zitterten beide vor Angst, und ich konnte sie kaum wieder in ihren Käfig bringen; aber nachdem sie in ihrem Quartier bei Dr. Cross untergebracht waren, der sich um sie kümmern sollte, gewöhnten sie sich an den Anblick von Fremden in solchen Kostümen. In ihrem eigenen Land hatten sie so etwas noch nie gesehen, denn die Eingeborenen, an die sie gewöhnt waren, tragen in der Regel keine Kleidung außer einem kleinen Stück Stoff, das um die Taille gebunden ist, und die wenigen weißen Männer, die sie gesehen hatten, waren meist weiß gekleidet; aber hier war eine große Menge von Kreaturen in Röcken und Mänteln, und ich habe keinen Zweifel, dass es für sie ein erschreckender Anblick war, als sie es zum ersten Mal sahen.

In den ersten zwei Wochen nach ihrer Ankunft in Liverpool verbesserten sich Elishebas Gesundheitszustand und ihre Laune, bis sie nicht mehr dieselbe war; doch gegen Ende dieser Zeit zog sie sich eine schwere Erkältung zu. Ein tiefer, trockener Husten, begleitet von Schmerzen in der Brust und in den Seiten, zusammen mit einer pfeifenden Heiserkeit, verrieten die Art ihrer Krankheit und gaben Anlass zur

Sorge. Während der häufigen Hustenanfälle drückte sie ihre Hände auf die Brust oder die Seite, um den Hustenstoß zu unterdrücken und so die Schmerzen zu lindern, die er verursachte. Wenn sie ruhig war, saß sie mit den Händen am Hals, den Kopf gesenkt und die Augen gesenkt oder geschlossen. Tag für Tag zog die Schlange der Krankheit ihre tödlichen Windungen enger und enger um ihre schwindende Gestalt, aber sie ertrug sie mit einer Geduld, die eines Menschen würdig war.

Abb. 18: ELISHEBA UND AARON (Nach einer Fotografie.)

Das Mitgefühl und die Nachsicht Aarons wurden erneut in Anspruch genommen, und die Forderung war nicht vergeblich. Stunde um Stunde saß er da und hielt sie in seinen Armen, so wie er auf dem beigefügten Porträt zu sehen ist. Er posierte nicht für ein Foto, und er war sich auch nicht bewusst, wie tief sein Verhalten das menschliche Herz berührte. Sogar die kräftigen Männer, die hier arbeiten, hielten inne, um ihn bei seinen zärtlichen Bemühungen um sie zu beobachten, und der nüchterne Wärter wurde von seiner Freundlichkeit und Geduld zu Mitleid bewegt. Tagelang schwebte sie am Rande des Todes. Sie wurde zu schwach, um sich aufzusetzen; aber als sie auf ihrem Strohbett lag, saß er an ihrer Seite, legte seine verschränkten Arme um sie und ließ nicht zu, dass jemand sie berührte. Sein besorgter Blick zeigte, dass er die Schwere ihres Falles in einem Maße spürte, das an Trauer grenzte. Er war ernst und schweigsam, als ahnte er das traurige Ende, das sich ankündigte. Meine häufigen Besuche waren eine Quelle des Trostes für ihn, und er zeigte eine Freude über mein Kommen, die sein Vertrauen in mich und seinen Glauben an meine Fähigkeit, seiner leidenden Gefährtin zu helfen, zum Ausdruck brachte; aber leider war sie jenseits der Hilfe menschlicher Fähigkeiten.

Am Morgen ihres Todes fand ich ihn wie üblich bei ihr sitzen. Als ich mich ihm näherte, erhob er sich leise und ging zur Vorderseite des Käfigs. Ich öffnete die Tür, streckte meinen Arm hinein und streichelte ihn. Er schaute mir ins Gesicht und dann auf die ausgestreckte Gestalt seiner Gefährtin. Die letzten schwachen Lebensfunken waren noch nicht erloschen, wie die leichte Bewegung der Brust verriet; aber die Gliedmaßen waren kalt und schlaff. Während ich mich hinunterbeugte, um sie genauer zu untersuchen, kauerte er sich neben sie und beobachtete mit großer Sorge das Ergebnis. Ich legte meine Hand auf ihr Herz, um mich zu vergewissern, ob die letzte Hoffnung erloschen war; er sah mich an, legte dann seine eigene Hand neben die meine und hielt sie dort, als wüsste er um den Sinn der Handlung. Natürlich hatte dies für ihn keine wirkliche Bedeutung, aber es war ein Hinweis auf den Wunsch, der ihn dazu veranlasste. Er schien zu glauben, dass alles, was ich tat, gut für sie wäre, und seine Absicht war zweifellos, mir zu helfen. Wenn ich meine Hand wegnahm, nahm er die seine zurück; wenn ich die meine erwiderte, tat er dasselbe; und bis zuletzt gab er einen Beweis für sein Vertrauen in meine Freundschaft und guten Absichten. Seine bereitwillige Zustimmung zu allem, was ich tat, zeigte, dass er eine vage Vorstellung von meinen Absichten hatte.

Endlich wurde die Brust still, und das schwache Schlagen des Herzens verstummte. Die Lippen waren gespreizt und die trüben Augen halb geschlossen, aber er saß daneben, als ob sie schliefe. Der kräftige Pfleger kam, um den Körper aus dem Käfig zu holen, aber Aaron klammerte sich an ihn und weigerte sich, ihn zu berühren. Ich nahm den kleinen Trauernden in meine Arme, aber er beobachtete den Pfleger eifersüchtig und wollte nicht, dass er den Körper entfernte oder störte. Er wurde auf ein Strohbündel vor dem Käfig gelegt und an seinen Platz zurückgebracht, aber er klammerte sich so fest an mich, dass es schwierig war, seinen Griff zu lösen. Er weinte in jämmerlichem Ton und machte sich Sorgen, als ob er das Schlimmste befürchtete. Dann wurde die Leiche weggebracht, aber der arme kleine Aaron wurde nicht getröstet. Wie habe ich ihn bemitleidet! Wie sehr wünschte ich mir, dass er wieder in seinem Heimatland wäre, wo er Freunde aus seinem Volk finden könnte!

Danach hing er mehr denn je an mir. Wenn ich ihn besuchte, war er in meiner Gegenwart glücklich und fröhlich; aber der Pfleger sagte, dass er in meiner Abwesenheit oft düster und missmutig war. Solange er mich sehen oder meine Stimme hören konnte, war er unruhig und weinte, dass ich zu ihm kommen sollte. Wenn ich ihn verlassen hatte, schrie er so lange, wie er die Hoffnung hatte, mich zur Rückkehr zu bewegen.

Ein paar Tage nach dem Tod von Elisheba setzte der Tierpfleger einen jungen Affen zu ihm in den Käfig, um ihm Gesellschaft zu leisten. Dieser verschaffte ihm eine gewisse Erleichterung von der Eintönigkeit seiner eigenen Gesellschaft, konnte aber nie ganz den Platz des verlorenen Affen einnehmen. Mit diesem kleinen Freund amüsierte er sich jedoch auf vielerlei Weise. Er pflegte ihn so eifrig und umarmte ihn so fest, dass der arme kleine Affe oft froh war, ihm zu entkommen, um sich auszuruhen. Aber die Aufgabe, es wieder einzufangen, bereitete ihm fast ebenso viel Vergnügen wie die Pflege des Tieres.

So verbrachte er einige Wochen; dann wurde er von einer plötzlichen Erkältung befallen, die sich innerhalb weniger Tage zu einer akuten Lungenentzündung entwickelte. Ich befand mich zu dieser Zeit in London und wusste nichts von seiner Krankheit; da ich mir jedoch Sorgen um ihn machte, schrieb ich an Dr. Cross, in dessen Obhut er sich befand, und erhielt eine Antwort, in der stand, dass Aaron sehr krank sei und voraussichtlich nicht mehr lange leben würde. Ich bereitete mich darauf vor, ihn am nächsten Tag zu besuchen, aber kurz bevor ich das Hotel verließ, erhielt ich ein Telegramm, in dem mir mitgeteilt wurde, dass er tot sei. Die im Brief enthaltene Nachricht war für mich ein größerer Schock als die im Telegramm, auf die mich das Telegramm zum Teil vorbereitet hatte; aber niemand kann sich vorstellen, wie tief mich diese Hiobsbotschaft getroffen hat. Ich konnte mich nicht dazu durchringen, die Tatsache zu begreifen. Ich war nicht bereit zu glauben, dass ich auf diese Weise meines treuen Freundes beraubt worden war. Ich konnte nicht begreifen, dass das Schicksal so grausam zu mir sein konnte; aber leider war es wahr.

Da ich weder während seiner kurzen Krankheit noch zum Zeitpunkt seines Todes anwesend war, kann ich keine der begleitenden Szenen schildern; aber der freundliche alte Pfleger, der ihn betreute, erklärt, dass er sich nie mit dem Tod von Elisheba versöhnen konnte und dass ihn seine Einsamkeit fast ebenso sehr quälte wie die Krankheit. Als ich seinen kalten, leblosen Körper betrachtete, spürte ich, dass ich in der Tat eines der liebsten und treuesten Haustiere verloren hatte, das je ein Sterblicher gekannt hatte. Seine Treue zu mir hatte sich auf hundertfache Weise gezeigt, und seine Zuneigung war nie ins Wanken geraten. Wie könnte man eine solche Integrität mit etwas Unfreundlichem vergelten?

Diejenigen, die die höheren Instinkte der Menschlichkeit besitzen, werden es nicht für abwegig halten, wenn ich gestehe, dass das Verhalten dieser Geschöpfe in mir ein Gefühl erweckte, das erhabener war als ein bloßes Gefühl der Güte. Es berührte irgendeinen Akkord der Natur, der einen reicheren Ton hervorbringt. Aber nur diejenigen, die solche Haustiere gekannt haben, wie ich sie gekannt habe, können ihnen gegenüber so empfinden, wie ich es getan habe.

Ich habe nicht den Wunsch, das ruhige Urteil zu beeinflussen oder das Gefühl dessen zu bestechen, der die Liebe zur Natur verachtet, indem ich diese bescheidenen Geschöpfe in das Gewand menschlicher Würde kleide; aber demjenigen, der nicht so von Selbstüberheblichkeit durchdrungen ist, dass er blind für alle Beweise und taub für jede Vernunft ist, muss es erscheinen, dass sie mit Fähigkeiten und Leidenschaften ausgestattet sind, die denen des Menschen gleichen; sie unterscheiden sich im Grad, aber nicht in der Art. Wer könnte bei einer solchen Überzeugung nicht Mitleid mit dem armen, einsamen Gefangenen haben, der in seiner eisernen Zelle, weit weg von seinem Heimatland, langsam stirbt? Es mag eine bloße Laune der Gefühle sein, dass ich bedauere, nicht bei ihm gewesen zu sein, um seine letzten

Stunden zu lindern und zu trösten, aber ich bedauere es zutiefst. Er hatte das Recht, es von mir zu erwarten, als eine Pflicht.

Armer kleiner Aaron! In der kurzen Zeitspanne eines halben Jahres hatte er gesehen, wie seine eigene Mutter von den grausamen Jägern getötet wurde; er war ergriffen und in die Gefangenschaft verkauft worden; er hatte gesehen, wie die letzte Fackel des Lebens aus dem schwachen Körper von Mose erlosch; er hatte beobachtet, wie der Dämon des Todes seine kalten Fesseln an Elisheba band; und nun war er selbst durch die tiefen Schatten dieser Prüfung gegangen. Was für eine traurige und gewaltige Erfahrung für ein kurzes Jahr! Er hatte mit mir die Mühen und Gefahren zu Wasser und zu Lande über viele müde Meilen geteilt. Er schien zu spüren, dass der Tod seiner beiden Freunde ein gemeinsamer Verlust für uns war; und wenn es etwas gibt, das mehr als alles andere das Netz der Sympathie um zwei fremde Herzen knüpft, dann ist es die Erfahrung eines gemeinsamen Leids.

So endete die Karriere meines Kulu-Kamba-Freundes, des letzten meiner Schimpansen-Haustiere. In ihm steckten viele gehegte Hoffnungen; aber sie gingen nicht mit ihm unter, denn ich werde eines Tages einen anderen seiner Art finden, in dem ich alles verwirklichen kann, was ich mir von ihm erhofft hatte. Ich kann nicht erwarten, ein Exemplar mit besseren Eigenschaften zu finden, denn er war sicherlich einer der lustigsten und einer der klügsten seiner Rasse. Wie fein und intelligent sein Nachfolger auch sein mag, er kann in meiner Zuneigung weder Moses noch Aaron verdrängen; denn diese beiden kleinen Helden teilten mit mir so viele traurige Wechselfälle der Zeit und des Schicksals, dass ich undankbar wäre, sie zu vergessen oder zuzulassen, dass die Taten anderer den Ruhm ihrer Erinnerung trüben. Ich habe sie alle aufbewahrt, und wenn ich sie ansehe, kommt die Vergangenheit zu mir zurück, und ich erinnere mich so lebhaft an die Szenen, in denen sie die Hauptrollen spielten; es ist wie das Panorama ihres Lebens.

KAPITEL XVIII

*Andere Schimpansen - Das Haustier im Dorf - Ein Schimpanse als
Esser - Bemerkenswerte Exemplare in Gefangenschaft*

Unter den Schimpansen, die ich gesehen habe, gibt es einige, deren Handlungen es wert sind, aufgezeichnet zu werden; aber da viele von ihnen die Wiederholungen ähnlicher Handlungen anderer Exemplare waren, die an anderer Stelle beschrieben werden, werde ich sie nicht erwähnen und nur solche Handlungen berichten, die dazu beitragen können, den Kreis unseres Wissens zu erweitern und die geistige Bandbreite dieses interessanten Affenstammes besser zu veranschaulichen.

Auf der Durchreise durch das Land des Esyira-Stammes kam ich zu einem kleinen Dorf, wo ich eine Pause einlegte. Als ich den offenen Platz zwischen zwei Reihen von Bambushütten betrat, sah ich am gegenüberliegenden Ende des Platzes eine Gruppe von Eingeborenenkindern, unter denen sich ein schöner großer Schimpanse befand, der mit ihnen spielte. Als sie die Anwesenheit eines weißen Mannes in der Stadt entdeckten, verließen sie ihr Spiel und kamen zu mir, um mich zu inspizieren. Auch der Affe kam, und er zeigte genauso viel Interesse an der Angelegenheit wie alle anderen. Ich saß auf einem Eingeborenenstuhl vor der Hütte des Königs, und die Leute standen wie üblich in respektvollem Abstand um mich herum und schauten mich an, als wäre ich ein wildes Tier, das im Dschungel gefangen wurde.

Der Affe war sich bewusst, dass ich kein vertrautes Wesen war, und er schien im Zweifel zu sein, wie er sich mir gegenüber verhalten sollte. Er setzte sich zwischen die Menschen auf den Boden und starrte mich verwundert an, wobei er von Zeit zu Zeit einen Blick auf die Umstehenden warf, als wolle er sich vergewissern, was sie von mir

Abb. 19: Eingeborenendorf, Inneres von Nyanza (Nach einer Fotografie.)

hielten. Als sie mit ihrem Anblick zufrieden waren, zog sich einer nach dem anderen zurück, bis die meisten von ihnen gegangen waren; der Affe aber blieb. Er wechselte ein paar Mal seinen Platz, aber nur, um eine bessere Sicht zu bekommen. Die Leute amüsierten sich über sein Verhalten, aber niemand belästigte ihn.

Schließlich sprach ich ihn in seiner eigenen Sprache an, mit dem Laut, mit dem sie sich gegenseitig rufen. Er sah aus, als ob er wüsste, was das bedeutet, aber er antwortete nicht. Ich wiederholte den Laut, und er erhob sich und stellte sich auf die Füße, als ob er zu mir kommen wollte. Ich wiederholte den Ruf, und er kam ein paar Schritte näher, wich aber zur Seite aus, als wolle er mich flankieren und hinter mich kommen. Er blieb wieder stehen, um zu schauen, und ich wiederholte das Wort, woraufhin er sich meiner rechten Seite näherte und begann, meine Kleidung zu untersuchen. Er zupfte ein paar Mal an meinem Mantelärmel, dann an meinem Hosenbein und an der Spitze meines Stiefels. Für einen Fremden wurde er ziemlich vertraut, aber ich fühlte mich schuldig, dass ich ihm die Erlaubnis dazu gegeben hatte. Eine Weile setzte er seine Untersuchungen fort, dann legte er absichtlich seine linke Hand auf meine rechte Schulter, seinen rechten Fuß auf mein Knie und kletterte auf meinen Schoß. Nun begann er, meinen Helm, meine Ohren, meine Nase, mein Kinn und meinen Mund zu untersuchen. Er wurde etwas grob, und ich versuchte, ihn von meinem Schoß herunterzuholen, aber er war nicht bereit, zu gehen. Schließlich sagte ich meinem Jungen, der als Dolmetscher fungierte, er solle den Eingeborenen sagen, sie sollten kommen und den Affen mitnehmen. Das amüsierte sie sehr, denn sie sahen, dass ich größer war als der Affe, und dachten, ich müsste ihn deshalb selbst erledigen. Sie willigten ein, aber der Affe weigerte sich zu gehen, bis sich einer der Männer der Stadt einmischte und ihn zwang, es zu tun.

Als er von meinem Schoß herunterkam, forderte ihn einer der Jungen zum Spielen auf. Er nahm die Herausforderung an und rannte hinter dem Jungen her, bis sie das Ende des offenen Platzes zwischen den Häusern erreichten, als der Junge auf den Boden fiel und der Affe auf ihn. Sie wälzten sich eine Zeit lang auf dem Boden und suhlten sich. Dann befreite sich der Affe und rannte zum anderen Ende der Lücke, während der Junge ihm nachlief. Als sie das Ende der Straße erreichten, fielen sie erneut übereinander, und es kam zu einem weiteren Handgemenge. Es war deutlich zu sehen, dass der Junge viel schneller laufen konnte als der Affe, aber der Affe versuchte nicht, ihm zu entkommen. Die anderen Kinder drängten sich um die beiden herum oder folgten ihnen, schauten zu und lachten und schrien aus vollem Halse. Erst kam ein Junge, dann ein anderer an die Reihe, aber der Affe verlor nicht das Interesse an mir. Von Zeit zu Zeit blieb er stehen, um sich noch einmal umzusehen, aber er versuchte nicht, auf meinen Schoß zu steigen.

Die Kinder versuchten vergeblich, ihn zum Weiterspielen zu bewegen, aber er lehnte entschieden ab und saß da wie ein müder Athlet, der sich mit einem Bambussplitter, den er von der Hauswand abgerissen hatte, die Zähne fletschte. Sein Verhalten glich dem der Kinder, mit denen er spielte, so sehr, dass man ihn nicht von ihnen hätte unterscheiden können, außer an seinem Körperbau. Er hatte genauso viel Spaß am Spiel wie sie und zeigte, dass er wusste, wie er sich einen Vorteil gegenüber seinem Gegner verschaffen oder ihn ausnutzen konnte. In einem Handgemenge war er stärker und aktiver als die Jungen, aber im Rennen waren sie die Flinkeren. Er schrie und brüllte vor Freude und schien in jeder Hinsicht in den Geist des Spaßes einzutreten.

Dieser Affe war etwa fünf Jahre alt, und aus seiner Geschichte, die mir erzählt wurde, ging hervor, dass er, als er noch sehr jung war, in den Wäldern in der Nähe dieses Ortes gefangen worden war und seitdem im Dorf gelebt hatte. Er war der ständige Spielkamerad der Kinder, aß mit ihnen und schlief in denselben Häusern wie sie. Er war völlig zahm und harmlos; er kannte jeden im Dorf beim Namen und wusste auch seinen eigenen Namen.

Der Sohn des Königs, zu dem er gehörte, versicherte mir, dass der Affe sprechen könne und dass er selbst verstehen könne, was das Tier sagte; aber er weigerte sich, meiner Bitte nachzukommen, es zu hören. Er rief jedoch den Affen beim Namen und sagte ihm, er solle kommen, und der Affe gehorchte. Der Mann gab ihm dann einen langhalsigen Kürbis und sagte ihm, er solle zur Quelle gehen und Wasser holen. Das Tier zögerte, aber nachdem der Befehl zwei- oder dreimal wiederholt worden war, gehorchte es zögernd. Nach ein paar Minuten kehrte es mit der Kalebasse zurück, die etwa zur Hälfte mit Wasser gefüllt war. Beim Tragen des Gefäßes hielt er es am Hals fest, aber dadurch konnte er eine Hand nicht mehr benutzen. Er watschelte auf den Füßen weiter, wobei er die andere Hand benutzte, aber ab und zu stellte er den Kürbis auf den Boden, wobei er ihn immer noch festhielt und ihn wie einen kurzen Stock benutzte. Als er seinem Herrn die Kalebasse mit dem Wasser überreichte, zeigte er, dass er wusste, dass er etwas Gescheites getan hatte.

Ich äußerte den Wunsch, zu sehen, wie er die Kalebasse an der Quelle füllt. Das Wasser wurde dann ausgeleert, und der Kürbis wurde ihm wieder gegeben. Bei dieser Gelegenheit folgten wir ihm zu der Stelle, wo er das Wasser holte. Als er dort ankam, beugte er sich über die Quelle und drückte den Kürbis in das Wasser, aber die Öffnung war nach unten gebogen, so dass das Wasser nicht hineinfließen konnte. Als er die Kalebasse heraushob, drehte sie sich zur Seite, und eine kleine Menge floss in sie hinein. Er wiederholte den Vorgang mehrere Male und schien zu wissen, wie er vorgehen musste, obwohl er sich dabei sehr ungeschickt anstellte. Jedes Mal, wenn das Wasser in der Öffnung des Kürbisses sprudelte, tauchte er ihn wieder zurück und war sich offensichtlich bewusst, dass er nicht gefüllt war. Schließlich hob er das Gefäß an, drehte sich um und bot es seinem Herrn an, der es aber ablehnte, es ihm abzunehmen. Wir drehten uns um, um in die Stadt zurückzukehren, und der Affe folgte uns mit der Kalebasse, aber auf dem ganzen Weg murmelte er immer wieder einen klagenden Laut.

Als nächstes wurde er an den Waldrand geschickt, um Brennholz zu holen. Er war nur ein paar Minuten gegangen, als er mit einem kleinen Ast aus totem Holz zurückkam, den er vom Boden aufgesammelt hatte. Er wurde erneut losgeschickt, zusammen mit drei oder vier Kindern. Als er dieses Mal zurückkam, hatte er drei

Stöcke in der Hand. Der Mann erklärte mir, dass der Affe, wenn er allein unterwegs war, immer nur einen Zweig mitbrachte, der manchmal nicht größer war als ein Bleistift; wenn aber die Kinder mit ihm gingen und Holz mitbrachten, brachte er so viel mit, wie er mit einer Hand fassen konnte. Er erzählte mir auch, dass das Tier sich auf den Boden setzte und die Stöcke auf dieselbe Weise wie die Kinder über einen Arm legte, sie aber immer wieder fallen ließ, wenn es aufstand. Dann schnappte es sich, was es in einer Hand halten konnte, und brachte es mit. Der Mann sagte auch, dass der Affe, wenn er einen einzelnen Stock trug, immer nur die Hand benutzte, in der er ihn hielt; wenn er aber drei oder vier Stöcke hatte, krümmte er immer seinen Arm nach innen, hielt das Holz an seine Seite und humpelte mit seinen Füßen und der anderen Hand weiter.

Die nächste Sache, mit der mich der Mann unterhielt, war, den Affen zu schicken, um jemanden im Dorf zu rufen. Zuerst schickte er ihn, um eine gewisse Frau des Mannes zu holen. Sie befand sich einige Türen entfernt von dem Ort, an dem wir saßen. Der Affe ging zu dem einen Haus, setzte sich für einen Moment an die Tür, schaute hinein und ging dann langsam zum nächsten Haus, das er betrat. Innerhalb einer Minute erschien er an der Tür, hielt das Tuch, das die Frau trug, um sie gebunden und führte sie auf diese Weise zu seinem Herrn. Als nächstes wurde er geschickt, um einen bestimmten Jungen zu holen. Dies tat er auf ähnliche Weise, nur dass der Junge keinerlei Kleidung trug und der Affe ihn am Bein festhielt.

Während all dieser Kunststücke sprach der Mann mit ihm, soweit ich das beurteilen konnte, nur in der einheimischen Sprache, obwohl er mir erklärte, dass einige der Wörter, die er benutzt hatte, aus der Sprache des Affen stammten. Er sagte jedoch, dass viele Wörter, die der Affe kannte, aus der Sprache der Eingeborenen stammten, und dass der Affe keine solchen Wörter in seiner Sprache hatte. Eine Sache, die mich besonders beeindruckte, war ein Laut, den ich an anderer Stelle als "gut" oder "Zufriedenheit" beschrieben habe und von dem dieser Mann sagte, er sei das Wort, das diese Affen für "Mutter" verwenden. Mein eigener Diener hatte mir dasselbe gesagt, aber ich bin immer noch der Meinung, dass sie sich in der Bedeutung des Lautes irren, obwohl er fast genau dasselbe ist wie das Wort für Mutter in der Sprache der Eingeborenen. Da der Unterschied nur im Vokal besteht, ist es möglich, dass das Wort beide Bedeutungen haben kann, das gebe ich zu. Wenig später kam eine der Frauen an die Tür eines Hauses und sagte in der Sprache der Eingeborenen, dass es etwas zu essen gäbe, woraufhin die Kinder und der Affe sofort aufbrachen. In der Zwischenzeit stellte sie vor dem Haus einen irdenen Topf mit gekochten Kochbananen auf, aus dem sich alle Kinder und auch der Affe bedienten. Kurzum, der Affe war ein Teil der Familie und wurde von allen in der Stadt als solcher angesehen. Ich weiß nicht, inwieweit diese Eingeborenen mit meiner Leichtgläubigkeit gespielt haben, aber soweit ich es erkennen konnte, wurden ihre Aussagen über das Tier bestätigt.

Ich schlug vor, den Affen zu kaufen, aber der geforderte Preis war fast doppelt so hoch wie der für einen Sklaven. Ich hätte jedes Kind in der Stadt für einen geringeren Preis kaufen können. Ich habe nie einen anderen Schimpansen gesehen, den ich so sehr begehrte. Aufrecht stehend war er fast einen Meter groß, kräftig gebaut und gut proportioniert. Er befand sich in einem guten, gesunden Zustand und in der Blüte seines Lebens. Sein Gesicht war nicht besonders schön, aber sein Haar hatte eine gute Farbe und Struktur. Er war von der gewöhnlichen Sorte, aber ein schönes Exemplar.

Herr Otto Handmann, der frühere deutsche Konsul in Gabun, hatte ein sehr schönes Exemplar dieser Schimpansenart. Er war eine raue, stämmige Kreatur, aber er war gut gelaunt und hatte in seinem Gesicht einen Blick der Weisheit, der fast komisch war. Er war einige Monate lang Gefangener in einer einheimischen Stadt gewesen, und in dieser Zeit war er recht zahm und fügsam geworden. Von Natur aus war er nicht humorvoll, aber er schien einen Sinn für Spaß zu entwickeln, je älter er wurde und je vertrauter er mit den Umgangsformen der Menschen wurde.

Nach meiner Rückkehr aus dem Landesinneren wurde ich vom Konsul eingeladen, mit ihm und einigen Freunden zu frühstücken; wegen einer früheren Verabredung konnte ich jedoch nicht dabei sein. Einer der Gäste schlug vor, dass der Schimpanse meinen freien Platz am Tisch einnehmen sollte. Er wurde in den Raum gebracht und durfte den Platz einnehmen. Er benahm sich mit angemessener Ernsthaftigkeit und war in der Gegenwart so vieler Gäste nicht verlegen. Ihm wurden die Dinge serviert, die ihm am besten schmeckten, und sein Benehmen war so, dass alle Anwesenden sich amüsierten. Auf den Vorschlag, einen Toast auszusprechen, schlugen alle Gäste mit den Händen auf den Tisch, und der Schimpanse schloss sich dem mit sichtlicher Freude an. Nach einigen Runden dieser Art versäumte es einer der Gäste, der auf dem Platz neben dem Schimpansen saß, mit den üblichen Schlägen zu antworten; der Schimpanse bemerkte dies, wandte sich dem Gast zu und begann, ihn zu krallen, zu schreien und auf den Rücken und den Arm zu schlagen, bis der Herr mit dem Schlagen fortfuhr; daraufhin nahm der Affe seinen Platz wieder ein und stimmte in den Beifall ein. Bei dieser Gelegenheit schlug er sich achtbar, aber eine Stunde später war er in Ungnade gefallen, weil er Bier getrunken hatte, bis er wirklich betrunken war, worauf er ungeschickt vom Stuhl kletterte, unter den Tisch kroch und einschlief.

Einer der Angestellten des Konsuls besaß ein schönes Exemplar dieser Art. Es war ein Weibchen, vielleicht zwei Jahre jünger als das soeben beschriebene, aber ebenso dem Biertrinken zugetan. Bei den Menschen an der Küste ist es üblich, einem Gast etwas zu trinken anzubieten, und bei solchen Gelegenheiten erwartete diese junge Affendame immer, dass sie mit den anderen teilnahm. Wenn sie beim Einschenken des Biers übersehen wurde, beschwerte sie sich immer, bis sie ihr Glas bekam. Wurde es ihr nicht gegeben, ging sie von einem zum anderen, streckte die Hand aus und bettelte um einen Schluck. Wenn sie es nicht bekam, lauerte sie auf eine Gelegenheit, und während der Gast nicht hinsah, griff sie heimlich nach seinem Glas, nahm es vom Tisch, trank es aus und stellte es wieder an seinen Platz. Sie tat dies bei jedem Gast, bis sie das letzte Glas genommen hatte; wurde ihr jedoch ein

Glas gleichzeitig mit den anderen gereicht, begnügte sie sich damit und machte keinen Versuch, das Glas eines anderen zu stehlen. Dabei bewies sie eine Geschicklichkeit und Vorsicht, die eines geübten Diebes würdig war; sie versteckte sich unter dem Tisch oder hinter einem Stuhl und lauerte auf ihre Chance. Sie machte keinen Versuch, das Glas zu stehlen, während es beobachtet wurde, aber in dem Moment, in dem sie entdeckte, dass sie nicht beobachtet wurde oder dachte, dass sie nicht beobachtet wurde, wurde der Diebstahl begangen.

Ihr Herr gab ihr oft ein Glas und eine Flasche Bier, damit sie sich selbst bedienen konnte. Sie konnte das Bier mit viel Geschick einschenken. Sie verschüttete oft etwas davon und füllte das Glas manchmal bis zum Überlaufen, aber sie stellte die Flasche immer mit dem rechten Ende nach oben, hob das Glas mit beiden Händen an, leerte es und füllte es wieder auf, solange noch etwas in der Flasche war. Sie konnte auch aus der Flasche trinken und griff zu dieser Methode, wenn man ihr kein Glas gab. Sie konnte eine leere Flasche von einer Flasche mit Bier unterscheiden. Ich möchte an dieser Stelle anmerken, dass ich mindestens fünf oder sechs Schimpansen gekannt habe, die gerne Bier tranken, und wann immer sie es bekommen konnten, tranken sie, bis sie betrunken waren. Soweit mir bekannt ist, habe ich noch nie einen gesehen, der Spirituosen getrunken hätte.

Dieser Affe hing sehr an seinem Herrn, folgte ihm und weinte ihm nach wie ein Kind. Sie war liebevoll zu ihm, aber sie war so sehr von Fremden geärgert worden, dass ihr Temperament verdorben und sie reizbar war.

Als ich an der Südseite des Izanga-Sees ankam, fand ich einen jungen Schimpansen im Haus eines weißen Händlers. Er war an einem Pfosten im Hof angebunden, wo er von den Eingeborenen, die zum Handel kamen, belästigt wurde. Als ich mich ihm zum ersten Mal näherte, sprach ich ihn in seiner eigenen Sprache an und benutzte das Wort für Essen. Er erkannte den Laut sofort und reagierte darauf. Als ich näher kam, bewegte es sich so weit auf mich zu, wie es die Schnur, mit der es gefesselt war, zuließ. Aufrecht stehend und die Hände ausstreckend, wiederholte es den Laut zwei oder drei Mal. Ich gab ihm etwas getrockneten Fisch. Es aß ihn mit Genuss, und wir wurden sofort Freunde. Sein Herrchen erlaubte mir, es freizulassen, unter der Bedingung, dass ich es nicht entkommen lassen würde. Ich löste die Schnur und nahm den kleinen Gefangenen in meine Arme. Es legte seine Arme um meinen Hals, als wäre ich der einzige Freund, den es auf Erden hatte. Es klammerte sich an mich und wollte nicht zulassen, dass ich es verließ. Ich konnte das arme, vernachlässigte Geschöpf nur bemitleiden. Da lag es, angebunden in der heißen Sonne, hungrig, einsam und den Qualen jedes herzlosen Eingeborenen ausgesetzt, der es ärgern wollte. Wenn es nicht in meinen Armen lag, folgte es mir und ließ mich nicht einen Moment lang los. Sein Herr kümmerte sich nur wenig um es und überließ es der Obhut seines Jungen, der wie alle anderen Eingeborenen keinen Gedanken an das Wohlergehen irgendeiner Kreatur außer ihm selbst verschwendete. Ich versuchte, es zu kaufen, aber der Preis war zu hoch, und nach zwei Tagen war unsere Freundschaft für immer beendet. Aber ich war froh, als ich bald darauf erfuhr, dass ein anderer Händler es heimlich freigelassen hatte und in den Wald entkommen ließ. Der Mann, der dies tat, sagte mir, dass er es aus Barmherzigkeit tat. Ich erinnere mich oft an diesen kleinen Gefangenen und bin immer froh, dass er von einem humanen Freund freigelassen wurde. Was auch immer sein Schicksal im Wald gewesen sein mag, es hätte nicht schlimmer sein können, als eingesperrt, ausgehungert und gequält zu werden, wie er es in der Gefangenschaft war.

Ein weiteres kleines Exemplar, das ich in Gaboon sah, war nur aus einem Grund von Interesse: Es war von einer bei den Eingeborenen weit verbreiteten eruptiven Krankheit befallen. Diese Krankheit wird craw-craw oder kra-kra genannt. Es heißt, dass sie vom Wasser ausgeht, entweder durch äußere oder innere Einnahme dieser Flüssigkeit. Dieses Tier war auf die gleiche Weise und an den gleichen Körperteilen infiziert wie der Mensch und ist ein weiteres Beispiel dafür, dass Affen von den gleichen Krankheiten betroffen sind wie der Mensch. Das Exemplar selbst veranschaulichte auch den Unterschied im Intellekt dieser Tiere, denn es hatte einen Ausdruck von geistiger Schwäche im Gesicht, und jede Handlung bestätigte diese Tatsache. Es war still, untätig und stumpfsinnig.

Während meines Aufenthalts im Käfig habe ich weniger Schimpansen als Gorillas gesehen, aber von denen, die ich gesehen habe, konnte ich leicht feststellen, dass sie viel weniger scheu und furchtsam sind als die Gorillas.

Einmal hörte ich einen Schimpansen im Busch, der nicht weit vom Käfig entfernt war. Ich rief ihn mit dem üblichen Ton. Er antwortete, kam aber nicht zum Käfig. Wahrscheinlich konnte er ihn sehen und hatte Angst vor ihm. Ich versuchte, Moses dazu zu bewegen, ihn zu rufen, und er stieß einmal den Laut aus; aber er schien den Versuch zu bereuen. Ich rief erneut, und der Fremde antwortete, und aus der Art und Weise, wie Moses sich verhielt, war ersichtlich, dass der Ruf verstanden worden war. Moses versuchte nicht, erneut zu rufen, sondern klammerte sich an meinen Hals und vergrub sein Gesicht unter meinem Kinn. Wahrscheinlich war es Eifersucht, die ihn dazu veranlasste, sich zu weigern, denn er wollte nicht, dass der andere meine Aufmerksamkeiten teilte. Ich ließ das Futter erklingen, aber ich konnte den Besucher nicht dazu bewegen, näher zu kommen. Ich konnte ihn nicht sehen, um zu sagen, wie groß er war, aber anhand seiner Stimme schätzte ich, dass er etwa ausgewachsen sein musste. Ob er ganz allein war oder nicht, konnte ich nicht sagen; aber nur die eine Stimme war zu hören.

Ein anderes Mal, als ich ganz allein saß, erschien ein junger Schimpanse, vielleicht fünf oder sechs Jahre alt, am Rande einer kleinen Öffnung im Busch. Er zupfte eine Knospe oder ein Blatt von einer kleinen Pflanze ab. Er hielt sie an seine Nase und roch daran. Er pflückte drei oder vier Knospen verschiedener Arten, von denen er eine oder zwei in den Mund nahm. Er drehte die toten Blätter, die auf dem Boden lagen, zur Seite, als ob er erwartete, etwas darunter zu finden. Ich sprach ihn mit dem Ruflaut an; er wandte sofort seine Augen zu mir, antwortete aber nicht. Ich stieß das Futtergeräusch aus, woraufhin er antwortete, sich aber nicht bewegte. Er zeigte keine Anzeichen von Angst und nur wenig von Überraschung. Er betrachtete den Käfig und mich. Ich wiederholte das Geräusch zwei- oder dreimal. Er weigerte sich, noch näher zu kommen. Einen Moment lang drehte er den Kopf hin und her, als wüsste er nicht, wohin er gehen sollte, dann drehte er sich zur Seite und verschwand im Gebüsch. Er rannte nicht weg, als hätte er große Angst, aber am Geräusch der zitternden Büsche konnte man erkennen, dass er seine Geschwindigkeit erhöhte, nachdem er einmal aus dem Blickfeld verschwunden war.

Eines Tages machte ich mit Moses und dem Jungen einen Spaziergang. Als wir zum Käfig zurückkehrten, sahen wir einen etwa halbwüchsigen Schimpansen, der etwa dreißig Meter von uns entfernt einen holprigen kleinen Pfad überquerte. Er hielt einen Moment inne, um uns zu betrachten, und wir blieben stehen. Ich versuchte, Moses dazu zu bewegen, ihm etwas zuzurufen, aber er weigerte sich, dies zu tun. Als der Fremde sich zur Seite drehte, rief ich ihn selbst, aber er blieb weder stehen noch antwortete er. Dieser schien ganz braun zu sein, aber der Junge versicherte mir, dass das Haar tiefschwarz sei und dass die helle Haut den Anschein von Braun erwecke. Um mich zu vergewissern, ließ ich Moses in die gleiche Haltung und Position bringen, und als ich ihn aus der gleichen Entfernung betrachtete, war ich überzeugt, dass der Junge Recht hatte.

Eines Morgens, als ich mit Moses spazieren ging, waren wir nur etwa vierzig Meter vom Käfig entfernt, als er ein warnendes Geräusch machte. Ich blickte sofort auf und sah einen großen Schimpansen im Busch stehen, nicht mehr als zwanzig Meter entfernt. Ich hielt inne, um ihn zu beobachten. Er stand einen Moment lang da und sah uns direkt an. Ich sprach ihn an, aber er antwortete nicht; er entfernte sich in einer Linie fast parallel zu dem kleinen Pfad, auf dem wir uns befanden, und ich kehrte zum Käfig zurück. Er kam nicht näher zu uns, sondern hielt seinen Weg fast parallel zu unserem. Von Zeit zu Zeit drehte er den Kopf, um sich umzusehen, gab aber keine Anzeichen eines Angriffs. Ich rief mehrmals nach ihm, aber er antwortete nicht. Als ich eine Stelle vor dem Käfig erreicht hatte, rief ich erneut, und nach einigen Sekunden blieb er stehen. Zu diesem Zeitpunkt war er bereits nicht mehr zu sehen. Er hielt nur einen Moment inne, änderte seinen Kurs und setzte seine Reise fort. Dies war der größte Schimpanse, den ich im Wald gesehen habe. Einmal, als ich im Käfig saß, hörte ich ein Geräusch, das sich in einer Entfernung von etwa zwanzig Metern durch den Busch bewegte; kurz darauf kam ein Schimpanse in Sicht. Als er in der Nähe den Weg überquerte, rief ich drei- oder viermal, aber er blieb weder stehen noch antwortete er. Soweit ich das beurteilen konnte, schien es ein Weibchen zu sein und ziemlich groß.

Bei dieser Gelegenheit möchte ich anmerken, dass der Schimpanse zwar meist in großen Familienverbänden vorkommt, wovon ich aufgrund der Berichte der Eingeborenen und der Erzählungen der Weißen überzeugt bin, aber ich habe noch nie eine Familie von ihnen zusammen sehen können. Jeder von ihnen, den ich erwähnt habe, war, soweit ich das beurteilen konnte, ganz allein. Ob die anderen in gleicher Weise durch den Wald verstreut waren, auf der Jagd nach Nahrung, und danach alle zusammenkamen, kann ich nicht sagen.

Erwähnenswert ist auch die Tatsache, dass diese beiden Affenarten, der Schimpanse und der Gorilla, im selben Wald leben, und ich habe zweimal am selben Tag beide Arten gesehen. Dies steht im Gegensatz zu der weit verbreiteten Vorstellung, dass sie nicht im selben Dschungel leben. Es scheint, dass es dort, wo es eine große Anzahl der einen Art gibt, nur wenige der anderen gibt. Die Eingeborenen sagen, dass im Kampf zwischen Schimpanse und Gorilla immer der Schimpanse der Sieger ist und der Gorilla den Schimpansen deshalb fürchtet. Ich glaube, dass dies stimmt, denn der Schimpanse ist zwar nicht so stark wie der Gorilla, aber aktiver und intelligenter.

Der Schimpanse wird sich dem Menschen nicht nähern oder ihn angreifen, wenn er es vermeiden kann, aber er schreckt auch nicht vor ihm zurück, wie es der Gorilla tut. Ein Beispiel, das diese Phase seines Charakters veranschaulicht, möchte ich erzählen. Kürzlich, als ich an der Küste war, ging ein Eingeborenenjunge über eine kleine Ebene in der Nähe der Handelsstation. Bei ihm war ein Hund, der dem weißen Händler des Ortes gehörte. Der Hund war dem Jungen voraus, und als dieser aus einem kleinen Busch auftauchte, hörte er den Hund spielerisch bellen und entdeckte ihn nicht weiter als dreißig Meter entfernt, wie er mit einem Schimpansen, der fünf oder sechs Jahre alt zu sein schien, herumtänzelte, sprang und fröhlich bellte. Der Affe stand auf dem Weg, auf dem der Junge ging. Er schlug mit den Händen nach dem Hund und schien keinen Spaß daran zu haben, aber er nahm es ihm auch nicht übel. Der Hund dachte, der Affe spiele mit ihm, und er nahm das Ganze aus Spaß hin. Der Junge sah ihnen einige Augenblicke lang nach und zog sich dann zurück. Kaum war er verschwunden, ließ der Hund von ihm ab und folgte ihm ins Haus. Der Junge hatte Angst vor dem Affen und machte keinen Versuch, ihn zu fangen. Der Affe wurde von dem Hund und dem Jungen überrascht und hatte daher keine Zeit zu fliehen. Er schlug nicht zu, um den Hund zu verletzen, sondern nur, um ihn abzuwehren. Der Hund versuchte nicht, den Affen zu beißen, sondern sprang an ihm hoch und brachte ihn aus dem Gleichgewicht, was ihn ärgerte. Der Affe schien nicht zu verstehen, was der Hund meinte.

Ich werde nicht die Affen beschreiben, die in Gefangenschaft gehalten wurden und gut bekannt sind, aber ich werde einige von ihnen erwähnen. Das größte Exemplar eines Schimpansen, das ich je gesehen habe, war Chico, der Herrn James A. Bailey aus New York gehörte. Er war vielleicht so groß, wie diese Affen jemals werden, obwohl er weniger als zehn Jahre alt war, als er starb.

Das vielleicht wertvollste Exemplar für wissenschaftliche Zwecke, das jemals in Gefangenschaft war, ist Johanna, die demselben Herrn gehört. Die Geschichte, die über sie erzählt wird, ist jedoch kaum in vollem Umfang zu glauben. Ihr Alter kann nicht mit Sicherheit bestimmt werden, aber es wird gesagt, dass sie etwa dreizehn Jahre alt ist. Ich habe Grund, dies zu bezweifeln, auch wenn ich es nicht mit Bestimmtheit leugnen kann. Was auch immer ihr genaues Alter sein mag, es ist sicher, dass sie jetzt einen vollständig erwachsenen Zustand erreicht hat. Sie ist so groß geworden, wie Chico zum Zeitpunkt seines Todes war. Sie hat kein freundliches Temperament, ist aber viel weniger bösartig als er es war. Sie trägt einige der Merkmale einer Kulu-Kamba.

Um meine Zweifel bezüglich des Alters von Johanna zu begründen, möchte ich anmerken, dass Chico kaum zehn Jahre alt war, als er starb, aber er hatte das Erwachsenenalter erreicht; und da die Männchen einer Gattung von Primaten diesen Zustand nicht früher erreichen als die Weibchen, ist es unwahrscheinlich, dass, da er mit zehn Jahren reif war, sie es erst mit zwölf war. An anderer Stelle behaupten ihre Entführer, sie innerhalb weniger Stunden nach ihrer Geburt gesehen zu haben, und geben an, dass sie sie und ihre Mutter von Zeit zu Zeit beobachteten, bis sie ein Jahr alt war. Dann töteten sie die Mutter und nahmen das Kind gefangen. Diese Behauptung ist absurd. Diese Affen sind Nomaden und werden selten zweimal am selben Ort gesehen. Sie behaupten, dass sie am 19. Januar geboren wurde, aber aus dem, was ich über diese Affen weiß, schließe ich, dass das nicht die Jahreszeit ist, in der sie gebären. Ich bezweifle, dass einer von ihnen jemals in diesem Monat geboren wurde. Wiederum wird behauptet, dass sie von portugiesischen Entdeckern im Kongo gefangen wurde, aber die Portugiesen besitzen entlang dieses Flusses kein Gebiet, in dem diese Affen jemals gefunden wurden. Sie beanspruchen das Gebiet um Kabinda, was darauf hindeuten würde, dass sie nicht aus dem Kongo, sondern aus dem Loango-Tal stammt; aber die Habgier der Durchschnittsportugiesen würde es niemals zulassen, dass etwas ein Jahr lang in Freiheit bleibt, wenn es vorher verkauft werden könnte.

Johanna wird eine hohe Intelligenz zugeschrieben, aber ich halte sie nicht für überdurchschnittlich intelligent. Seit dem Tod ihres Gefährten Chico erhält sie die alleinige Aufmerksamkeit ihres Pflegers und hat seither einige Dinge gelernt, die weder erstaunlich noch schwierig sind. Was den Intellekt betrifft, kann sie nicht als außergewöhnliches Exemplar ihres Stammes angesehen werden. Ich will ihren Ruf nicht schmälern, aber ich habe bei ihr keine hohen geistigen Qualitäten entdecken können.

Der Grund, warum Johanna als das wertvollste Exemplar für Studien angesehen werden kann, ist die Tatsache, dass sie das einzige weibliche Wesen ihrer Rasse ist, das in Gefangenschaft jemals den Zustand der Pubertät erreicht hat. Sie hat dies getan, und diese Tatsache ermöglicht es uns, bestimmte Dinge festzustellen, die bisher noch nie bekannt waren. Dies bietet den Zoologen eine Gelegenheit zur Untersuchung ihrer sexuellen Entwicklung, die sich vielleicht in den kommenden Jahren nicht mehr bieten wird. Unter diesem wichtigen Gesichtspunkt stellt sie die Studenten vor viele neue Probleme in diesem Zweig der Wissenschaft. Ich habe an anderer Stelle meine Meinung dargelegt, dass der weibliche Schimpanse das Alter der Pubertät mit sieben bis neun Jahren erreicht, und ich habe viele Gründe, die ich hier nicht wiederholen werde, die mich veranlassen, an dieser Überzeugung festzuhalten. Aber die Ungewissheit über das Alter dieses Affen macht seinen Wert als Gegenstand wissenschaftlicher Studien nicht zunichte.

Das klügste Exemplar dieser Rasse, mit dem ich in Berührung gekommen bin, ist Konsul II, der jetzt im Bellevue-Garten in Manchester, England, untergebracht ist. Er ist nicht dazu erzogen worden, bloße Kunststücke zur Befriedigung des Besuchers auszuführen, wie es bei Tieren üblich ist, sondern die meisten seiner Kunststücke werden durch seinen eigenen Wunsch und zu seinem eigenen Vergnügen hervorgerufen. Es gibt einen großen Unterschied in den Motiven, die Tiere bei der Ausführung dieser Kunststücke anregen. Ich habe bereits an anderer Stelle erwähnt, dass Tiere, die aus Angst handeln, dies mechanisch tun und dass diese Handlungen kein wirklicher Indikator für ihren Intellekt sind. Während Consul und einige andere Affen, die ich gesehen habe, viele Dinge durch Nachahmung tun, tun sie es nicht durch Zwang. Sie scheinen den Zweck zu verstehen und das Ergebnis vorherzusehen, und das treibt sie zum Handeln an.

Einige der Kunststücke, die dieser Affe vollbringt, habe ich noch nie bei einem anderen gesehen. Eine dieser Leistungen ist das Fahren eines Dreirads. Er kennt das Gerät unter dem Namen "Fahrrad", obwohl es eigentlich kein Fahrrad ist. Er kann es mit der Geschicklichkeit eines Akrobaten einstellen und aufsteigen. Die Leichtigkeit und Anmut, mit der er fährt, reicht aus, um jeden Jungen in England neidisch zu machen. Er treibt es mit großem Geschick an und lenkt es mit der Genauigkeit eines Experten. Er führt es mit absoluter Präzision um Winkel und Hindernisse herum. Die meiste Zeit darf er sich frei bewegen, und das ist die richtige Art, diese Affen in Gefangenschaft zu behandeln. Er fährt das Rad zu seinem eigenen Vergnügen. Er tut es nicht, um Fremde zu befriedigen oder zu "protzen".

Eine weitere Fähigkeit von Consul ist das Rauchen einer Pfeife, einer Zigarre oder einer Zigarette. Das mag vom moralischen Standpunkt aus nicht zu empfehlen sein, aber es scheint ihm genauso viel Vergnügen zu bereiten wie dem Durchschnittsjungen, wenn er es sich angewöhnt hat. Er hat sich auch angewöhnt, beim Rauchen zu spucken, aber er hat die guten Manieren, nicht auf den Boden zu spucken. Wenn der Konsul seine Pfeife angezündet hat, setzt er sich gewöhnlich auf den Boden, um zu rauchen, und breitet vor sich ein Blatt

Abb. 20: KONSUL II AUF EINEM DREIRÄDRI- GEN FAHRRAD (Nach einer Fotografie.)

Papier aus, auf das er spuckt. Wenn er mit dem Rauchen fertig ist, rollt er das Papier zusammen und wirft es in eine Ecke, damit es nicht im Weg liegt. Wenn er auf dem Gelände spielt, findet er oft einen Zigarrenstummel. Er weiß, was es ist, hebt ihn auf, steckt ihn in den Mund und geht sofort zu seinem Wärter, um sich Feuer zu holen. Er versucht nicht, seine Pfeife oder Zigarre anzuzünden, weil er Angst hat, sich die Finger zu verbrennen; aber er zündet ein Streichholz an und reicht es seinem Pfleger, damit er es hält, während er die Pfeife anzündet. Manchmal nimmt er ein Stück Papier, zündet es im Feuer an und reicht es einer anderen Person, die seine Pfeife für ihn anzündet. Er hat Angst vor dem Feuer und will das Papier nicht halten, während es brennt. Wenn jemand zögert, es zu nehmen, wirft er es nach ihm und geht dann aus dem Weg. Zigaretten mag er nicht, weil er den Tabak in den Mund bekommt, und er mag den Geschmack nicht.

Wenn der Konsul ein Stück Kreide in die Hand bekommt, beginnt er, eine große Figur an die Wand oder auf den Boden zu zeichnen. Er versucht nie, eine kleine Figur mit Kreide zu zeichnen, aber wenn man ihm einen Bleistift und Papier gibt, führt er eine eigentümliche Figur von kleinerer Form aus. Die mit Kreide oder Bleistift gezeichneten Figuren sind in der Regel rund oder oval, aber wenn man ihm eine Feder und Tinte gibt, beginnt er sofort, eine Reihe von kleinen Figuren mit vielen spitzen Winkeln zu zeichnen. Ich kann nicht sagen, ob diese Ergebnisse auf einen Entwurf oder einen Zufall zurückzuführen sind, aber er scheint eine klare Vorstellung von der Verwendung des Instruments zu haben. Ob er zwischen Schreiben und Zeichnen unterscheiden kann, vermag ich nicht zu sagen.

Die einzige abstrakte Sache, die sein Pfleger ihm beizubringen versucht hat, ist die Auswahl der Buchstaben des Alphabets. Er hat gelernt, die ersten drei zu unterscheiden. Diese sind auf den Seiten von würfelförmigen Holzblöcken abgebildet; jeder Block enthält einen Buchstaben auf jeder seiner Seiten. Er wählt mit sehr wenigen Fehlern den gewünschten Buchstaben aus, und die Fehler scheinen eher aus Gleichgültigkeit als aus Unwissenheit zu resultieren.

Consul ist sehr spielfreudig und freundet sich mit einigen Fremden auf Anhieb an, aber gegen andere hegt er ohne ersichtlichen Grund eine Abneigung; und obwohl er nicht bösartig ist, wenn er nicht geärgert wird, nimmt er die Annäherung bestimmter Personen mit Wut zurück. Er ist der einzige Affe, den ich gesehen habe, der sehr geschickt mit Messer und Gabel umgehen kann; aber er zerschneidet seine Nahrung mit fast der gleichen Leichtigkeit wie ein gleichaltriger Junge, und er benutzt seine Gabel beim Essen. Das hat man ihm beigebracht, so dass er seine Finger nur selten dazu benutzt. Er trinkt gerne Kaffee und Bier, aber er mag keine Spirituosen.

Nichts macht dem Konsul so viel Freude, wie in den großen Käfig mit den Affen und Pavianen zu gehen, die im Garten gehalten werden. Die meisten von ihnen haben Angst vor ihm. Aber ein großer Guinea-Pavian ist nicht so, und bei jeder Gelegenheit zeigt er seine Abneigung gegen den Affen. Der Affe riskiert viel, um ihn zu ärgern, aber es gelingt ihm immer, seinen Angriffen auszuweichen. Er zeigt viel Geschick und ein hohes Maß an Vorsicht, wenn er dem Pavian diese Streiche aus nächster Nähe spielt. Wenn sich der Affe nähert, suchen die anderen Tiere im Käfig Zuflucht, und er findet großen Gefallen daran, sich an ihre Verstecke heranzuschleichen, um sie zu erschrecken. Consul ist sehr stark und kann Gegenstände von erstaunlichem Gewicht heben. Es ist schwierig für ihn, aufrecht zu stehen, aber er tut dies mit mehr Leichtigkeit als jeder andere Schimpanse, den ich je gesehen habe. Wenn jemand seine Hand ergreift, schlendert er lange Zeit und ohne sichtbare Ermüdung.

Wegen der plötzlichen Temperaturschwankungen in dem Teil Englands, in dem er gehalten wird, ist er mit einem Mantel ausgestattet, den er oft tragen muss, wenn er aus dem Haus geht. Er mag es nicht, mit einem solchen Kleidungsstück behindert zu werden, und wenn er einen Moment lang nicht beobachtet wird, zieht er ihn aus und versteckt ihn manchmal, um ihn nicht zu tragen. Er ist auch mit Hosen ausgestattet, die er möglichst noch mehr verabscheut als seinen Mantel, aber vor allen anderen Kleidungsstücken verabscheut er die Schuhe. Sein Pfleger zieht sie ihm oft an, aber sobald er außer Sichtweite ist, bindet er sie auf und zieht sie aus. Er kann die Schnürsenkel nicht zubinden, aber er kann sie im Handumdrehen aufmachen. Gegen einen Hut oder eine Mütze zeigt er nicht so viel Abneigung und setzt sie manchmal auf, ohne dass man es ihm sagt; aber er hat eine regelrechte Manie für einen Seidenhut und würde, wenn man ihn ließe, jedem Fremden, der in den Garten kommt, den Hut herunterreißen. Er hat eine ausgeprägte Ader für Humor und eine Vorliebe für Beifall. Wenn er etwas Lustiges oder Gescheites tut, ist er sich dessen vollkommen bewusst; und wenn er durch irgendeine Handlung ein Lachen hervorruft, ist er glücklich und erkennt die Zustimmung an einem breiten Schimpansengrinsen.

In der Ecke des Affenhauses befindet sich ein Raum, der für den Pfleger bestimmt ist und in dem die Vorräte für die Insassen aufbewahrt werden. In einem kleinen Schrank in einer Ecke wird ein Vorrat an Bananen und anderen Früchten aufbewahrt. Consul weiß das und hat schon mehrmals versucht, dort einzubrechen. Einmal nahm er einen großen Schraubenzieher und versuchte, die Tür aufzuhebeln. Er stellte fest, dass der Widerstand an der Stelle am größten war, an der die Tür verschlossen war, und an dieser Stelle drückte er das Instrument in den Spalt und brach ein etwa einen Zentimeter breites Stück des Holzes von der Türkante ab. An dieser Stelle wurde er entdeckt und für sein Verhalten zurechtgewiesen; aber er versäumt es nie, seine Finger in diesen Spalt zu stecken und zu versuchen, die Tür zu öffnen. Es ist ihm nicht gelungen, die Tür aufzuschließen, wenn man ihm den Schlüssel gab, obwohl er weiß, wie man den Schlüssel benutzt und es oft versucht hat; aber sein Wärter hat ihm das Geheimnis nie verraten, und seine Methode, den Schlüssel zu benutzen, war, mit ihm zu stechen oder zu ziehen, anstatt ihn zu drehen, nachdem er ihn in das Schlüsselloch gesteckt hatte.

Der junge Tierpfleger, Mr. Webb, verdient große Anerkennung für seine unermüdliche Aufmerksamkeit für diesen wertvollen jungen Affen, und die Ergebnisse seines Eifers verdienen die Anerkennung jedes Menschen, der sich für das Studium von Tieren interessiert.

Ein weiteres Exemplar, das als Zwischentyp betrachtet werden kann, wurde kürzlich in den Bellevue Gardens in Manchester gehalten. Er war verspielt und voller Unfug. Ihm war beigebracht worden, mit einem Stock oder Besen zu kämpfen, und mit einer solchen Waffe in der Hand rannte er durch das ganze Gebäude auf der Suche nach jemandem, den er angreifen konnte. Er schien seine Angriffe nicht ernst zu nehmen, sondern betrachtete sie als Spaß. Es ist schlecht, Affen so etwas beizubringen, denn sie werden mit zunehmendem Alter kampflustig, und alle Tiere, die auf engem Raum gehalten werden, entwickeln eine schlechte Laune.

In einem angrenzenden Käfig wurde ein junger Orang gehalten, und die beiden aßen am selben Tisch. Der Schimpanse schien eine Art Verachtung für den Orang zu empfinden. Der Pfleger hatte ihm beigebracht, seinem Nachbarn das Brot zu reichen, aber er gehorchte so widerwillig, dass sein Verhalten mehr Abscheu als Freundlichkeit verriet. Ein paar kleine Brotstücke wurden auf einen Blechteller gelegt, und der Kulu musste den Teller in die Hand nehmen und ihn dem Orang anbieten, bevor er selbst essen durfte. Er hob den Teller ein paar Zentimeter über den Tisch und hielt ihn vor das Gesicht des Orang; als dieser ein Stück Brot genommen hatte, zog der Schimpanse den Teller zurück, hielt ihn einen Moment lang und ließ ihn dann fallen. Währenddessen hielt er seine Augen auf den Orang gerichtet. Die Art und Weise, wie er den Teller fallen ließ, sah aus, als ob er dies aus Verachtung tat. Wenn die Mahlzeit beendet war, trank der Kulu seine Milch aus einer Tasse, wischte sich den Mund mit der Serviette ab und stand dann vom Tisch auf. Der Orang kletterte langsam herunter und ging zurück in seinen Käfig. Wir werden hier nicht die Einzelheiten ihres häuslichen Lebens beschreiben, aber sie waren zwei fröhliche Junggesellen, von denen der eine ebenso dumm wie der andere klug war.

Abb. 21: MR. CROWLEY, EHEMALIGER LEITER DES NEW YORK ZOÖLOGICAL GARDEN (Aus dem Leben gegriffen.)

Die Exemplare, die in den Gärten in New York gehalten wurden, waren sehr schön. Eines von ihnen war geistig jedem anderen bisher in Gefangenschaft gehaltenen Exemplar ebenbürtig. In den Gärten von Cincinnati wurden zwei Exemplare gehalten, die ebenfalls sehr schön waren. Soweit mir bekannt ist, wurden nie mehr als neun dieser Affen nach Amerika gebracht; aber sechs von ihnen lebten länger und vier von ihnen wurden größer als alle anderen Exemplare dieser Rasse, die jemals in Gefangenschaft gelebt haben. Aus irgendeinem Grund überleben sie in England oder anderen Teilen Europas nie lange. Das liegt wahrscheinlich an den Bedingungen in der Atmosphäre. An einer unterschiedlichen Behandlung kann es nicht liegen.

Ich habe eine große Anzahl von Schimpansen gesehen; die meisten von ihnen waren in Gefangenschaft; dennoch habe ich genug von ihnen in freier Wildbahn gesehen, um eine Vorstellung von ihren Gewohnheiten und ihrem Verhalten zu bekommen. Die beschriebenen Beispiele reichen aus, um den mentalen Charakter der Gattung zu zeigen.

KAPITEL XIX

Andere Kulu-Kambas - Ein kniffliges Problem - Instinkt oder Vernunft
- Verschiedene Arten

Unabhängig davon, ob der Kulu-Kamba eine eigene Affenart oder nur eine gut gezeichnete Variante des Schimpansen ist, ist er bei weitem der beste Vertreter seiner Gattung. Unter denen, die ich gesehen habe, sind einige sehr gute Exemplare, und die klugen Dinge, die ich bei ihnen beobachtet habe, reichen aus, um sie als den höchsten Typus aller Affen zu bezeichnen.

An Bord eines kleinen Flussdampfers, der auf dem Ogowé verkehrt, befand sich eine junge weibliche Kulu, die dem Kapitän gehörte. Ihr Gesicht war keineswegs hübsch, und ihr Teint war dunkler als der jedes anderen Kulu, den ich je gesehen habe. Sie hatte fast die Farbe von Kaffee. Es gab zwei oder drei Flecken, die noch dunkler waren, aber keine klaren Umrisse aufwiesen. Die dunklen Flecken sahen aus, als wären sie künstlich auf das Gesicht aufgetragen worden. Die Farbe war nicht fest, sondern sah aus, als hätte man trockenes, verbranntes Umbra über eine hellbraune Fläche gerieben oder gestreut. Obwohl sie jung war (vielleicht nicht mehr als zwei Jahre alt), sah ihr Gesicht fast wie das einer Frau von vierzig Jahren aus. Ihre kurze, flache Nase, die großen, beweglichen Lippen, der vorspringende Kiefer und die ausgeprägten Augenbögen mit der niedrigen, fliehenden Stirn ließen sie wie einen bestimmten Typ Mensch aussehen, den man häufig sieht. Dies verlieh ihr ein sogenanntes Tellergesicht oder konkaves Profil.

Sie hatte die Angewohnheit, die Nase zusammenzudrücken, indem sie die Gesichtsmuskeln anspannte, die Lippen wie zum Hohn zu kräuseln und gleichzeitig die Menschen in ihrer Umgebung anzuschauen, als wolle sie damit ihre tiefste Verachtung ausdrücken. Was auch immer sie gedacht haben mag, ihr Gesicht war ein Bild der Verachtung, und die Umstände, unter denen sie diese Grimassen machte, deuteten sicherlich darauf hin, dass sie genauso fühlte wie sie aussah. Zu anderen Zeiten war ihr Gesicht von einem perfekten Lächeln bedeckt. Es war mehr als ein Grinsen, und die Tatsache, dass es nur dann auftrat, wenn sie erfreut oder abgelenkt war, zeigte, dass die Emotion, die es hervorrief, perfekt zu ihrem Gesicht passte. In Ruhe war ihr Gesicht weder schön noch hässlich. Es zeigte weder einen hohen geistigen Status noch die Instinkte eines Tieres, aber ihr Gesicht war ein sicherer Indikator für ihren Geist. Dies gilt für den Schimpansen vielleicht mehr als für jeden anderen Affen. Der Gorilla empfindet zweifellos das Gefühl der Freude, aber sein Gesicht gibt der Emotion nicht nach, während die entgegengesetzten Leidenschaften mit großer Intensität ausgedrückt werden, und bei dem gewöhnlichen Schimpansen ist es genauso, aber nicht in demselben Ausmaß.

Die betreffende Kulu war mehr eine Kokette als eine Spitzmaus. Sie zeigte deutlich, dass sie der Schmeichelei zugetan war; vielleicht nicht in dem Sinne, wie es ein

Mensch ist, aber sie war sich sicherlich der Anerkennung bewusst und liebte den Beifall. Wenn ihr etwas Schwieriges gelang, schien sie sich dessen bewusst zu sein; und wenn ihr etwas gelang, was sie nicht hätte tun sollen, versäumte sie es nie, sich in der oben beschriebenen Weise zu äußern. Sie schien sich immer vollkommen bewusst zu sein, dass sie von anderen beobachtet wurde, aber sie war trotzig und gelassen. Es gibt nichts, was sie nicht jederzeit in Angriff zu nehmen bereit wäre, um das Ergebnis zu riskieren. Vom Schornstein bis zum Schornstein, von der Stange bis zum Ruder erforschte sie das Schiff. Um sie vor Unheil zu bewahren, wurde sie mit einer langen Leine auf dem Deck des Salons festgebunden; aber niemand an Bord war in der Lage, einen Knoten in die Leine zu machen, den sie nicht mit Geschick und Leichtigkeit lösen konnte. Ihr Kapitän, der ein Seemann und ein Experte in der Kunst des Knotenbindens war, gab sich alle Mühe, einen zu machen, der ihrer Geschicklichkeit trotzen würde.

Einmal war ich an Bord des kleinen Dampfers, als die Übeltäterin vom Hauptdeck heraufgeholt wurde, wo sie Unfug getrieben hatte, und an einer der Schienen an der Seite des Schiffes festgebunden wurde. Die Frage, wie man sie festbinden könnte, wurde diskutiert, und schließlich wurde ein neuer Plan ausgearbeitet. Beim Lösen eines Knotens begann sie immer mit dem Teil des Knotens, der ihr am nächsten war. Man einigte sich nun darauf, die Leine um eine der Schienen an der Seite des Decks zu binden, etwa in der Mitte zwischen den beiden Rungen, die sie stützten, und dann die losen Enden der Leine zu der Runge zu tragen und sie im Winkel der Runge und der Schiene zu befestigen. Sobald sie in Ruhe gelassen wurde, begann sie, die Knoten zu untersuchen. Sie versuchte zunächst nicht, sie zu lösen, sondern befühlte sie, um zu sehen, wie fest sie gemacht waren. Dann kletterte sie auf die Eisenstange, um die der mittlere Teil der Leine gebunden war, und löste den Knoten. Sie zog erst an dem einen und dann an dem anderen Strang, aber ein Ende war an der Stütze und das andere an ihrem Hals festgebunden, und sie konnte kein loses Ende finden, das sie hätte durchziehen können. Erst in die eine, dann in die andere Richtung zog sie an der Schlinge. Sie sah, dass sie auf irgendeine Weise mit der Stütze verbunden war. Sie zog die Schlinge an der Reling entlang, bis sie in der Nähe des Pfostens war; sie kletterte auf das Deck hinunter, dann um den Pfosten herum und wieder zurück; sie kletterte über die Reling und außen hinunter und untersuchte den Knoten erneut sorgfältig; sie kletterte zurück, dann zwischen den Relings hindurch und zurück, dann unter den Relings hindurch und zurück, aber sie konnte keinen Weg finden, diesen ersten Knoten aus der Leine zu lösen. Einen Moment lang setzte sie sich auf das Deck und betrachtete die Situation mit offensichtlicher Sorge. Langsam erhob sie sich und untersuchte den Knoten erneut; sie schob die Schlinge zurück an ihren Platz in der Mitte der Reling, kletterte daran hoch und zog sie erneut so weit heraus, wie es die Stränge zuließen. Sie schloss die Schlinge wieder, nahm einen Strang in die Hand und zog ihn von der Schlaufe bis zur Stütze; dann nahm sie das andere Ende auf dieselbe Weise und zog es von der Schlaufe bis zu ihrem Hals. Sie betrachtete die Schlaufe und zog sie dann langsam so weit wie möglich heraus. Sie saß eine Weile da und hielt die Schlaufe in der einen

Hand, während sie mit der anderen Hand jeden Strang des Knotens bewegte. Sie war in ihre Betrachtung vertieft und warf nicht einmal einen Blick auf diejenigen, die sie beobachteten. Schließlich nahm sie die Schlinge in beide Hände, zog sie bewusst über ihren Kopf und kroch hindurch. Die so freigewordene Leine fiel auf das Deck; sie stieg schnell hinab, ergriff sie in der Nähe ihres Halses und stellte fest, dass sie losgebunden war; sie nahm sie auf, während sie sich dem anderen Ende näherte, das an den Pfosten gebunden war, und begann sofort, die Knoten zu lösen. Nach einer weiteren Minute war auch der letzte Knoten gelöst. Dann raffte sie das ganze Seil zu einem Bündel zusammen, sah die Umstehenden mit dem beschriebenen verächtlichen Blick an und machte sich sofort auf die Suche nach anderem Unheil. Ihre triumphierende und zufriedene Miene reichte aus, um jeden von ihrer Meinung über das, was sie getan hatte, zu überzeugen.

Wenn dieses Kunststück das Ergebnis von Instinkt war, müssen die Lexika eine andere Definition für dieses Wort geben. Sechs weiße Männer waren Zeugen der Tat, und das Urteil aller war, dass sie eine Aufgabe gelöst hatte, die nur wenige Kinder ihres Alters hätten lösen können. Jede Bewegung wurde von der Vernunft kontrolliert. Das Aufspüren von Ursache und Wirkung war zu offensichtlich, als dass irgendjemand daran zweifeln konnte. Fast jedes Tier kann gelehrt werden, bestimmte Leistungen zu vollbringen, aber das ist kein Beweis für eine angeborene Fähigkeit. Das einzig wahre Maß für die Fähigkeit der Vernunft besteht darin, den Akteur auf seine eigenen Mittel zu reduzieren und zu sehen, wie er sich unter einer neuen Bedingung verhält; andernfalls wird die Handlung zumindest teilweise mechanisch oder nachahmend sein. Bei all meinen Bemühungen, das geistige Kaliber von Tieren zu studieren, habe ich sie strikt auf ihr eigenes Urteilsvermögen beschränkt und ihnen überlassen, das Problem allein zu lösen. Nur so können wir abschätzen, inwieweit sie die Fähigkeit der Vernunft anwenden. Niemand bezweifelt, dass alle Tiere einen Verstand haben, der in gewissem Maße aufnahmefähig ist. Aber es wurde oft behauptet, dass sie keine Vernunft haben und allein von einem vagen Attribut namens Instinkt gesteuert werden. Das ist aber nicht der Fall. Es ist dieselbe Verstandesfähigkeit, die der Mensch einsetzt, um die Probleme zu lösen, die sich in allen Lebensbereichen stellen, die die Weisen und Philosophen in jeder Phase der Wissenschaft eingesetzt haben und die sich nur in ihrem Grad unterscheidet.

Diese Kulu-Kamba wusste, wie man einen Korkenzieher benutzt. Dieses Wissen hatte sie sich angeeignet, als sie sah, wie er von Männern benutzt wurde. Obwohl sie ihn selbst nicht mit Erfolg einsetzen konnte, versuchte sie es oft, und sie setzte ihn nie falsch ein. Sie nahm den Deckbesen und schrubbte das Deck, es sei denn, es war Wasser darauf; in diesem Fall ließ sie die Arbeit immer liegen. Sie schien den Zweck des Deckfegens nicht zu kennen und fegte den Schmutz nie vor dem Besen. Die Handlung war zweifellos nachahmend. Sie begriff nur, dass ein Besen zum Schrubben des Decks verwendet wurde, aber sie beobachtete nicht, welche Wirkung damit erzielt wurde. Es lässt sich jedoch nicht mit Sicherheit sagen, inwieweit sie sich der Wirkung bewusst war, aber es lässt sich aus der Tatsache ableiten, dass sie nicht versuchte, den Schmutz zu entfernen. Sie wusste, wofür die Kohle bestimmt war, und sie kletterte oft in den Bunker und warf sie neben der Ofentür hinunter. Die Ofentür und der Dampfanzeiger waren zwei Dinge, die ihren fleißigen Fingern entgingen. Ich weiß nicht, woher sie die Gefahr kannte, die von ihnen ausging, aber sie rührte sie nie an. Man musste auf sie aufpassen, damit sie sich nicht an den Maschinen zu schaffen machte. Sie schien ein starkes Verlangen danach zu haben, wusste aber nicht, in welche Gefahr sie sich begeben würde.

Ich war an Bord eines Schiffes, als ein Händler einen jungen Kulu vom Strand holte, um ihn nach England zu schicken. Der kleine Gefangene saß aufrecht auf dem Deck und schien zu wissen, dass er weggeschickt wurde. Jedenfalls trug sein Gesicht einen Ausdruck tiefer Besorgnis, als ob er keinen Freund hätte, an den er sich wenden könnte. Als ich mich ihm näherte, sprach ich ihn an und benutzte sein eigenes Wort für Essen. Er blickte auf und antwortete mir prompt. Er sah aus, als ob er nicht wüsste, ob ich ein großer Affe oder etwas anderes sei. Ich wiederholte das Geräusch, und er wiederholte die Antwort und kam auf mich zu. Als er sich mir näherte, gab ich erneut das Geräusch von mir. Er kam hoch, setzte sich für einen Moment neben meine Füße und schaute mir ins Gesicht. Ich stieß den Laut erneut aus, als er mein Bein ergriff und begann, daran hochzuklettern, als wäre es ein Baum gewesen. Er kletterte bis zu meinem Hals und begann, mit meinen Lippen, meiner Nase und meinen Ohren zu spielen. Wir wurden sofort Freunde, und ich versuchte, ihn zu kaufen, aber der verlangte Preis war höher als ich zahlen wollte. Ich bedauerte, mich von ihm zu trennen, aber er wurde zum Strand zurückgebracht, und ich sah ihn nie wieder.

Bei einer anderen Gelegenheit wurde einer an Bord gebracht, und nachdem ich mit ihm gesprochen hatte, gab ich ihm eine Orange; er begann sie zu essen und hielt sich gleichzeitig am Bein meiner Hose fest, als ob er nicht wollte, dass ich ihn verlasse. Ich streichelte und liebkoste ihn einen Moment lang und wandte mich ab, aber er hielt sich an mir fest. Er watschelte über das Deck, hielt sich an meiner Kleidung fest und wollte mich nicht loslassen. Er hatte Angst vor seinem Herrn und dem einheimischen Jungen, der für ihn verantwortlich war. Er war ein schüchternes Wesen, aber recht intelligent, und er tat mir leid, denn er schien seine Lage zu begreifen.

Auf der gleichen Reise sah ich einen in den Händen eines deutschen Händlers. Es war ein junges Männchen, etwa ein Jahr alt. Er antwortete prompt auf das Futtergeräusch. Dann rief ich ihn, er solle zu mir kommen; aber auf dieses Geräusch antwortete er weder, noch kam er ihm nach. Er schaute mich an, als wollte er wissen, woher ich seine Sprache kannte. Ich wiederholte das Geräusch mehrere Male, aber er antwortete nicht. Ich habe bereits an anderer Stelle darauf hingewiesen, dass diese Affen nicht auf den Ruf antworten, wenn sie denjenigen sehen können, der ihn ausstößt, und dass sie dem Ruf nicht immer Folge leisten. In dieser Hinsicht verhalten sie sich sehr ähnlich wie kleine Kinder, und es ist anzumerken, dass eine Schwierigkeit bei allen Affen darin besteht, sich die Aufmerksamkeit zu sichern. Das ist genau dasselbe wie bei kleinen Kindern. Selbst wenn sie eindeutig verstehen, zeigen sie manchmal nicht, dass sie gehört haben. Zu anderen Zeiten zeigen sie, dass sie sowohl hören als auch verstehen, aber nicht gehorchen.

Ein anderes Exemplar, das an Bord eines Schiffes gebracht wurde, als ich anwesend war, war ein junges Männchen, etwas weniger als zwei Jahre alt. Er war mürrisch und verdrossen. Er nahm mir meine Annäherung nicht übel, ermutigte sie aber auch nicht. Ich sprach ihn zuerst mit dem Futterton an, aber er beachtete mich nicht. Ich zog mich ein wenig von ihm zurück und rief ihn, aber er beachtete mich nicht. Dann benutzte ich den Warnton; er hob den Kopf und schaute in die Richtung, aus der der Ton kam. Ich wiederholte es, und er schaute mich einen Moment lang an und wandte den Kopf ab. Ich wiederholte es noch einmal. Er sah mich an, schaute sich dann um, als wolle er wissen, was das zu bedeuten hatte, und nahm wieder seine ruhige Haltung ein.

Auf meiner letzten Reise zur Küste habe ich im Kongo ein sehr gutes Exemplar gesehen. Es war ein Weibchen, etwas mehr als zwei Jahre alt. Sie war ebenfalls von dunkler Hautfarbe, aber recht intelligent. Sie war nördlich von dort gefangen worden, und zwar innerhalb der an anderer Stelle beschriebenen Grenzen. Als ich sie sah, war sie krank und in Behandlung; aber ihr Herr, der britische Konsul, sagte mir, dass sie, wenn es ihr gut ging, fröhlich und gesellig war. Ich unternahm keinen Versuch, mit ihr zu sprechen, nur einige Zeit, nachdem ich sie verlassen hatte, ließ ich den Ruf ertönen. Sie antwortete, indem sie um die Ecke des Hauses schaute. Ich weiß nicht, ob sie gekommen wäre oder nicht, denn sie war gefesselt und hätte nicht kommen können, wenn sie es gewollt hätte.

Ich habe einige Exemplare dieses Affen gesehen, und die meisten von ihnen scheinen von etwas höherem Rang zu sein als der gewöhnliche Schimpanse; aber es gibt unter ihnen eine große Bandbreite an Intelligenz. Es wäre gewagt zu sagen, ob das niedrigste Exemplar des Kulu höher oder niedriger ist als das höchste Exemplar des gewöhnlichen Schimpansen, aber als Ganzes betrachtet sind sie weit überlegen. Ich werde nicht die Exemplare beschreiben, die in Gefangenschaft bekannt sind, da die meisten von ihnen bereits von anderen ausführlich beschrieben wurden.

Wenn man geeignete Bedingungen schaffen würde, um ein Paar Kulus einige Jahre lang in der Ausbildung zu halten, ist es schwer zu sagen, was man ihnen nicht beibringen könnte. Sie sind nicht nur in der Lage, das zu lernen, was man ihnen beibringt, sondern sie sind auch gut veranlagt und können das Gelernte zu einem nützlichen Zweck anwenden. Wir können nicht sagen, inwieweit sie in der Lage sind, das, was sie von den Menschen lernen, anzuwenden, weil die Notwendigkeit, dieses Wissen anzuwenden, durch die Aufmerksamkeit, die man ihnen schenkt, wegfällt.

KAPITEL XX

Der Gorilla - Sein Lebensraum - Skelett - Schädel - Farbe -
Strukturelle Besonderheiten

In der Ordnung der Natur nimmt der Gorilla den zweiten Platz nach dem Menschen ein. Sein Lebensraum ist das Tiefland des tropischen Westafrikas, und er ist auf sehr enge Grenzen beschränkt. Die vagen Linien, die sein Reich begrenzen, können nicht mit absoluter Genauigkeit definiert werden, aber die in den Büchern, die ihn behandeln, allgemein angegebenen Grenzen sind nicht korrekt. Wenn er jemals einen Teil der Küste nördlich des Äquators bewohnt hat, ist er in diesem Teil schon lange ausgestorben; es gibt aber nichts, was darauf hindeutet, dass er dort jemals existiert hat. Soweit ich in der Lage war, die Linien nachzuzeichnen, die die Ausdehnung seiner Heimatgebiete definieren, scheinen sie ihn auf das niedrige Deltaland zu beschränken, das zwischen dem Äquator und dem Loango-Tal entlang der Küste liegt und nach Osten ins Landesinnere reicht - eine durchschnittliche Entfernung von weniger als hundert Meilen. Die östliche Grenze ist sehr unregelmäßig. Die äußerste Grenze auf der Nordseite liegt etwa am Gaboon-Fluss, ostwärts bis zu den Ausläufern der Kristallberge; von dort südwärts zum Ogowé-Fluss bis in die Nähe der Mündung des Nguni; von dort zwanzig oder dreißig Meilen flussaufwärts; von dort in einer Zickzack-Linie entlang der westlichen Basis des Trennlandes zwischen dem Kongobecken und der atlantischen Wasserscheide bis zum Oberlauf des Chi-Loango-Flusses und mit diesem Tal bis zur Küste. Jenseits dieser Linien habe ich keine zuverlässige Spur von ihm gefunden, und entlang dieser Grenze ist er nur hin und wieder zu finden, außer an der Küste.

Ich habe zwei Erwachsenenschädel und zwei Säuglingsschädel des Gorillas gesehen, die von Mr. Wm. S. Cherry aus dem Kisanga-Tal mitbrachte, das an der Nordseite des mittleren Kongo liegt, in den der Kisanga-Fluss mündet. Die Schädel sind der einzige Beweis, den ich für die Existenz dieses Affen so weit östlich gefunden habe; aber sie sollen aus dem Teil des Tals stammen, der direkt unter dem Äquator liegt. Mr. Cherry hat sie nicht selbst gesammelt. Er hat sie von Eingeborenen erhalten, und er behauptet nicht, einen dieser Affen lebend gesehen zu haben.

Es scheint drei Zentren mit Gorillapopulationen zu geben. Das erste liegt im Becken des Izanga-Sees, das zweite an der Südseite des Nkami-Sees und das dritte im Becken des Sees östlich von Sette Kama und westlich des Nkami-Flusses. Der Gorilla ist selten, wenn überhaupt, in hohen oder hügeligen Gebieten anzutreffen. Er scheint auf die Hügelgebiete beschränkt zu sein, die nur wenige Meter über dem Gezeitenstand liegen. Dies ist umso bemerkenswerter, als der Affe eine krankhafte Abneigung gegen Wasser zu haben scheint, und es ist zweifelhaft, ob er schwimmen kann oder nicht. Allerdings hat er ein besonderes Merkmal, das für Wassertiere typisch ist. Er hat eine Art Schwimmhäute zwischen den Fingern, die aber nicht zum

Schwimmen dienen können. Man hat mir gesagt, dass der Gorilla schwimmen kann, und diese Behauptung mag wahr sein, aber ich habe nie etwas in seinen Gewohnheiten beobachtet, das dies bestätigt, und ich habe viele Fakten festgestellt, die dagegen sprechen.

Ich wüsste keinen triftigen Grund, warum er auf die genannten Grenzen beschränkt sein sollte, es sei denn, es handelt sich um klimatische Bedingungen, die für diesen Bezirk typisch sind. Südlich davon ist das Klima entlang der Küste viel kühler. Das Land östlich davon ist hügelig und vergleichsweise unfruchtbar. Nördlich des Äquators regnet es fast ununterbrochen. In diesem Gebiet sind Trocken- und Regenzeit gleichmäßiger verteilt und die Temperaturen sind gleichmäßiger.

Der Gorilla scheint ein einheimisches Produkt zu sein, das nicht verpflanzt werden kann. Er gedeiht nur in einer niedrigen, heißen und feuchten Region, die von Malaria, Miasma und Fieber befallen ist. Es ist zweifelhaft, ob er in einer reinen Atmosphäre lange überleben kann. Das einzige Exemplar, von dem ich jemals nördlich des Äquators gehört habe, war ein Exemplar auf der Südseite des Komo-Flusses, dem Nordarm des Gabun. Der Punkt, an dem ich von seinem Vorkommen hörte, lag nur wenige Meilen vom Äquator entfernt. Ich hörte auch von fünf, die einige Meilen südwestlich von Njole gesehen wurden, das am Äquator am Nordufer des Ogowé liegt, etwas östlich der Nguni. Es soll sich um die ersten und einzigen Tiere handeln, die seit Menschengedenken in dieser Region gesehen wurden. Was ihr Vorkommen zwischen Gabun und Kamerun betrifft, so finde ich entlang der Küste keine Spur davon, dass jemals einer in diesem Teil gesehen wurde.

Einige Autoren haben erwähnt, dass in den Jahren 1851 und 1852 Gorillas in großer Zahl aus dem Landesinneren an die Küste kamen. Tatsache ist, dass der Gorilla damals der Wissenschaft praktisch unbekannt war. Er war von Ford, Savage und anderen beschrieben worden, aber vor dieser Zeit gibt es keine Daten, die zeigen, ob sie in den genannten Jahren zahlreicher waren oder nicht. Es war nie ein Exemplar in die Zivilisation gebracht worden. Etwa zu dieser Zeit schickte Dr. Ford ein Skelett nach Amerika, und eines war zuvor nach England geschickt worden. Einige Jahre zuvor hatte Dr. Savage die Existenz eines solchen Lebewesens angekündigt und Skizzen eines Schädels geschickt, aber erst mehr als zehn Jahre nach der fraglichen Zeit brachte Paul du Chaillu die ersten Felle von Gorillas heraus und berichtete ausführlich über ihren Charakter, ihre Gewohnheiten und ihre geografische Verbreitung. Aus diesen Tatsachen ist es nicht voreilig zu schließen, dass die Wanderungen von 1851 und 1852 reine Einbildung sind.

Gorillas gibt es im Ogowé-Delta, etwa einen Grad südlicher Breite; aber es ist nicht bekannt, dass jemals einer aus den Crystal Mountains kam. Zu der oben erwähnten Zeit waren weder Händler noch Missionare den Gaboon-Fluss oberhalb von Parrot Island (weniger als zwanzig Meilen von der Mündung entfernt) hinaufgestiegen, außer um eine Flugreise mit dem Kanu zu unternehmen. Man wusste nichts über diese Gegend außer dem, was man von den Eingeborenen erfuhr, und das war sehr wenig. Auf meiner ersten Reise fuhr ich den Fluss hinauf bis nach Nenge

Nenge, etwa fünfundsiebzig Meilen von der Küste entfernt. An diesem Ort verbrachte ich zwei Tage mit einem weißen Händler, der dort seit einem Jahr stationiert war. Er versicherte mir, dass es in diesem Abschnitt keine Gorillas gäbe. Die Eingeborenen berichten, dass sie im Tiefland südlich von dort, in Richtung des Ogowé-Beckens, gefunden wurden; aber ihre Berichte sind widersprüchlich, und keiner von ihnen behauptet, soweit ich erfahren konnte, dass sie nördlich von dort oder in den Bergen östlich davon vorkommen. Ich räume ein, dass sie in dem Landstreifen zwischen dem Gabun und dem Ogowé gefunden worden sein und dort noch leben könnten; aber ich wiederhole, dass es keinen greifbaren Beweis dafür gibt, dass sie jemals nördlich des Gabun gefunden wurden. Bei allem Respekt vor Sir Richard Owen und anderen Schriftstellern, die nie in diesem Land waren, bestehe ich darauf, dass sie sich irren. Es stimmt zwar, dass einer der Stämme, die nördlich des Gabun leben, einen Namen für dieses Tier hat, aber daraus folgt nicht, dass der Affe in diesem Land lebt. Der Orungu-Stamm hat einen Namen für den Löwen, aber im Umkreis von zweihundert Meilen um sein Land gibt es kein solches Tier. Kein einziger Angehöriger dieses Stammes hat jemals einen Löwen gesehen.

Einige Gorillas wurden in Gaboon sichergestellt, aber sie wurden von weit her dorthin gebracht. Es ist die wichtigste Stadt der Kolonie, und es gibt dort mehr weiße Männer als anderswo, die sie kaufen. Für einen Fremden ist es nicht möglich, festzustellen, aus welchem Teil des Landes ein Exemplar stammt. Der einheimische Jäger wird nicht die Wahrheit sagen, weil er fürchtet, dass ein anderer das Wild findet und ihm so den Fang und den Verkauf vorenthält. Ich habe ein Exemplar in Kamerun gesehen und mir wurde gesagt, es sei in diesem Tal, fünfzig Meilen von der Küste entfernt, gefangen worden; aber ich habe seine Geschichte recherchiert und mit absoluter Sicherheit festgestellt, dass es in der Nähe von Mayumba, zweihundert Meilen südlich von Gabun, gefangen wurde.

Selbst bei größter Sorgfalt bei der Suche nach der Geschichte eines Exemplars kann es scheitern, und oft gelingt es auch, es bis zu seiner wahren Quelle zurückzuverfolgen; aber jedes Exemplar, dem ich bisher nachgegangen bin, wurde von irgendwo innerhalb der von mir festgelegten Grenzen gebracht. Entgegen der Behauptung einiger Autoritäten, dass diese Affen "seit 1852 nie mehr an der Küste gesehen wurden", behaupte ich, dass die weitaus größte Zahl von ihnen in Küstennähe zu finden ist. Ich will damit nicht sagen, dass sie am Strand im Sand sitzen oder in der Brandung baden, sondern sie leben im Dschungel des unteren Küstengürtels. Am unteren Kongo kennt man den Gorilla nur dem Namen nach, und viele Eingeborene wissen nicht einmal das. Der nächstgelegene Punkt an diesem Fluss, an dem ich den Gorilla als Eingeborenen ausfindig machen konnte, liegt in einem Gebiet etwa sechzig oder siebzig Meilen nordwestlich von Stanley Pool.

Ich bin dem verstorbenen Carl Steckelman zu großem Dank verpflichtet, der ein alter Küstenbewohner, ein guter Entdecker, ein sorgfältiger Beobachter und ein weitgereister Reisender war. Er ertrank im Oktober 1895 in Mayumba in meiner Gegenwart. Ich kannte ihn gut und erhielt von ihm viele Informationen über den Gorilla.

Auf einer Karte zeichnete er für mich die südliche und südöstliche Grenze des Lebensraums des Gorillas ein. Keine dreißig Minuten vor dem Unfall, bei dem er ums Leben kam, hatte ich mit ihm vereinbart, eine Expedition von Mayumba zum Kongo in der Nähe des Stanley Pools auf einer Route zu unternehmen und auf einer anderen zurückzukehren, aber sein Tod verhinderte die Ausführung dieses Plans.

Dr. Wilson, der erste Missionar in Gabun, ließ sich 1842 dort nieder. Etwa sechs Jahre nach dieser Zeit schrieb er ein Lexikon der Eingeborenensprache. Darin taucht der Name des Gorillas überhaupt nicht auf. Wäre der Affe so weit verbreitet gewesen, wäre sein Name in diesem Lexikon wohl kaum ausgelassen worden. Acht Jahre später gab Dr. Walker in einer Überarbeitung des Buches die Definition "ein Affe größer als ein Mensch". Aber er hatte nie ein Exemplar des Affen gesehen, abgesehen von den Schädeln und einem Skelett, die aus anderen Gegenden mitgebracht worden waren. Es stimmt, dass Dr. Savage in Gabun zum ersten Mal etwas über den Gorilla erfuhr und dort einen Schädel sicherte. Von diesem fertigte er Zeichnungen an, woraufhin sein Name mit dem des Tieres in der Naturgeschichte verbunden wurde. Erst einige Jahre später schickte Dr. Ford das erste Skelett nach Amerika, und Kapitän Harris schickte das erste nach England. Das erste Skelett befindet sich im Museum of Zoölogy in Philadelphia. Beide Exemplare können von jedem Ort stammen, der hundert Meilen von Gabun entfernt ist.

Es ist möglich, dass der Gorilla zu diesem frühen Zeitpunkt die Halbinsel südlich des Gabun-Flusses in größerer Zahl besiedelt hat als heute, weil es bis dahin keine Nachfrage nach Exemplaren gab. Wenn dies damals der Fall war, so ist es heute nicht mehr der Fall; und wenn er in diesem Teil nicht ausgestorben ist, so ist er doch so selten, dass es zweifelhaft ist, ob er dort überhaupt als Eingeborener vorkommt. Auf meinen vier Reisen entlang des Ogowé-Flusses und der Seen dieses Tals habe ich mich in vielen Städten sorgfältig erkundigt, und die Eingeborenen versicherten mir stets, dass die Gorillas auf der Südseite des Flusses lebten. Ich verbrachte fünf Tage im Dorf Moiro, das auf der Nordseite des Flusses liegt und etwa fünfzig Meilen von der Küste entfernt ist. Dort sagten mir die einheimischen Holzfäller, dass auf der Nordseite des Flusses keine Gorillas lebten, aber dass es entlang der Seen südlich des Flusses reichlich von ihnen gebe. Sie sagten, dass es in den Wäldern hinter ihrer Stadt viele Schimpansen gäbe und dass sie manchmal mit Gorillas verwechselt würden, aber es gäbe in diesem Teil absolut keine Gorillas.

In Anbetracht dieser und zahlloser anderer Tatsachen halte ich es für sicher zu sagen, dass nördlich des Ogowé-Flusses nur wenige oder gar keine Gorillas zu finden sind; und ich bezweifle, dass das Exemplar, von dem man am Komo gehört hat, ein echter Gorilla war. Die Eingeborenen behaupten manchmal, dass sie so etwas zum Verkauf haben, um von einem Händler eine Prämie zu erhalten, obwohl sie in Wahrheit gar nichts dergleichen haben. Der einzige Punkt nördlich des Ogowé, an dem ich Grund zu der Annahme hatte, dass jemals ein Gorilla gefunden wurde, lag in der Nähe eines kleinen Sees namens Inenga. Dieser See befindet sich fast genau westlich der Mündung des Nguni-Flusses und ist etwas mehr als hundert Meilen von der Küste entfernt. Bestimmte Berichte aus diesem Gebiet schienen einen Hauch von Wahrheit zu haben, aber es gab keine Beweise außer den Aussagen der Eingeborenen.

In der Seenregion südlich des Flusses sind sie bis zum Oberlauf des Rembo, Nkami und im Tiefland des Esyira-Stammes recht häufig anzutreffen, aber in den abgelegenen Wäldern sind sie sehr selten und im Hochland und in den Ebenen dieses Landes unbekannt. Südlich des Chi Loango sind sie völlig unbekannt, und südlich des Kongo hat man noch nie von ihnen gehört.

Es gibt keine Möglichkeit, ihre Zahl zu schätzen, aber sie sind nicht so zahlreich wie angenommen, und aufgrund des rücksichtslosen Abschlachtens durch die Eingeborenen, um Exemplare für die Weißen zu sichern, könnten sie schließlich aussterben. Bis jetzt hat sie nur ihre Wildheit vor einem solchen Schicksal bewahrt. Aber der Einsatz verbesserter Waffen wird dieses Hindernis bald überwinden.

Das Skelett des Gorillas ist dem des Schimpansen, das an anderer Stelle mit dem menschlichen Skelett verglichen wurde, so ähnlich, dass wir den Vergleich nicht ausführlich wiederholen wollen; wir müssen jedoch auf ein markantes Merkmal in der äußeren Form des Schädels hinweisen, das sich sowohl von anderen Menschenaffen als auch vom Menschen unterscheidet.

Der Schädel des jungen Gorillas ist dem des Schimpansen sehr ähnlich und bleibt es, bis er sich dem Erwachsenenalter nähert. Zu diesem Zeitpunkt tritt der Grat über den Augen deutlicher hervor, und gleichzeitig beginnt sich ein scharfer, knöcherner Grat entlang der Schläfen zu entwickeln, der sich um den Hinterkopf herum in dem Teil des Schädels fortsetzt, der Hinterhauptbein genannt wird. An dieser Stelle wird er von einem anderen, rechtwinklig zu ihm verlaufenden Grat durchschnitten. Dieser wird als sagittaler Kamm bezeichnet. Er verläuft entlang der Oberseite des Kopfes in Richtung Gesicht; an der Stirn flacht er jedoch fast bis zur Höhe des Schädels ab und teilt sich in zwei sehr niedrige Grate, die oberhalb der Augen in diesen Grat übergehen. Diese bilden einen durchgehenden Teil des Schädels und sind nicht durch Nähte mit ihm verbunden. Bei einem sehr alten Exemplar erhebt sich der mesiale Kamm bis zu einer Höhe von fast zwei Zentimetern über die Schädeloberfläche und verleiht ihm ein wildes und unzivilisiertes Aussehen; beim lebenden Tier sind die Kämme jedoch nicht zu sehen, da die Vertiefungen zwischen ihnen mit großen Muskeln gefüllt sind, die den Kopf sehr viel größer erscheinen lassen, als er es sonst wäre. Diese Kämme betreffen nur die Außenseite des Schädels und scheinen weder die Form noch die Größe der Gehirnhöhle zu verändern, die im Verhältnis etwas größer ist als die des Schimpansen. Diese Kämme sind eine Besonderheit des männlichen Gorillas. Der weibliche Schädel weist keine Spuren davon auf.

Abb. 22: SCHÄDEL VON GORILLAS - VORDERANSICHT (Von einer Fotografie im Buffalo Museum.)

Es gibt mindestens einen Fall, in dem der männliche Gorilla diesen Kamm nicht entwickelt hat. In der Reihe der Schädel, die in den hier wiedergegebenen Schnitten gefunden wurden, ist Nr. 6 der eines erwachsenen männlichen Gorillas. Ich weiß, dass es sich um einen solchen handelt, denn ich habe das Tier seziert und das Skelett für die Konservierung vorbereitet. Er wurde im Becken des Ferran-Vaz-Sees getötet, nicht mehr als drei oder vier Stunden Fußweg von meinem Käfig entfernt, und sein Körper wurde sofort zu mir gebracht. Eine gute Vorstellung von seiner Größe vermittelt ein weiterer Schnitt, der hier beigefügt ist. Dieser Ausschnitt ist von einer von mir aufgenommenen Fotografie kopiert. Er zeigt einige Eingeborene beim Häuten des Gorillas.

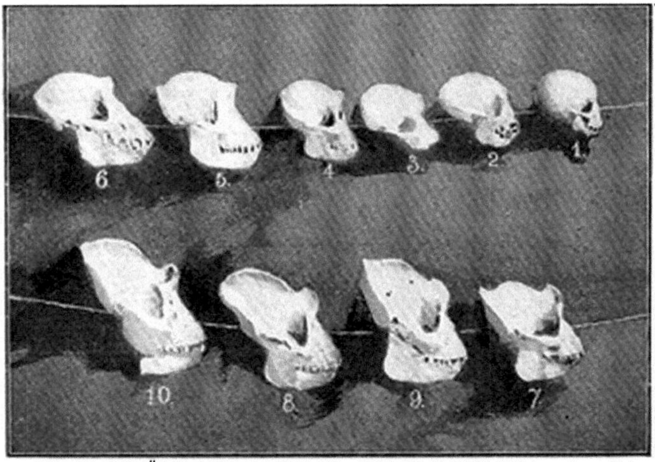

Auf diesem Bild sitzt der Gorilla flach auf dem Sand; sein Körper ist schlaff und etwas kürzer als im Leben. Dennoch ist zu erkennen, dass sein Kopf höher ist als die Hüfte des Mannes, der ihn festhält. Im Vordergrund, links neben dem Gorilla, sitzt der Mann, der ihn getötet hat. Er sitzt auf einem Baumstamm und ist

Abb. 23: SCHÄDEL VON GORILLAS - PROFILANSICHT (Von einer Fotografie im Buffalo Museum.)

damit ein wenig höher als der Gorilla. Es kam mir nicht in den Sinn, die beiden nebeneinander zu stellen, um einen Vergleich anzustellen. So wie er sitzt, messen Körper und Kopf dieses Gorillas von der Basis der Wirbelsäule bis zum Scheitelpunkt des Kopfes fast einen Meter. Ich hatte keine Möglichkeit, ihn zu wiegen, aber ich habe ihn hochgehoben, um eine Schätzung vorzunehmen. Ich schätze, dass er mindestens zweihundertundvierzig Pfund wog. Er war kein altes Exemplar, aber wenn man den Schädel mit Nr. 7 vergleicht, bei dem die Kämme gut entwickelt sind, stellt man fest, dass er größer ist, und auch andere Dinge deuten darauf hin, dass er älter war als Nr. 7.

Ich bin mir bewusst, dass ein einziges Exemplar an sich noch nichts aussagt, aber in diesem Fall zeigt es, dass der männliche Gorilla nicht immer den Kamm entwickelt. Der Kopf dieses Exemplars wurde von der roten Krone gekrönt, die ich an anderer Stelle beschrieben habe. Nr. 1, der Schädel meines Haustieres Othello, hatte dasselbe Zeichen. Er wurde in der Nähe der Stelle gefangen genommen, an der Nr. 6 getötet wurde.

Nr. 2 ist der Schädel eines fast vier Jahre alten Weibchens. Sie hatte die gleiche Markierung. Auch sie wurde im selben Becken gefangen, allerdings auf der anderen Seite des Sees. Die Gesichtsknochen von Nr. 6 zeigen, dass er früh im Leben einen schweren Schlag erhalten hatte; die Fragmente hatten sich jedoch zusammengefügt, und die Auswirkungen waren im Gesicht des Affen zu Lebzeiten nicht zu erkennen.

Nr. 8 ist der Schädel eines großen Männchens vom Izanga-See, der auf der Südseite des Ogowé-Flusses liegt, mehr als hundert Meilen von der Küste entfernt. Dies ist eines der drei erwähnten Bevölkerungszentren. Die Geschichte dieses Exemplars ist mir nicht bekannt. Es wurde mir von Mr. James Deemin, einem englischen Händler, geschenkt, mit dem ich viele Tage auf dem Ogowé-Fluss unterwegs war und der mir viele Gefälligkeiten erwies.

Nr. 5 ist der Schädel eines erwachsenen Weibchens. Vergleicht man ihn im Profil mit Nr. 6, so sieht man, dass sie einander sehr ähnlich

Abb. 24: EINGEBORENE HÄUTEN EINEN GORILLA (Nach einer Fotografie.)

sind, außer dass die Schnauze des letzteren etwas mehr vorsteht und die Wölbung des Schädels über der Oberseite geringer ist; der Querabstand ist jedoch etwas größer. Nr. 2, 3, 4 und 5 sind Weibchen, die anderen sind Männchen.

Obwohl diese Serie bei beiden Geschlechtern nicht vollständig ist, eignet sie sich hervorragend für vergleichende Studien. Ich weiß nicht, ob die Köpfe derjenigen mit den Kämmen die gleiche Farbe hatten wie der von Nr. 6, aber der ntyii, den ich als mögliches neues Exemplar des Gorillas erwähnt habe, hat diese rote Krone nicht. Seine Ohren sollen auch größer sein als die des Gorillas, aber kleiner als die des Schimpansen. Er soll größer werden als die beiden anderen. Die Haut des Gorillas ist am Körper mattschwarz oder mumienartig, aber im Gesicht ist sie tiefschwarz, ganz glatt und weich. Sie sieht fast wie Samt aus.

Eine Besonderheit dieses Affen ist, dass sowohl die Handflächen als auch die Füße vollkommen schwarz sind. Bei anderen Tieren sind diese in der Regel heller gefärbt als die freiliegenden Teile. Bei den meisten anderen Affen, Pavianen und Lemuren, wie auch bei allen Menschenrassen, sind die Handflächen heller als die Hand- und Fußrücken. Der Daumen des Gorillas ist vollkommener als der des Schimpansen, doch ist er im Verhältnis zur Hand kleiner als beim Menschen. Die Hand ist sehr groß, hat aber eher die Form einer Frauenhand als die eines Mannes. Die Finger verjüngen sich auf anmutige Weise, aber aufgrund des erwähnten Stegs erscheinen sie viel kürzer, als sie tatsächlich sind. Es handelt sich dabei nicht um einen Steg im eigentlichen Sinne, sondern das Integument zwischen den Fingern reicht fast bis zum zweiten Gelenk. Der vordere Rand ist konkav, wenn die Finger gespreizt sind. Wenn die Finger zusammengeführt werden, wird die Haut an den Fingerknöcheln faltig, und der Steg verschwindet fast. Dies ist bei lebenden Tieren deutlicher zu erkennen als bei toten Tieren. Die Textur der Haut in den Handflächen ist grob granuliert, und die Handflächenlinien sind undeutlich. Die große Zehe steht schräg von der Seite des Fußes ab und ähnelt damit einem Daumen. Sie hat eine stärkere Vorspannung als das entsprechende Glied der Hand. Der Fuß ist weniger beweglich als die Hand, hat aber eine größere Festigkeit und Biegsamkeit.

An dieser Stelle möchte ich die Aufmerksamkeit auf eine wichtige Tatsache lenken. Die Sehnen des Fußes, die die Zehen öffnen und schließen, sind in der Handfläche in eine tiefe Schicht aus grobem, grobkörnigem Material eingebettet, die sozusagen ein Polster unter der Fußsohle bildet und verhindert, dass sie sich biegt. Daher ist es dem Gorilla nicht möglich, auf einer Stange zu schlafen. In dieser Hinsicht ähnelt er dem Menschen mehr als dem Schimpansen, aber es ist ziemlich sicher, dass keiner von ihnen wirklich baumbewohnend ist. Der Gorilla ist ein erfahrener Kletterer, aber er kann nicht auf einem Baum schlafen. In der Hand haben die Sehnen, die die Finger schließen, die gleiche Länge wie die Knochenlinie, was es ihm ermöglicht, die Finger in einer geraden Linie zu öffnen, was der Schimpanse nicht tun kann.

Ein weiterer wichtiger Punkt, den ich erwähnen möchte. Die Muskeln im Bein des Gorillas erlauben es dem Tier nicht, aufrecht zu stehen oder zu gehen. Der große

Muskel an der Rückseite des Beins ist kürzer als die Linie der Beinknochen oberhalb und unterhalb des Knies. Wenn dieser Muskel angespannt wird, bilden diese
Knochen einen Winkel von 130° bis 160° oder so ähnlich. Solange die Summe von
zwei Seiten eines Dreiecks größer ist als die andere Seite, kann ein Gorilla sein Bein
nie in eine gerade Linie bringen. Im Säuglingsalter, wenn die Muskeln elastisch und
die Knochen weniger starr sind, kann das Bein fast gerade gezwungen werden. Die
Gewohnheit, sich an den Armen aufzuhängen und mit ihnen in einer geraden Linie
zu gehen, entwickelt die entsprechenden Muskeln in diesen Gliedern, so dass die
Knochen in eine Linie gebracht und die Gliedmaßen aufgerichtet werden können.

Der Gorilla kann allein auf seinen Füßen stehen und in dieser Position ein paar
Schritte gehen, aber seine Bewegung ist sehr unbeholfen; seine Knie drehen sich
nach außen und bilden einen Winkel von 40° oder 50° auf beiden Seiten der Mesial-
ebene. Er versucht nie, in dieser Position zu gehen, es sei denn, er hat gerade Zeit
dazu, und dann hält er sich mit den Händen an etwas fest.

Das Bein des Gorillas ist vom Knie bis zum Knöchel fast gleich groß. Das
menschliche Bein hat eine so genannte "Wade", die bei den Menschenaffen sehr
klein ist. Beim Affen besteht jedoch die Tendenz, dieses Merkmal zu entwickeln.

Abb. 25: JUNGER GORILLA BEIM GEHEN
(Aus einer Zeichnung.)

Bei der menschlichen Spezies scheint die Wade des Beins zu den höheren Typen von Menschen zu gehören. Je weiter wir von den höchsten Rassen der Menschheit absteigen, desto mehr nimmt dieses Merkmal ab, und beim niedrigsten Wilden verschwindet es fast ganz. Die Pygmäen und die Buschmänner haben kleinere Waden als alle anderen Menschen. Daraus lässt sich nicht ableiten, dass sich diese Eigenschaft bei den Affen durch ihre Erhebung auf eine höhere Ebene jemals entwickeln würde. Solange sie Affen bleiben, werden sie diese Eigenschaft beibehalten, die eines der charakteristischen Merkmale ihrer Affenschaft ist. Eine Sache, die die Wade beim Gorilla kleiner erscheinen lässt, ist die große Größe der Muskeln um den Knöchel und die Flexibilität dieses Gelenks. Auch die Tatsache, dass das Kniegelenk im Verhältnis zum Bein
größer ist, lässt es kleiner erscheinen, als es tatsächlich ist. Die entsprechenden Teile
des Arms sind eher denen des menschlichen Körpers ähnlich.

In sitzender Haltung stützt der Gorilla seinen Körper auf die Sitzbeinhöcker und sitzt mit ausgestreckten oder gekreuzten Beinen. Der Schimpanse hockt in der Regel und stützt die Sitzbeinhöcker auf seine Fersen. Manchmal sitzt er auch, häufiger jedoch hockt er. In diesen beiden Haltungen verschränken beide Arten gewöhnlich die Arme vor der Brust.

Das Haar des Gorillas ist unregelmäßig gewachsen. Es ist dichter als das des Schimpansen, aber weniger gleichmäßig in Größe und Verteilung. Auf der Brust ist es sehr spärlich, während es auf dem Rücken dicht ist und mit langen, groben Haaren durchsetzt ist. Die Haare an den Armen sind lang und grob. Die Grundfarbe ist schwarz, aber das äußerste Ende des Haares ist mit einem hellen Weiß überzogen. Dies ist schon in der frühen Jugend der Fall. Mit dem Alter nimmt das Weiß zu, bis das Tier im hohen Alter ganz grau wird. Die Oberseite des Kopfes ist mit einem kurzen Haarwuchs bedeckt. Bei einigen Exemplaren ist dieser Scheitel von einer dunklen, lohfarbenen Farbe. Er sieht fast wie eine Perücke aus. Dieses Merkmal scheint nur an bestimmten Orten aufzufinden zu sein. Bei den im Becken von Ferran Vaz gefangenen Tieren ist es einheitlich.

Ein weißer Händler, der am Ferran-Vaz-See lebt, behauptet, einen Gorilla gesehen zu haben, der vollkommen weiß war. Er soll auf einer Ebene in der Nähe des Sees in Begleitung von drei oder vier anderen gesehen worden sein. Man hielt ihn für einen Albino. Meiner Meinung nach war es nur ein sehr altes, grau gewordenes Exemplar. Es wurden einige Exemplare gesichert, die fast weiß waren. Es handelt sich jedoch nicht um einen solchen Weißton, wie er bei einem Tier zu finden wäre, dessen normale Farbe weiß ist. Ich kann mich nicht für die Farbe dieses Affen verbürgen, der in der Ebene gesehen wurde, aber er muss etwas Besonderes an sich gehabt haben, das die Aufmerksamkeit der Eingeborenen auf sich zog. Sie betrachteten ihn als etwas sehr Außergewöhnliches.

Bislang ist der Wissenschaft nur eine Art dieses Affen bekannt; es gibt jedoch gewisse Gründe für die Annahme, dass zwei Arten existieren. In den Waldgebieten von Esyira beschrieben mir die Eingeborenen eine andere Affenart, die ihrer Meinung nach ein Halbbruder des Gorillas ist. Sie kennen den Gorilla unter dem einheimischen Namen njina und die andere Art unter dem Namen ntyii. Sie verwechseln dies nicht mit dem einheimischen Namen ntyigo, der der Name des Schimpansen ist. Es handelt sich auch nicht um einen lokalen Namen für den Kulu-Kamba. Alle diese Affen sind den Eingeborenen bekannt. Sie haben die drei bekannten Affenarten detailliert und korrekt beschrieben. Darüber hinaus gaben sie mir eine genaue Beschreibung des Aussehens und der Gewohnheiten einer vierten Art, bei der es sich meiner Meinung nach um eine weitere Gorillaart handelt. Sie behaupten, dass er intelligenter und menschenähnlicher ist als alle anderen. Sie sagen, dass seine überlegene Weisheit ihn aufmerksamer und daher schwieriger zu finden macht. Es heißt, er lebe immer in Teilen des Waldes, die von menschlichen Siedlungen weiter entfernt sind. Auf meiner nächsten Reise möchte ich nach dieser neuen Art jagen.

Das Gebiss des Gorillas ist das gleiche wie das des Menschen, aber die Zähne sind größer und stärker, und die Eckzähne sind zu Stoßzähnen entwickelt. Auffallend ist die große Vielfalt an Fehlbildungen bei den Zähnen dieses Tieres. Außer im Säuglingsalter findet man bei ihnen nur selten ein perfektes Gebiss. Die Ursache für diesen Mangel scheint Gewalt zu sein.

Die Augen des Gorillas sind groß, dunkel und ausdrucksstark, aber es gibt keine Spur von Weiß in ihnen. Der Teil des Auges, der beim Menschen weiß ist, hat beim Gorilla eine dunkle kaffeebraune Farbe. Er wird heller, je näher er der Basis des Sehnervs kommt. Der Präparator oder der Künstler, der ihn oft mit einem weißen Fleck im Augenwinkel versieht, tut dem Tier Gewalt an. Wer ihn mit aufgerissenem Maul wie eine Fliegenfalle und mit erhobenen Armen wie ein Lanzenreiter darstellt, sollte aus der guten Gesellschaft verbannt werden. Es ist wahr, dass solche Dinge der Kreatur einen Aspekt von Wildheit verleihen, aber sie sind Karikaturen der Sache, die sie porträtieren wollen.

Die Ohren des Gorillas sind sehr klein und liegen dicht an den Seiten des Kopfes. Sie sind dem menschlichen Ohr sehr ähnlich. Die Unterlippe ist massiv, und das Tier spannt sie häufig, so dass zwischen den Lippen ein kleiner roter Strich zu sehen ist. Die übliche Größe eines erwachsenen männlichen Gorillas beträgt, wenn er aufrecht steht, etwa fünf Fuß und zehn Zoll. Das größte Exemplar, das jemals fotografiert wurde, ist etwas mehr als 1,80 m groß.

Ich werde den Vergleich nicht bis ins kleinste Detail fortsetzen, sondern dies dem Fachmann überlassen, in dessen Händen es mit mehr Geschick und größerem Umfang behandelt werden wird. Da ich mich vor allem mit dem Studium der Sprache und der Gewohnheiten dieser Tiere beschäftigt habe, werde ich mich darauf beschränken. Der allgemeine Vergleich ist jedoch für ein besseres Verständnis dieser Themen notwendig.

KAPITEL XXI

Gewohnheiten des Gorillas-Soziale Eigenschaften-Regierung-
Gerechtigkeit-Angriffsform-Schreien und Schlagen-Futter

Das Studium der Gewohnheiten des Gorillas in freier Wildbahn ist mit großen Schwierigkeiten verbunden, aber die Ergebnisse, die ich während meines fast viermonatigen Aufenthalts unter ihnen im Wald erhalten habe, sind eine reichliche Belohnung für die unternommenen Anstrengungen. In der Gefangenschaft werden die Gewohnheiten der Tiere in gewissem Maße an ihre Umgebung angepasst, und da diese sich von ihrer natürlichen Umgebung unterscheidet, weichen viele ihrer Gewohnheiten in gleichem Maße vom Normalen ab. Einige werden aufgegeben, andere modifiziert und neue werden erworben. Daher ist es schwierig, genau zu wissen, was das Tier im Naturzustand war.

Im sozialen Leben des Gorillas gibt es einige Dinge, in denen er sich vom Schimpansen unterscheidet, aber es gibt auch andere, in denen sie sich stark ähneln. Aus den Berichten der Eingeborenen über die Lebensweise dieser beiden Menschenaffen geht hervor, dass der Unterschied viel größer ist, als eine systematische Untersuchung der beiden Tiere zeigt. Die Darstellung der Eingeborenen enthält häufig einen Keim der Wahrheit, der als Anhaltspunkt für den Sachverhalt dienen kann; und obwohl wir uns nicht auf alle Einzelheiten der von ihnen erzählten Geschichten verlassen können, verzeihen wir ihnen ihre Verlogenheit und machen uns die Anregungen zunutze, die sie liefern.

Der Gorilla ist polygam und hat eine beginnende Vorstellung von einer Regierung. Innerhalb bestimmter Grenzen hat er eine schwache Vorstellung von Ordnung und Gerechtigkeit, wenn auch nicht von Recht und Unrecht. Ich will ihm nicht die höchsten Eigenschaften des Menschen zuschreiben oder ihn über die Ebene erheben, die ihm seine Fähigkeiten zu Recht zuweisen; aber es gibt Gründe, die die Annahme rechtfertigen, dass er eine höhere soziale und geistige Sphäre einnimmt als andere Tiere, mit Ausnahme des Schimpansen.

Zu Beginn seines unabhängigen Lebens wählt der junge Gorilla eine Frau aus, mit der er danach eine eheliche Beziehung aufrechtzuerhalten scheint, und er hält ein gewisses Maß an ehelicher Treue aufrecht. Von Zeit zu Zeit nimmt er eine neue Frau an, wirft aber die alte nicht weg. Auf diese Weise schart er eine zahlreiche Familie um sich, die aus seinen Frauen und Kindern besteht. Jede Mutter hegt und pflegt ihre eigenen Kinder, aber alle wachsen zusammen auf wie die Kinder einer Familie. Die Mutter korrigiert und züchtigt ihre Kinder manchmal. Dies setzt eine gewisse Vorstellung von Anstand voraus.

Der Vater übt die Funktion des Patriarchen im Sinne eines Herrschers aus, und die Eingeborenen nennen ihn ikomba njina, was "Gorillahäuptling" bedeutet. Dieser Begriff ist von der dritten Person Singular des Verbs kamba, "sprechen", abgeleitet -i kamba, "er spricht". Daher "Sprecher", oder einer, der für andere spricht. Ihm gegenüber zeigen alle anderen eine gewisse Ehrerbietung. Ob dies aus Furcht oder Respekt geschieht, ist nicht sicher; aber hier ist zumindest das erste Prinzip der Würde.

Die Gorillafamilie, bestehend aus einem erwachsenen Männchen und mehreren Weibchen und ihren Jungen, bildet praktisch eine eigene Nation. Es scheint keine sozialen Beziehungen zwischen verschiedenen Familien zu geben, aber innerhalb eines Haushalts herrscht offensichtlich Harmonie. Der Gorilla ist nomadisch und verbringt selten zwei Nächte am selben Ort. Jede Familie wandert auf der Suche nach Nahrung von Ort zu Ort im Busch, und wo immer sie sich bei Einbruch der Nacht aufhält, wählt sie einen Schlafplatz.

Die größte Gorillafamilie, von der ich je gehört habe, bestand schätzungsweise aus zwanzig Mitgliedern. Die übliche Zahl liegt selten bei mehr als zehn oder zwölf. Die Schimpansen scheinen in etwas größeren Gruppen zu leben als diese. Manchmal wurden in einer einzigen Schimpansengruppe bis zu drei oder sogar vier erwachsene Männchen gesehen. Wenn der junge Gorilla das Erwachsenenalter erreicht, verlässt er die Familiengruppe, sucht sich eine Partnerin und macht sich auf den Weg in die Welt. Ich beobachte, dass es sich in der Regel, wenn ein Gorilla allein im Wald gesehen wird, um ein junges Männchen handelt, das kurz vor dem Erreichen der Geschlechtsreife steht. Es ist wahrscheinlich, dass er sich dann selbständig gemacht hat und auf der Suche nach einer Frau ist. Wenn nur zwei zusammen gesehen werden, handelt es sich meist um ein junges Männchen und ein junges Weibchen. Es kommt vor, dass drei Erwachsene mit zwei oder drei Kindern gesehen werden. In großen Familien sieht man junge Kinder unterschiedlichen Alters, von einem Jahr bis zu fünf oder sechs Jahren. Die älteren Kinder sind immer weniger zahlreich als die jüngeren. Ich habe einmal eine große Frau gesehen, die bis auf ihr Baby ganz allein war. Ob sie allein lebte oder nur vorübergehend von ihrer Familie abwesend war, konnte ich nicht herausfinden.

Der Gorillahäuptling sorgt nicht für das Essen seiner Familie. Im Gegenteil, es heißt, dass sie ihn versorgen. Mir wurde bei zwei Gelegenheiten und aus verschiedenen Quellen berichtet, dass der Gorillahäuptling gesehen wurde, wie er ruhig im Schatten eines Baumes saß und aß, während die anderen sein Essen sammelten und ihm brachten. Ich habe eine solche Szene nie selbst erlebt, aber es scheint wahrscheinlich, dass die gleiche Geschichte, die aus zwei Quellen stammt, eine gewisse Grundlage hat.

In Sachen Regierung scheint der Gorilla etwas weiter entwickelt zu sein als die meisten Tiere. Der Häuptling führt die anderen auf dem Marsch an und wählt ihre Futterplätze und ihre Schlafplätze aus. Er bricht das Lager ab, und die anderen gehorchen ihm in dieser Hinsicht. Andere gesellige Tiere tun dasselbe, aber zusätzlich zu diesen Dingen halten die Gorillas von Zeit zu Zeit eine Art Gericht oder Rat im Dschungel ab. Man sagt, dass der König bei diesen Gelegenheiten den Vorsitz führt, dass er allein in der Mitte sitzt, während die anderen in einem Halbkreis um ihn herum stehen oder sitzen und aufgeregt reden. Manchmal sprechen sie alle gleichzeitig. Viele der Eingeborenen behaupten, Zeuge dieser Vorgänge gewesen zu sein; aber was sie bedeuten oder worauf sie anspielen, wagt kein Eingeborener zu sagen, außer dass es etwas in der Art eines Streits zu geben scheint. Inwieweit der Ober-Gorilla die Funktion des Richters ausübt, ist fraglich, aber die Geschichte scheint einen realen Hintergrund zu haben.

Über die Nachfolge des Königtums gibt es noch keine verbindlichen Informationen, aber aus den spärlichen Angaben zu diesem Punkt geht man davon aus, dass nach dem Tod des Ikomba ein erwachsenes Männchen das königliche Vorrecht übernimmt; andernfalls löst sich die Familie auf und wird schließlich von anderen Familien absorbiert oder an diese angeschlossen. Ob dieses neue Oberhaupt auf die Art und Weise gewählt wird, wie andere Tiere ein Oberhaupt ernennen, oder ob es dieses aufgrund seines Alters übernimmt, lässt sich nicht mehr feststellen. Es besteht kein Zweifel daran, dass in vielen Fällen Familien nach dem Tod ihres Ikomba noch lange Zeit intakt bleiben.

Viele Autoren haben behauptet, dass der Gorilla für sich und seine Familie eine grobe Hütte baut. Ich habe keine Beweise dafür gefunden, dass dies tatsächlich der Fall ist. Die Eingeborenen erklären, dass er dies tut, und einige Weiße bestätigen dasselbe. Während meiner Reisen durch das Land der Gorillas bot ich jedem Eingeborenen, der mir ein Exemplar dieser Affenarchitektur zeigen würde, häufig eine großzügige Belohnung an, aber ich konnte nie eine Spur einer von einem Affen gebauten oder bewohnten Hütte finden. Manchmal suchen sie Schutz vor den Tornados, aber meist unter einem umgestürzten Baum oder einem Laubhaufen. Nichts deutet darauf hin, dass sie irgendeinen Teil eines Baumes oder eines Blattes umgestalten. Soweit ich herausfinden konnte, gibt es absolut keinen Beweis dafür, dass ein Gorilla jemals zwei Stöcke mit der Idee zusammengesteckt hat, einen Unterschlupf zu bauen. Was das Werfen von Stöcken oder Steinen auf einen Feind betrifft, so gibt es nichts, was dies bestätigen würde, aber vieles, was dagegen spricht. Das ist eine reine Laune der Phantasie.

Die gängige Meinung, dass ein Gorilla einen Menschen angreift, ohne dazu provoziert zu werden, ist ein weiterer populärer Irrtum. Er ist scheu und furchtsam. Er schreckt sowohl vor Menschen als auch vor anderen großen Tieren zurück. Wenn er in Wut gerät, ist er sowohl wild als auch mächtig; aber seine Wildheit und Stärke werden höher bewertet als ihr Wert. Im Kampf ist er zweifellos ein hartnäckiger Gegner, aber niemand, dem ich je begegnet bin, hat ihn in dieser Weise kämpfen sehen. Seine Angriffsmethode, wie sie von einigen Reisenden beschrieben wird, ist eine reine Theorie. Es heißt, dass er dabei aufrecht geht, wütend auf seine Brust schlägt, brüllt und schreit. Auf diese Weise erschreckt er zuerst seinen Gegner, packt ihn dann, reißt ihm die Brust auf und trinkt das Blut. Ich habe noch nie einen großen Gorilla im Angriffsmodus gesehen.

Während meines Aufenthalts im Dschungel hatte ich einen jungen Gorilla in Gefangenschaft. Ich benutzte ihn, um die Gewohnheiten seiner Rasse zu studieren.

Ich hielt ihn mit einer langen Leine gefesselt, die es ihm ermöglichte, im Gebüsch zu spielen oder zu klettern, und ihn gleichzeitig daran hinderte, in den Wald zu fliehen, was er immer versuchte, sobald er freigelassen wurde. Ich habe ihn oft freigelassen, um zu beobachten, wie er sich verhält, wenn er wieder eingefangen wird. Wenn er verfolgt wurde, schaute er selten zurück, aber wenn er eingeholt wurde, stürzte er sich immer auf seinen Fänger. Dies gab mir die Gelegenheit, seine Angriffsmethode zu beobachten. Dabei zeigte er sowohl Geschick als auch Urteilsvermögen. Als mein einheimischer Junge sich ihm näherte, drehte er ruhig eine Seite zum Feind und rollte, ohne den Jungen anzusehen, die Augen so, dass er ihn sehen und gleichzeitig seine eigene Absicht verbergen konnte. Als der Junge in Reichweite kam, packte ihn der Gorilla, indem er den Arm zur Seite und schräg nach hinten stieß. Als er seinen Gegner am Bein gepackt hatte, schwang er sofort den anderen Arm mit einem langen Schwung herum, um dem Jungen einen harten Schlag zu versetzen. Dann setzte er seine Zähne ein. Er schien sich mehr auf den Schlag als auf den Griff zu verlassen, aber letzterer diente dazu, das Objekt des Angriffs in Reichweite zu halten. In jedem Fall behielt er einen Arm und ein Bein in Reserve, bis er seinen Gegner gepackt hatte.

Es stimmt, dass diese Angriffe auf einen verfolgenden Feind erfolgten, aber die Art und Weise, wie er dies tat, schien für ihn selbstverständlich zu sein. Er schlug kräftig zu und zeigte keine Anzeichen von Rissen oder Kratzern bei seinem Gegner. Bei diesen Angriffen gab er keinen Laut von sich. Ich behaupte nicht, dass andere Gorillas niemals schreien oder ihre Opfer zerreißen, aber ich gehe davon aus, dass die Gewohnheiten der Jungtiere weitgehend, wenn auch nicht ganz, denen der Älteren entsprechen; und nach dem Studium dieses Exemplars bin ich gezwungen, viele Meinungen zu ändern, die ich aus der Lektüre oder aus Bildern und Museumsexemplaren, die ich gesehen habe, übernommen habe. Viele von ihnen stellen den Gorilla in absurden und manchmal unmöglichen Haltungen dar. Sie stellen ihn sicherlich nicht so dar, wie ich ihn in seiner heimischen Wildnis gesehen habe. Ich hatte eine kurze Zeit lang ein junges Gorillaweibchen als Studienobjekt. Ihre Angriffsart war in etwa dieselbe wie die eben beschriebene, aber sie war zu groß, um bei solchen Experimenten viel zu riskieren.

Wenn der Schimpanse angreift, nähert er sich - soweit ich das bei meinen eigenen Exemplaren gesehen habe - seinem Feind und schlägt mit beiden Händen zu, die eine etwas vor der anderen. Nach einigen Schlägen ergreift er seinen Gegner und setzt seine Zähne ein. Dann stößt er ihn weg und benutzt wieder die Hände. Normalerweise begleitet er den Angriff mit einem lauten, durchdringenden Schrei. Weder er noch der Gorilla schließen die Hand, um zuzuschlagen, oder benutzen irgendeine Waffe außer den Händen und den Zähnen.

Ich habe Beschreibungen der Geräusche von Gorillas gelesen und gehört, aber nichts vermittelte mir je eine angemessene Vorstellung von ihrer wirklichen Natur, bis ich sie selbst mitten in der Nacht in einem Umkreis von etwa hundert Fuß von meinem Käfig hörte. Die einen nennen es Brüllen, die anderen Heulen, aber es ist weder ein Brüllen noch ein Heulen. Sie geben eine eigentümliche Kombination von Lauten von sich, die mit einem tiefen, sanften Ton beginnen, der sich rasch in Tonhöhe und Frequenz steigert, bis er zu einem schrecklichen Schrei wird. Der erste Ton der Reihe und jeder weitere werden durch Ausatmung erzeugt, die dazwischen liegenden durch Einatmung. Wie dies zustande kommt, ist schwer zu sagen. Insgesamt ähnelt das Geräusch dem Schnauben eines Esels, mit dem Unterschied, dass die Töne kürzer sind, der Höhepunkt höher liegt und der Ton lauter ist. Ein Gorilla brüllt nicht jede Nacht auf diese Weise, aber wenn er es tut, dann meist zwischen zwei und fünf Uhr morgens. Ich habe das Geräusch weder tagsüber noch in den frühen Morgenstunden gehört. Wenn er schreit, wiederholt er die Serie zehn bis zwanzig Mal in Abständen von einer oder zwei Minuten. Ich kenne keine Stimme, die so viel Schrecken verbreiten kann wie die des Gorillas. Sie kann über eine Entfernung von drei oder vier Meilen gehört werden. Ich kann ihr keine eindeutige Bedeutung zuordnen, es sei denn, sie soll einen Eindringling alarmieren.

Eines Morgens, zwischen drei und vier Uhr, hörte ich zwei von ihnen gleichzeitig schreien. Ich meine nicht im selben Augenblick, sondern in Abständen während desselben Zeitraums. Einer von ihnen befand sich in einer Entfernung von etwa einer halben Meile von mir, der andere in einer anderen Richtung, vielleicht eine Meile entfernt. Die Punkte, die wir jeweils einnahmen, bildeten ein skaliges Dreieck. Die Laute, die die beiden Affen von sich gaben, schienen keinen Bezug zueinander zu haben. Manchmal wechselten sie sich ab, ein anderes Mal unterbrachen sie sich gegenseitig. Sie wurden beide von Riesen ihrer Art erzeugt, und jedes Blatt des Waldes vibrierte mit dem Klang. Das war in der zweiten Maihälfte. Sie schreien das ganze Jahr über von Zeit zu Zeit auf diese Weise, aber am häufigsten und heftigsten ist es im Februar und März.

Dieses wilde Geschrei wird manchmal von einem seltsamen Klopfgeräusch begleitet. Dieses Geräusch wurde von Reisenden vage und unterschiedlich beschrieben, und es wird angenommen, dass es durch das Schlagen der Hände auf die Brust des Tieres verursacht wird; dies ist jedoch nicht der Fall. Das Geräusch kann nicht auf diese Weise erzeugt werden. Die Qualität des Geräusches zeigt, dass dies nicht das Mittel sein kann, das verwendet wird. Ich habe dieses Schlagen mehrmals gehört und dabei sehr genau auf seinen Charakter geachtet. Aus großer Entfernung wäre es schwierig, seine genaue Qualität zu bestimmen.

Einmal, als ich in einer Eingeborenenstadt übernachtete, wurde ich durch das Schreien und Schlagen eines Gorillas aus dem Schlaf geweckt, der nur wenige hundert Meter vom Dorf entfernt war. Ich zog meine Stiefel an, nahm mein Gewehr und überquerte vorsichtig das offene Gelände zwischen dem Dorf und dem Wald. So kam ich bis auf etwa zweihundert Meter an das Tier heran. Der Mond leuchtete schwach, aber ich konnte das Tier nicht sehen, und ich hatte keine Lust, mich ihm zu diesem Zeitpunkt zu nähern. Ich hörte deutlich jeden Schlag. Ich glaube, das Geräusch wurde durch Schläge auf einen Stamm oder ein Stück totes Holz erzeugt. Er schlug mit beiden Händen. Die abwechselnden Schläge erfolgten mit großer

Schnelligkeit. Die Reihenfolge der Schläge war derjenigen nicht unähnlich, die die Eingeborenen beim Schlagen ihrer Trommeln erzeugen, außer dass in diesem Fall jede Hand die gleiche Anzahl von Schlägen machte und die Schläge in einer konstanten Reihe von sehr leisen bis sehr lauten Schlägen auf- und abgingen und umgekehrt. Mehrere dieser Schläge folgten aufeinander, solange die Stimme andauerte. Das Intervall zwischen dem ersten und zweiten Schlag war etwas länger als das zwischen dem zweiten und dritten und so weiter durch die Tonleiter. Mit zunehmender Lautstärke des Schlags verkürzte sich das Intervall in umgekehrtem Maße, während sich die Intervalle beim Abwärtslaufen der Tonleiter mit dem Abschwächen des Schlags verlängerten, und der Autor des Klangs war sich dieser Tatsache bewusst.

Ich konnte keine zeitliche oder harmonische Beziehung zwischen dem Klang der Stimme und den Schlägen feststellen, außer dass sie zur gleichen Zeit begannen und zur gleichen Zeit endeten. Dieselbe Reihe von Stimmklängen wurde jedes Mal wiederholt, wobei sie mit einem tiefen Ton begann und jeweils mit dem Ton der höchsten Tonhöhe endete, während der Anstieg und Abfall der Reihe der geschlagenen Klänge nicht durch die Dauer der Stimme gemessen wurde. Die Serie begann jedes Mal mit einem leisen Ton, endete aber an einer beliebigen Stelle der Tonleiter, an der sie sich zum Zeitpunkt des Verstummens der Stimme befand. Die zusammenfallenden Töne waren nicht in jedem Fall die gleichen.

Zweifellos schlägt der Gorilla manchmal auf seine Brust. In Gefangenschaft hat man ihn dabei gesehen, aber die oben beschriebenen Geräusche wurden nicht auf diese Weise erzeugt. Da der Gorilla diese Geräusche nur nachts macht, ist es unwahrscheinlich, dass ein Mensch ihn jemals dabei gesehen hat. Man braucht kein besonders feines Gehör, um ein Geräusch, das beim Schlagen auf die Brust entsteht, von einem Geräusch zu unterscheiden, das beim Schlagen auf totes Holz oder eine ähnliche Substanz entsteht.

Ich habe das oben beschriebene Geräusch dem Gorilla zugeschrieben, weil mir viele Weiße und zahlreiche Eingeborene versichert haben, dass es von ihm stammt; aber seit meiner Rückkehr aus Afrika hatte ich Zeit, bestimmte Fakten, die ich auf meiner ersten Reise gesammelt hatte, zu überdenken und zu verdauen, und als Ergebnis dieser Überlegungen bezweifle ich, dass dieses Geräusch vom Gorilla stammt. Es gibt Gründe zu glauben, dass er vom Schimpansen stammt.

Ich beobachtete, dass meine eigenen Schimpansen ein Geräusch machten, das genau dem entsprach, das ich im Wald hörte, nur dass es weniger laut war. Das lag an dem Alter der Affen, die ihn machten. Ich konnte sie jederzeit dazu bringen, diesen Laut zu erzeugen, und tat dies auch häufig, um ihn zu studieren. Nach meiner Ankunft in New York stellte ich fest, dass Chico - der große Schimpanse von Mr. Bailey - häufig denselben Laut von sich gab. Das tat er immer nachts. Der Schrei soll so laut und durchdringend gewesen sein, dass er die stattlichen Mauern des Madison Square Garden erschütterte. Aus der Beschreibung, die der verstorbene Professor Romanes über das Geräusch von "Sally" in den Londoner Gärten gegeben hat, geht hervor, dass sie dasselbe Geräusch gemacht hat. Die Eingeborenen wissen sehr wohl, dass Schimpansen auf einen Klangkörper schlagen, den sie Trommel nennen. Im Jahr 1890 machte ich auf das Schlagen der beiden Schimpansen in den Cincinnati Gardens aufmerksam. Sie schlugen häufig mit ihren Fingerknöcheln auf den Boden ihres Käfigs. Dies wurde vor allem von dem Männchen praktiziert. Der verstorbene E. J. Glave beschrieb mir, dass die Schimpansen im mittleren Kongobecken das Gleiche taten.

Es ist unwahrscheinlich, dass zwei Tiere verschiedener Gattungen genau denselben Laut von sich geben, insbesondere wenn es sich um einen komplexen oder langgezogenen Laut handelt. Es ist auch nicht wahrscheinlich, dass die beiden eine gemeinsame Gewohnheit haben, wie z.B. das Schlagen auf einen sonoren Körper. Da es sicher ist, dass einer dieser Affen das beschriebene Geräusch macht, ist es mehr als wahrscheinlich, dass der andere es nicht tut. Die gleiche Logik gilt für das Schlagen. Viele Dinge, die dem Schimpansen bekannt sind, werden beim Gorilla als selbstverständlich vorausgesetzt; aber es ist ein Irrtum anzunehmen, dass sie in solchen Gewohnheiten wie diesen identisch sein würden. In Anbetracht der Tatsachen bin ich geneigt zu glauben, dass die beschriebenen Laute vom Schimpansen und nicht vom Gorilla erzeugt werden.

Es gibt noch einen weiteren Fall, in dem der Gorilla falsch dargestellt wird. Das Gorillaweibchen wird so dargestellt, dass es sein Junges an der Taille festhält. Ich habe die Mutter im Wald gesehen, mit ihrem Jungen auf dem Rücken, die Arme um den Hals und die Füße in den Achselhöhlen. Ich habe nie gesehen, dass das Männchen die Jungen trägt, aber bei einer Reihe von Exemplaren in fortgeschrittenem Alter habe ich die Markierung auf dem Rücken und an den Seiten gesehen und darauf aufmerksam gemacht, dass es dies tut. Es ist dieselbe Stelle, an der das Jungtier auf dem Rücken der Mutter ruht. Es hat die Form eines umgekehrten Y, wobei die Basis auf dem Nacken ruht und die Zacken bis unter die Arme reichen. Dieses Zeichen ist nicht von Natur aus vorhanden. Es ist der Abdruck von etwas, das dorthin getragen wurde. Bei einigen Exemplaren ist das Haar abgenutzt, bis die Haut fast nackt ist. Die Zacken sind stärker abgenutzt als der Stiel der Figur. Das liegt daran, dass der Abrieb an diesen Stellen größer ist als anderswo. Ich behaupte nicht, dass dies die Ursache ist, aber ich behaupte, dass dies die Tatsache ist.

Der Gorilla ist der menschlichen Gesellschaft abgeneigt. In Gefangenschaft ist er missmutig und mürrisch. Er ist unruhig und sehnt sich nach seiner Freiheit. Sein Gesicht scheint nicht in der Lage zu sein, irgendetwas auszudrücken, das einem Lächeln ähnelt, aber wenn er in Ruhe ist, ist es nicht abstoßend. Im Zorn zeigt sein Antlitz die wilden Instinkte seiner Natur. Er scheint Gefangenschaft nicht gut zu ertragen, selbst wenn er nicht aus seinem Heimatklima entfernt wurde. Die längste Zeit, die je ein Exemplar in Gefangenschaft gelebt hat, betrug etwa dreieinhalb Jahre. Der auf dem nebenstehenden Ausschnitt gezeigte Gorilla gehörte einem Händler mit dem Namen Jones. Der Name des Gorillas war Sally, und ich habe sie Sally Jones genannt. Sie lebte dreieinhalb Jahre bei ihrem Herrn und starb aus Kummer über seine Abwesenheit.

Abb. 26: SALLY JONES (JUNGER GORILLA) BEIM SCHLUMMERN ERWISCHT (Nach einer Fotografie.)

Der Gorilla, der eine Zeit lang mit mir im Wald lebte, war ein nüchternes, feierliches, stoisches Wesen, und nichts konnte in ihm einen Geist der Fröhlichkeit erwecken. Der einzige Zeitvertreib, dem er frönte, war, Purzelbäume zu schlagen. Fast jeden Tag stand er in Abständen von etwa einer Stunde für einen Moment auf, legte dann den Kopf auf den Boden, drehte sich um, stand wieder auf und sah mich an, als erwarte er meinen Beifall. Seine Handlungen bei diesem Kunststück ähnelten sehr denen eines Jungen. Er wiederholte diese Handlung oft ein Dutzend Mal oder öfter, aber er lächelte nie und zeigte auch kein Zeichen von Freude. Er war egoistisch, grausam, rachsüchtig und zurückhaltend.

Eine besondere Angewohnheit des Gorillas, sowohl in freier Wildbahn als auch in Gefangenschaft, ist das Entspannen der Unterlippe, wenn er sich ausruht. Dies geschieht nicht, wenn das Tier mürrisch ist, sondern häufig, wenn es verwirrt ist oder sich mit einem Thema beschäftigt. Eine weitere Angewohnheit besteht darin, das Zungenende zwischen die Lippen zu schieben, bis es ungefähr mit dem äußeren Rand der Lippen abschließt. Das Ende der Zunge ist etwas stumpfer als das des Menschen. Diese Angewohnheit kommt bei jungen Gorillas so häufig vor, dass sie eine Bedeutung zu haben scheint; ich kann jedoch nicht sagen, welche.

Zum Schlafen legt sich der Gorilla auf den Rücken oder die Seite, wobei er einen oder beide Arme als Kissen unter den Kopf legt. Er kann nicht auf einer Sitzstange schlafen, wie wir bereits festgestellt haben, sondern liegt nachts auf dem Boden. Ich hatte mir die Stelle am Fuße eines großen Baumes zeigen lassen, wo ein Schwarm von ihnen in der Nacht zuvor geschlafen hatte. Ein Abdruck war sehr deutlich. Die Geschichten über den Gorillakönig oder Ikomba, der seine Familie in einem Baum unterbringt, während er am Fuß des Baumes Wache hält, sind ein weiterer Fall von Vermutung.

Die Nahrung des Gorillas beschränkt sich nicht nur auf Pflanzen und Früchte. Er liebt Fleisch und isst es entweder roh oder gekocht. Er versorgt sich mit dieser Art von Nahrung, indem er kleine Nagetiere verschiedener Art, Eidechsen, Kröten usw. fängt. Es ist auch bekannt, dass er die Nester von Vögeln ausraubt und die Eier oder die Jungen mitnimmt. Ein Eingeborener wies mich einmal auf die Stacheln und Knochen eines Stachelschweins hin, die ein Gorilla hinterlassen hatte, der den Kadaver gefressen hatte. Das ist gar nicht so selten. Die Früchte und Pflanzen, von denen sie sich hauptsächlich ernähren, haben einen säuerlichen Geschmack, und einige von ihnen sind bitter. Sie fressen oft die Früchte des Wegerichs, aber sie bevorzugen den Stängel dieser Pflanze; diesen drehen sie um oder brechen ihn auf und essen das saftige Herz. Dasselbe tun sie mit der Batuna, die überall im Wald wächst. Die Frucht dieser Pflanze ist eine rote Schote mit Samen, die in einem weichen Fruchtfleisch eingebettet sind. Sie ist leicht sauer und adstringierend. Die wilde Mangrove, die für den Schimpansen ein Hauptnahrungsmittel darstellt, wird vom Gorilla selten oder nie gegessen. Ich habe einmal gesehen, wie ein Gorilla versucht hat, einen Hund zu ergreifen, aber ob mit dem Ziel, das Fleisch zu essen, kann ich nicht sagen. Ein Gorilla hat jedoch an Bord des Dampfers Nubia auf der Heimreise von Afrika einen kleinen Hund gefangen und verschlungen. Beide Tiere gehörten Kapitän Button, und von ihm erfuhr ich von diesem Vorfall. Gorillas haben keine festen Fresszeiten, aber sie fressen normalerweise am frühen Morgen oder am späten Nachmittag. In einigen wenigen Fällen habe ich gesehen, dass sie Fleisch verweigern. Vielleicht fressen sie weniger gern Fleisch als die Schimpansen.

Beim Trinken nimmt der Gorilla einen Becher, setzt den Rand in den Mund und trinkt auf die gleiche Weise wie ein Mensch. Er tut dies, ohne dass es ihm beigebracht wird, während der Schimpanse es vorzieht, beide Lippen in das Gefäß zu stecken. Ich habe noch nie einen Gorilla gesehen, der Bier, Spirituosen, Kaffee oder Suppe getrunken hätte. Ihr Getränk beschränkt sich auf Milch oder Wasser. Der Schimpanse trinkt Bier und verschiedene andere Dinge.

KAPITEL XXII

Othello und andere Gorillas-Othello und Moses-Gorilla-Besucher-
Gorilla-Mutter und -Kind-Knappheit der Gorillas-Authentische
Erzählungen

Während ich in meinem Käfig im Dschungel lebte, sicherte ich mir den jungen Gorilla, dem ich den Namen Othello gab. Er war etwa sechs Monate alt, stark, robust und widerstandsfähig. Ich fand, dass er ein hervorragendes Studienobjekt war, und nutzte ihn zu diesem Zweck so gut wie möglich aus. Ich habe seinen Charakter an anderer Stelle beschrieben, aber seine Krankheit und sein Tod sind von Interesse.

Am Mittag des Tages, an dem er starb, schien es ihm gut zu gehen und er war bester Laune. Er schlug Purzelbäume und spielte wie ein Kind mit einem einheimischen Jungen. Er zeigte großes Interesse an seinem Spiel, und seine Handlungen deuteten darauf hin, dass es ihm Freude bereitete; doch sein Gesicht verriet dies nicht ein einziges Mal. Es war amüsant, ihn mit den Aktionen eines tobenden Kindes und dem Gesicht eines Zynikers zu sehen.

Er wurde mit reichlich seiner Lieblingsspeise versorgt, hatte guten Appetit und aß mit großem Vergnügen. Kurz nach Mittag schickte ich den Jungen auf einen Botengang. Gegen Mitte des Nachmittags bemerkte ich, dass Othello krank war. Er weigerte sich, zu essen oder zu trinken, und lag auf dem Rücken auf dem Boden, die Arme als Kissen unter dem Kopf. Ich versuchte, ihn dazu zu bewegen, mit mir spazieren zu gehen, zu spielen oder sich aufzusetzen, aber er weigerte sich. Um vier Uhr war er sehr krank. Er wälzte sich von einer Seite auf die andere und stöhnte vor offensichtlichen Schmerzen. Er hielt eine Hand auf seinen Bauch, wo der Schmerz zu sitzen schien. Er zeigte alle Symptome einer Magenvergiftung, und ich habe jetzt Grund zu der Annahme, dass der Junge ihm Gift gegeben hatte. Ich bedaure, diesen Verdacht gegen eine unschuldige Person zu hegen, aber er beruht auf bestimmten Tatsachen, die ich seither erfahren habe.

Während ich in meinem Käfig saß und Othello beobachtete, der in einiger Entfernung auf dem Boden lag, entdeckte ich einen Eingeborenen, der sich ihm aus dem Dschungel näherte. Der Mann hatte einen erhobenen Speer in der Hand, als wolle er ihn auf etwas schleudern. Er hatte mich nicht gesehen, aber es kam mir keinen Augenblick in den Sinn, dass er es auf mein Haustier abgesehen hatte. Ich sprach ihn in der Sprache der Eingeborenen an, woraufhin er mir erklärte, dass er den jungen Gorilla gesehen habe und vermutete, dass sich ein alter Gorilla in der Nähe befinde, und dass er aus Angst vor einem Angriff vorbereitet sei. Er sagte, er habe keine Angst vor einem kleinen Gorilla, sondern wolle ihn fangen. Ich teilte ihm mit, dass der Gorilla krank sei. Er untersuchte ihn und versicherte mir, dass Othello sterben würde.

Der Mann ging weg, und Othello ging es immer schlechter. Sein Seufzen und Stöhnen war wirklich rührend. Ich gab ihm ein Brechmittel, das gute Ergebnisse brachte. Ich benutzte auch einige Vaporole, um ihn wiederzubeleben, aber meine Fähigkeiten reichten nicht aus, um den Anforderungen seines Falles gerecht zu werden. Sein Verhalten war so menschenähnlich, dass es mich zutiefst beeindruckte, und als ich zum Zeitpunkt seines Todes mit ihm allein in der Stille des trostlosen Waldes war, hatte die Szene einen Hauch von Traurigkeit, der mir ein noch tieferes Gefühl für ihre Realität vermittelte. Moses beobachtete den sterbenden Affen, als ob er wüsste, was der Tod bedeutet. Er zeigte kein Zeichen des Bedauerns, aber sein Verhalten ließ vermuten, dass er wusste, dass es eine schwere Stunde war.

Othello starb kurz vor Sonnenuntergang, doch war er zuvor lange Zeit bewusstlos. Die einzigen Bewegungen, die er machte, waren krampfartige Bewegungen, die durch den Schmerz verursacht wurden. Der starre und leere Blick seiner Augen in seiner letzten Stunde glich dem eines Menschen in der Stunde der Auflösung, so dass niemand die Szene betrachten konnte, ohne die feierliche Tatsache zu erkennen, dass dies der Tod war. Am nächsten Tag sezierte ich ihn und präparierte die Haut und das Skelett, um sie mit nach Hause zu nehmen. Sie befinden sich jetzt, zusammen mit denen von Moses und anderen, im Museum der Universität von Toronto.

Als ich diesen Affen zum ersten Mal festhielt und ihn zu meinem Haus im Busch brachte, wurde er einige Meter von meinem Käfig entfernt auf den Boden gelegt. Neben ihm lagen einige Bananen und Zuckerrohr, die Moses gehörten, der den Fremden noch nicht gesehen hatte. Der Gorilla befand sich in einer Kiste, die an einer Seite offen war, so dass er leicht gesehen werden konnte. Ich wollte sehen, wie sich beide verhalten würden, wenn sie den anderen entdeckten. Als Moses das Futter sah, bediente er sich selbst. Als er den Gorilla sah, hielt er einen Moment inne und alarmierte mich. Er selbst ließ sich nicht davon abhalten, eine Banane zu nehmen. Er schnappte sich eine und zog sich zurück. Während er die Banane aß, nahm ich den Gorilla aus dem Käfig und setzte ihn daneben auf den Boden. Ich streichelte ihn und gab ihm etwas zu essen. Moses sah zu, mischte sich aber nicht ein.

Als ich zu meinem Käfig zurückkehrte, begann Moses, den neuen Affen zu untersuchen. Er näherte sich langsam und vorsichtig bis auf etwa einen Meter an ihn heran. Er ging ein paar Mal um den Gorilla herum, hielt sein Gesicht auf ihn gerichtet und kam allmählich ein wenig näher. Schließlich kam er bis auf wenige Zentimeter an eine Seite des Gorillas heran und blieb stehen. Er stellte sich fast auf die Zehenspitzen, nur die Enden seiner Finger berührten den Boden. Der Gorilla fuhr fort, sein Essen zu essen, ohne Moses auch nur einen Blick zu schenken. Moses setzte seinen Mund an das Ohr des Gorillas und stieß einen gewaltigen Schrei aus. Der Gorilla zuckte nicht zurück und wandte nicht einmal die Augen. Moses stand einen Moment lang da und sah aus, als wäre er überrascht, dass er keinen Eindruck hinterlassen hatte. Danach machte er dem Gorilla einige freundliche Annäherungsversuche, aber der Gorilla erwiderte sie nicht, sondern hielt nur Frieden. Sie stritten sich nie, aber Othello behandelte Moses immer als Untergebenen. Ich weiß nicht, ob er wirklich ein Gefühl der Verachtung hegte, aber sein Verhalten war hochmütig und herablassend.

Es gab nur wenige Nahrungsmittel, die er und Moses gemeinsam mochten, und deshalb hatten sie keinen Anlass zum Streit; aber sie spielten nie miteinander und pflegten keinen freundschaftlichen Umgang, wie es die Schimpansen untereinander taten. Das mag daran gelegen haben, dass der Gorilla sich dem Schimpansen gegenüber so exklusiv verhielt, dass er alle Versuche des Schimpansen, mit ihm intim zu werden, unterbunden hat. Der Schimpanse ist von Natur aus geselliger und mag die menschliche Gesellschaft. Er ahmt in vielen Dingen die Handlungen des Menschen nach und passt sich schnell an neue Bedingungen an, während der Gorilla egoistisch und zurückhaltend ist. Er kann sich nur selten mit der menschlichen Gesellschaft arrangieren. Er ahmt den Menschen nicht nach und unterwirft sich nicht ohne weiteres dem Einfluss der Zivilisation.

Ein besonderes Merkmal des Gorillas, das ich hervorheben möchte, ist, dass er zu den wortkargsten Vertretern seiner Familie gehört. Diese Tatsache bestätigt zwar nicht meine Theorie über ihre Sprachfähigkeit, aber sie ist eine Tatsache, soweit ich sie beobachtet habe, obwohl die Eingeborenen sagen, dass er genauso redselig ist wie der Schimpanse. Von den Exemplaren, die ich sowohl in freier Wildbahn als auch in Gefangenschaft untersucht habe, habe ich nie mehr als vier Laute gehört, die sich voneinander unterschieden, und von diesen konnten nur zwei als Sprache bezeichnet werden. Ich zähle den in einem anderen Kapitel beschriebenen Schrei-Laut nicht dazu. Ich war bisher nicht in der Lage, die Laute, die ich gehört habe, zu übersetzen, und sie lassen sich nicht mit unseren Buchstaben buchstabieren.

Es gibt einen Laut, den Othello oft benutzt. Es war kein Sprachlaut, sondern eine Art Wimmern, immer verbunden mit einem tiefen Seufzer. Wenn er eine Zeit lang allein war, wurde er von der Einsamkeit bedrückt. In solchen Momenten stieß er oft einen tiefen Seufzer aus und stieß diesen seltsamen Laut aus. Der Ton und die Art und Weise, wie er ihn ausstieß, appellierten stark an die Gefühle der anderen, und obwohl es nicht so aussah, als ob er ihn an irgendjemanden richtete oder irgendeine Absicht damit verfolgte, rührte er immer einen sympathischen Akkord an, und ich war manchmal versucht, ihn zu erlösen. Ein weiteres Geräusch, das nicht in den Bereich der Sprache fiel, war eine Art Grummeln. Dieses Geräusch trat häufig auf, wenn er aß. Es war nicht gerade ein Knurren, aber eine Art Beschwerde. Zweimal hörte ich dasselbe Geräusch von wilden Tieren im Wald in der Nähe meines Käfigs. Das Einzige, womit ich es vergleichen kann, ist die Angewohnheit von Katzen, beim Fressen zu knurren. Sie scheinen dies nur zu tun, wenn etwas in der Nähe ist. Möglicherweise soll es andere davon abhalten, sich das Futter zu holen.

Während meines Lebens im Käfig habe ich zweiundzwanzig Gorillas gesehen, aber ich werde nur einige von ihnen beschreiben, da ihre Handlungen in den meisten Fällen ähnlich waren. Der erste, den ich im Dschungel zu sehen bekam, kam bis auf wenige Meter an den Käfig heran, noch bevor er zu empfangen war. Er war genau halb ausgewachsen. Das Geräusch, das beim Zusammenbau des Käfigs gemacht wurde, muss ihn angelockt haben. Er näherte sich vorsichtig, und als ich ihn entdeckte, spähte er durch das Gebüsch, als wolle er die Ursache für die Geräusche herausfinden. Als er mich sah, verweilte er nur wenige Sekunden und eilte dann in den Dschungel davon. Ich störte ihn nicht und schoss nicht auf ihn, denn ich wollte, dass er zurückkam.

Am dritten Tag, nachdem ich in den Käfig gezogen war, sah ich eine zehnköpfige Gorillafamilie, die auf der Rückseite eines Stapels Kochbananen in der Nähe eines der Dörfer eine offene Fläche überquerte. Ein kleiner einheimischer Junge war nur etwa zwanzig Meter von ihnen entfernt, als sie den Weg vor ihm überquerten. Einige Minuten später wurde ich auf ihre Nähe aufmerksam gemacht. Ich nahm mein Gewehr und folgte ihnen in den Dschungel, bis ich die Spur verlor. Einige Stunden später wurden sie erneut von einigen Eingeborenen in der Nähe meines Käfigs gesehen, aber sie kamen nicht nahe genug heran, um gesehen oder gehört zu werden. Am nächsten Tag kam eine Familie bis auf etwa dreißig Meter an den Käfig heran. Der Busch war so dicht, dass ich sie nicht sehen konnte, aber ich konnte vier oder fünf Stimmen unterscheiden. Sie schienen in eine Art von Streit verwickelt zu sein. Ich nehme an, dass es die Familie war, die ich am Tag zuvor gesehen hatte. In der zweiten Nacht hörte ich in einiger Entfernung von mir im Wald die Schreie eines Tieres, aber ich weiß nicht, ob es der König dieser Familie oder eine andere war.

Eines Tages, als ich allein saß, kam ein junger Gorilla, vielleicht fünf Jahre alt, bis auf sechs oder sieben Meter an den Käfig heran und warf einen Blick darauf. Ich weiß nicht, ob er sich der Anwesenheit des Käfigs bewusst war oder nicht, bis er so nahe war. Er stand eine Zeit lang fast aufrecht und hielt sich mit einer Hand an einem Zweig fest. Seine Unterlippe war entspannt und zeigte die an anderer Stelle erwähnte rote Linie, und das Ende seiner Zunge war zwischen den gespaltenen Lippen zu sehen. Er zeigte weder Angst noch Zorn, sondern schien eher erstaunt zu sein. Ich hörte ihn ein paar Sekunden, bevor ich ihn sah, durch das Gebüsch schleichen. In der Regel bewegen sie sich so heimlich, dass man sie nicht hört. Ich kenne kein anderes Tier von gleicher Größe, das sich so geräuschlos durch den Wald bewegt. Während der kurzen Zeit, in der er mich anstarrte, saß ich still wie eine Statue, und ich glaube, er hatte Zweifel, ob ich noch lebte oder nicht. Er lief nicht weg, sondern bog nach einer kurzen Pause schräg ab und entfernte sich leise. Er verlor keine Zeit, hatte es aber auch nicht besonders eilig. Das einzige Geräusch, das er machte, war ein leises Grunzen, das er nicht wiederholte.

Ein anderes Mal hörte ich, wie zwei von ihnen zwischen den Kochbananen in meiner Nähe Lärm machten. Ich konnte nur einen flüchtigen Blick auf sie werfen, aber soweit ich sehen konnte, waren sie von guter Größe und fast ausgewachsen. Von Zeit zu Zeit gaben sie ein leises Geräusch von sich, so wie ich es beschrieben habe; aber ich konnte sie nicht gut genug sehen, um mir eine Meinung darüber zu bilden, was es bedeutete. Sie zankten sich jedenfalls nicht, und ich war mir nicht sicher, ob sie gerade aßen. Danach ging ich hin und sah nach, ob ich eine Stelle finden konnte, an der sie einen der Halme abgebrochen hatten. Ihre Spur war durch das

Gras und Unkraut sichtbar, aber ich konnte keinen gebrochenen Halm finden. Sie bewegten sich in einem sehr gemächlichen Gang und müssen etwa zehn oder zwölf Minuten in Hörweite gewesen sein. Sie waren sich von der Farbe her ziemlich ähnlich und schienen es auch von der Größe her zu sein, obwohl das erwachsene Männchen eine viel größere Größe als das Weibchen erreicht.

Einmal stand ich außerhalb des Käfigs, etwa zwanzig Meter entfernt, und Moses saß auf einem toten Baumstamm in der Nähe. Ich drehte mich zu ihm um und wollte mich gerade neben ihn setzen, als er Alarm schlug. Er tat dies in einem Unterton, offenbar um die Aufmerksamkeit desjenigen nicht zu erregen, vor dem er warnen wollte. Ich sah mich um und entdeckte einen Gorilla, der keine zwanzig Meter entfernt stand. Er hatte uns gerade entdeckt. Er starrte uns einen Moment lang an und ging dann weiter, schräg auf den Käfig zu. Ich wandte mich zum Rückzug. In diesem Augenblick stieß Moses einen seiner durchdringenden Schreie aus, der den Gorilla erschreckte und ihn in die Flucht schlug. Er änderte seinen Kurs fast im rechten Winkel. Bevor Moses schrie, war er schon ziemlich schnell unterwegs, aber er beschleunigte sofort sein Tempo.

Eines Tages hörte ich drei Geräusche, von denen mir ein einheimischer Junge versicherte, dass sie von Gorillas stammten; sie kamen aus verschiedenen Richtungen aus dem Käfig. Es war weder ein Schrei noch ein Heulen, sondern ähnelte eher der menschlichen Stimme, die mit einem Geräusch wie "Huh!" gerufen wird. Diese Laute wiederholten sich in bestimmten Abständen, schienen aber nicht in einem Verhältnis von Ruf und Antwort zu stehen, und die Tiere, die sie ausstießen, näherten sich beim Rufen nicht einander. Die Laute waren bis auf die Lautstärke identisch. Einer davon schien von einem Tier erzeugt zu werden, das viel größer war als die Tiere, die die beiden anderen Laute von sich gaben. Ich muss sagen, dass dieses Geräusch während meines Aufenthalts in diesem Gebiet nur selten zu hören war, und mit einer Ausnahme habe ich tagsüber nie einen Gorilla ein lautes Geräusch machen hören.

Ein anderes interessantes Exemplar kam durch den Dschungel geschlichen, als hätte es sich verirrt. Er fand eine kleine Öffnung oder einen Tunnel, den ich durch das Blattwerk geschnitten hatte, um eine bessere Sicht zu bekommen. Er bog in diese Öffnung ein und kam ein paar Schritte auf den Käfig zu, bevor er ihn entdeckte. Plötzlich blieb er stehen und hockte sich auf den Boden. Er setzte sich nicht flach hin. Ein paar Sekunden lang blieb er regungslos. Langsam hob er einen Arm, bis die Hand über dem Kopf war, und blieb einige Augenblicke in dieser Position. Dann bewegte er seine Hand schnell nach vorne, als wolle er eine Bewegung zu mir machen. Er ließ die Hand nicht auf den Boden fallen, sondern hielt sie für kurze Zeit schräg vor seinem Gesicht. Dann ließ er sie langsam sinken, bis sie den Boden erreichte. Während dieser Zeit hielt er seine Augen auf mich gerichtet. Schließlich hob er den anderen Arm und hielt sich an einem starken Busch fest, mit dem er sich langsam in eine halb stehende Position brachte. So stand er einige Sekunden lang, wobei eine Hand auf dem Boden ruhte. Plötzlich drehte er sich zur Seite, durchbrach das Gebüsch und verschwand. Er gab keinen Laut von sich. Ein anderer kam bis auf etwa dreißig Meter an meinen Rückzugsort heran. Als er mich entdeckte, blieb er stehen und starrte mich verwirrt an. Er wandte sich ab, um sich zurückzuziehen, drehte sich aber nach einigen Metern um und setzte sich auf den Boden. In dieser Haltung verharrte er mehr als eine halbe Minute; dann erhob er sich und zog sich in die Richtung zurück, aus der er gekommen war.

Das schönste Exemplar, das ich je zu Gesicht bekam, und gleichzeitig das beste Studienobjekt, war ein großes Weibchen, das sich mir bis auf wenige Meter näherte. Ein Hund, der zu einem der Eingeborenendörfer gehörte, war mir ans Herz gewachsen und hatte seinen Weg durch den Busch zu meinem Käfig gefunden. Er besuchte mich häufig, und ich freute mich immer, ihn willkommen zu heißen. Eines Nachmittags gegen drei Uhr kam er, und ich ließ ihn für eine Weile in den Käfig, um die üblichen Begrüßungen durchzuführen. Ich hatte einen Knochen, den ich von meiner letzten Mahlzeit aufbewahrt hatte, und den warf ich ihm in den Busch ein paar Meter vom Käfig entfernt hin. Er schnappte sich den Knochen und begann daran zu knabbern, wo er lag. Sein Körper lag in der Öffnung eines groben Pfades, der durch den Dschungel in der Nähe des Käfigs geschnitten war, aber sein Kopf war unter einem Büschel von Blättern verborgen. Plötzlich erblickte ich ein sich bewegendes Objekt am Rande des Weges auf der gegenüberliegenden Seite des Käfigs. Es war ein riesiges Gorillaweibchen, das ein Junges auf dem Rücken trug.

Als ich sie das erste Mal sah, war sie nicht mehr als fünfzig Meter entfernt. Sie schlich am Rande des Gebüschs entlang und beobachtete den Hund. Er war mit dem Knochen beschäftigt. Ihre Schritte waren so leise, dass ich nicht einmal das Rascheln eines Blattes hören konnte. Sie ging ein paar Schritte weiter, hockte sich unter den Rand des Gebüschs und spähte vorsichtig zu dem Hund hinüber. Wieder ging sie ein Stückchen weiter, blieb stehen, hockte sich hin und spähte. Es war offensichtlich, dass sie vorhatte, den Hund anzugreifen. Ihre Annäherung war so vorsichtig, dass sie keinen Zweifel an ihrer Geschicklichkeit beim Angreifen eines Feindes ließ. Jede Bewegung war die Verkörperung der Heimlichkeit. Ihr Gesicht trug einen ängstlichen Ausdruck mit einem Hauch von Wildheit. Ihre Bewegungen waren schnell, aber präzise, und ihr Vormarsch wurde durch keine Unentschlossenheit verzögert. Der Hund hatte ihre Annäherung nicht entdeckt. Der Geruch des Knochens und das Geräusch, das er damit machte, hinderten ihn daran, sie zu riechen oder zu hören. Ich konnte ihn nicht warnen, ohne sie zu erschrecken. Hätte er sie sehen können, bevor sie angriff, hätte ich ihn seinem Schicksal überlassen, zu fliehen oder zu kämpfen. Ich wäre froh gewesen, wenn ich die Gelegenheit gehabt hätte, einem solchen Kampf beizuwohnen und die Handlungen der Kriegsparteien zu studieren, aber ich konnte nicht zulassen, dass ein freundlicher Hund so benachteiligt wurde. Der Hund hatte sie noch nicht entdeckt, als sie schon dabei war, die Entfernung zwischen ihnen zu überwinden.

Als sie bis auf etwa drei Meter an ihn herangekommen war, beschloss ich, das Schweigen zu brechen. Ich spannte mein Gewehr. Das Klicken des Abzugs erregte ihre Aufmerksamkeit. Ich glaube, das war das erste Mal, dass sie sich meiner Anwesenheit bewusst wurde. Sie blieb sofort stehen, wandte ihr Gesicht und ihren Körper dem Käfig zu und setzte sich vor ihm auf den Boden. Sie warf mir einen solchen Blick zu, dass ich mich fast schämte, mich eingemischt zu haben. Mehr als eine Minute lang saß sie da und starrte mich an, als wäre sie wie gelähmt. Es gab keine Spur von Wut oder Angst, aber der Ausdruck der Überraschung war auf allen Zügen zu sehen. Ich konnte sehen, wie ihre Augen von meinem Kopf zu meinen Füßen wanderten. Sie musterte mich so genau, als ob sie mich kaufen wollte. Schließlich warf sie einen Blick auf den Hund, der immer noch an dem Knochen nagte, und drehte dann unruhig den Kopf, als ob sie nach einem Fluchtweg suchen wollte.

Abb. 27: GORILLAMUTTER MIT JUNGES

Dann erhob sie sich und ging mit mäßiger Eile ihre Schritte zurück. Sie rannte nicht, obwohl sie keine Zeit verlor. Von Zeit zu Zeit warf sie einen Blick zurück, um sich zu vergewissern, dass sie nicht verfolgt wurde. Sie gab keinen Laut von sich.

Von dem Zeitpunkt, an dem dieser Affe in Sicht kam, bis zu seinem Verschwinden vergingen etwa vier Minuten, und während dieser Zeit hatte ich Gelegenheit, sie auf eine Weise zu studieren, wie es niemand sonst je vermochte. Ich beobachtete jede Bewegung ihres Körpers, ihres Gesichts und ihrer Augen. Da ich im Käfig saß, konnte ich sie in aller Ruhe studieren, ohne einen Angriff befürchten zu müssen. Bei allem Respekt vor der Kühnheit der Menschen glaube ich nicht, dass ein vernünftiger Mensch ruhig dasitzen und zusehen könnte, wie sich eine dieser riesigen Bestien so nahe an ihn herantastet, ohne einen Anflug von Angst zu verspüren, es sei denn, er wäre geschützt, wie ich es war. Jeder Mann würde entweder schießen oder den Rückzug antreten, und er könnte das Thema unmöglich mit Gleichmut betrachten.

Die Versuchung, sie zu erschießen, war fast zu groß, um ihr zu widerstehen, und der Wunsch, ihr Baby zu fangen, machte sie noch größer. Ich verzichtete jedoch darauf, mein Gewehr in einem Umkreis von etwa einer halben Meile um meinen Käfig abzufeuern, und die Eingeborenen waren mit demselben Vorgehen einverstanden. Damit wollte ich vermeiden, dass die Affen den Ort verlassen. Die einheimischen Jäger hatten mir gesagt, dass, wenn ich einen der Affen verletzte, die anderen die Gegend verlassen und vielleicht wochenlang nicht zurückkehren würden. Es heißt, wenn man einen Affen tötet, bemerken es die anderen nicht so sehr, als wenn man ihn nur verwundet. Obwohl sie sich der Tatsache der Tötung bewußt zu sein scheinen und sich vorerst entfernen, kehren sie innerhalb kurzer Zeit zurück.

Ich hätte sie mit absoluter Leichtigkeit und Sicherheit erschießen können. Als sie sich mir näherte, waren ihr Kopf und ihre Brust auf mich gerichtet; kurz bevor sie mich entdeckte, war ihre linke Seite deutlich zu sehen, und als sie sich setzte, war ihre Brust vollkommen entblößt. Ich hätte ihr ins Herz, in die Brust oder in den Kopf schießen können. Ihr Baby hing auf ihrem Rücken, seine Arme umschlangen ihren Hals und seine Füße waren unter ihren Armen eingeklemmt. Der schlaue kleine Kobold sah mich lange vor der Mutter, aber er warnte sie nicht vor der Gefahr. Es lag mit seiner Wange an ihrem Hinterkopf. Sein schwarzes Gesicht war so glatt und weich wie Samt. Seine großen, braunen Augen blickten mich direkt an, aber es verriet kein Zeichen von Angst oder gar Besorgnis. Es hatte wirklich einen zufriedenen Gesichtsausdruck und trug den größten Ansatz eines Lächelns, den ich je auf dem Gesicht eines Gorillas gesehen habe. Ich glaube, dass dies ihre Methode ist, die Jungen auszutragen, und habe an anderer Stelle andere Gründe für diesen Glauben genannt. In diesem Fall handelt es sich nicht um eine Überzeugung, sondern um eine Erkenntnis, und alles, was ich beobachtet habe, spricht dafür, dass dies keine Ausnahme von der Regel ist.

Während meines fast viermonatigen Aufenthalts im Dschungel, wo es angeblich mehr Gorillas gab als an jedem anderen Ort im Becken dieses Sees, sah ich insgesamt nur zweiundzwanzig. Einen weiteren sah ich auf einmal, als ich im Wald auf der Jagd war. Ich erhaschte nur einen flüchtigen Blick auf ihn und hätte nicht einmal das tun können, wenn der einheimische Führer ihn nicht entdeckt und mir gezeigt hätte. Ich glaube, dass kein anderer weißer Mann jemals eine vergleichbare Anzahl dieser Tiere in freier Wildbahn gesehen hat, und es ist sicher, dass kein anderer sie jemals unter so günstigen Bedingungen für das Studium gesehen hat. Ich habe meine Aufzeichnungen mit vielen Weißen an diesem Teil der Küste verglichen, aber ich habe nie einen zuverlässigen Mann gefunden, der behauptet, eine vergleichbare Anzahl gesehen zu haben. Sie alle geben zu, dass mein Käfig die beste Möglichkeit ist, die Affen zu sehen. Ich kenne Männer, die seit Jahren in diesem Teil leben und oft tagelang im Wald jagen, aber noch nie einen lebenden Gorilla gesehen haben. Auf meiner letzten Reise traf ich einen Mann, der seit neunundvierzig Jahren am Rande des Gorillagebietes lebt und im Interesse des Handels häufig durch den Busch und entlang der Wasserläufe reist. Dieser Mann sagte mir selbst, dass er in dieser ganzen Zeit noch nie einen wilden Gorilla gesehen hatte.

Ich würde Herrn James A. Deemin als erfahrenen Förster und kühlen, wagemutigen Jäger bezeichnen. Ich habe mehrere Jagden mit ihm erlebt. Er reiste, handelte und jagte mehr als dreizehn Jahre lang durch das Gorillaland. Er erzählte mir, dass er mit zwei Ausnahmen noch nie einen wilden Gorilla gesehen hatte. Der erste, den er je gesehen hatte, war ein Jungtier, und einmal sah er einen Schwarm von ihnen aus der Ferne. Bei der letztgenannten Gelegenheit war er in einem Kanu unterwegs und befand sich im Schutz der Büsche am Ufer eines Flusses. Unbeobachtet kam er in ihre Nähe.

Ein weiterer Mann, dessen Namen ich mir erlaube zu nennen, ist Herr J. H. Drake aus Liverpool. Diejenigen, die ihn kennen, haben Herrn Drake nie verdächtigt, dass es ihm an Mut bei der Jagd mangelt oder dass er der Romantik zugetan ist. Dennoch hat er in den vielen Jahren, die er an der Küste verbracht hat, nur einen einzigen Schwarm dieser Affen gesehen, und das war derselbe, den Mr. Deemin gesehen hat, als die beiden Männer zusammen unterwegs waren. Man könnte noch andere zitieren, die bezeugen, dass selbst der erfahrenste Waldarbeiter nur selten eine dieser Kreaturen zu Gesicht bekommt, und viele der Geschichten, die von Gelegenheitsreisenden erzählt werden, können nicht als bare Münze genommen werden. Ich möchte den Wahrheitsgehalt der anderen nicht anzweifeln, aber die Versuchung der Romantik ist für manche Menschen zu groß, um ihr zu widerstehen. Auch wenn wir das Gegenteil nicht direkt beweisen können, müssen wir doch bezweifeln dürfen, ob diese Affen im Dschungel so häufig anzutreffen sind, wie behauptet wird. Ich werde einige Gründe nennen, warum ich in dieser Frage skeptisch bin.

Nahezu jede Geschichte, die ein Neuling erzählt, ist vom Inhalt her und im Detail die gleiche wie die der anderen. Es scheint, dass die meisten von ihnen auf denselben alten Gorilla treffen, der immer noch auf seine Brust schlägt und schreit wie vor vierzig Jahren. Die Anzahl der Gewehrläufe, die er verschlungen haben soll, würde ein Arsenal ergeben, mit dem man die Freiwilligen bewaffnen könnte. Was geschieht mit all denen, die von diesem wilden Herrscher des Dschungels angegriffen werden? Keiner von ihnen wird jemals getötet, und keiner von ihnen tötet den Gorilla. Tut er das nur, um zu bluffen, und zieht sich dann von dem Angriff zurück? Oder setzt er nach, packt sein Opfer, reißt es auf und trinkt sein Blut, wie es eigentlich vorgesehen ist? Wie kann das Opfer entkommen? Was wird aus dem Angreifer? Wer überlebt, um die Geschichte zu erzählen?

Der Gorilla hat gute Ohren, gute Augen und ist ein geschickter Buschmann. Ein Mann, der durch den Dschungel läuft, macht mehr Lärm als ein halbes Dutzend Gorillas. Der Gorilla sieht und hört einen Menschen fast immer, bevor er selbst von ihm gesehen oder gehört wird. Er ist scheu und greift einen Menschen nicht an, es sei denn, er ist verwundet oder wird provoziert. Er ist immer auf der Hut vor Gefahren und begibt sich nur selten in den offenen Teil des Busches, es sei denn, er sucht nach Nahrung. Er kann sich leichter verstecken als ein Mensch und hat alle Vorteile, um zu entkommen. Ich glaube nicht, dass er sich jemals einem Menschen nähern wird, wenn er ihm ausweichen kann, aber ich glaube durchaus, dass er sich stark verteidigen wird, wenn er überrascht oder angegriffen wird. Ich glaube nicht, dass es für jemanden möglich ist, eine große Anzahl von Gorillas innerhalb eines bestimmten Zeitraums zu sehen, es sei denn, er geht an einen bestimmten Ort und bleibt dort, wie ich es getan habe. Selbst dann muss er manchmal tagelang warten, ohne eine Spur von einem zu sehen. Nur durch Stille und Geduld kann er sie sehen. Wenn der Gorilla einen Menschen sieht, zieht er sich zurück, sobald er die Natur der Sache erkennt, die vor ihm liegt. Er flieht nicht immer überstürzt, wie es einige andere Tiere tun, sondern überlegt und kühl. Er zieht sich in guter Ordnung zurück und startet immer rechtzeitig, wenn möglich, um unbemerkt zu entkommen. Man möge mir verzeihen, dass ich nicht glauben kann, dass jeder Fremde, der dieses Land besucht, von einem Gorilla angegriffen wird.

Viele Menschen unterliegen dem weit verbreiteten Irrglauben, sie hätten einen Gorilla mit einer umherziehenden Menagerie gesehen, und es mag grausam von mir sein, sie eines Besseren zu belehren. Bis heute ist nur ein einziger Gorilla lebend in Amerika gelandet. Dieser Gorilla kam im Herbst 1897 in Boston an. Er war noch ein Baby und lebte nur fünf Tage. Er wurde der Öffentlichkeit nur während eines Teils von zwei Tagen gezeigt. Die vielen angeblichen Gorillas, die von verlogenen Schaustellern angeboten werden, sind abscheuliche Fälschungen, und die Aussteller sollten als Hochstapler behandelt werden.

Ich bedaure, dass ich gezwungen war, vieles, was gesagt wurde, zu leugnen, aber ich entschuldige mich nicht dafür, dies getan zu haben. In diesem Werk habe ich versucht, dem Leser diese Affen so vorzustellen, wie ich sie in ihren heimischen Wäldern gesehen habe. Ich habe sie nicht in ein feines Gewand gekleidet oder mit Glamour ausgestattet. Aber ich hoffe, dass dieser Beitrag die Zustimmung aller Menschen findet, die die Natur lieben und die Treue achten.

Ich habe die Eitelkeit zu glauben, dass die von mir angewandten Untersuchungsmethoden von fähigeren Studenten als dem Verfasser zum Mittel für weitere Forschungen gemacht werden. Zusätzlich zu den Affen, die ich in freier Wildbahn gesehen habe, habe ich etwa zehn in Gefangenschaft gesehen. Zwei davon waren meine eigenen. Sie waren gute Studienobjekte, und ich habe sie während der Zeit, in der ich sie hatte, bestmöglich genutzt.

Während meines Aufenthalts im Dschungel habe ich etwas erreicht, worauf ich zu Recht stolz bin: Ich habe einen Gorilla dazu gebracht, ein Porträt von sich selbst zu machen. Dies wird den Amateur in der Kunst der Schnappschüsse interessieren, und ich werde es erzählen.

Ich wählte eine Stelle im Wald aus, an der ich einige Spuren des Tieres am Rande eines dichten Batunadickichts fand. Im Schutz des Laubes stellte ich zwei Paare von Pfählen auf, die oben gekreuzt waren und an denen eine kurze Stange befestigt war, die eine Art Sägebock bildete. Daran wurde die Kamera befestigt, an der ein Auslöser aus Bambusspalten angebracht war. Ein Ende einer Schnur war am Auslöser befestigt, das andere Ende wurde unter einem Joch bis zu einer Entfernung von acht Fuß vom Objektiv geführt. An diesem Punkt wurden ein frischer Wegerichstängel und ein schöner Strauß der roten Früchte der Batuna befestigt. Dann wurde die Kamera scharf gestellt, der Auslöser betätigt und die Kamera in Erwartung des Gorillas zurückgelassen. Als ich am Nachmittag zurückkam, hatte etwas den Köder geschluckt, die Schnur gerissen, den Auslöser betätigt und die Kamera geknipst. Ich entwickelte die Platte, konnte aber außer den Blättern vor der Platte kein Bild finden. Ich wiederholte das Experiment mit ähnlichen Ergebnissen, konnte aber nicht verstehen, wie etwas den Köder stehlen konnte und trotzdem nicht auf dem Bild zu sehen war. Beim dritten Versuch war ich erfreut, das Bild eines Gorillas zu finden und auch die Ursache zu entdecken, warum die anderen Versuche nicht erfolgreich waren.

Die tiefen Schatten des Waldes machen es schwierig, ein Foto zu machen, ohne es zeitlich zu belichten, und wenn die Sonne unter einer Wolke oder auf der falschen Seite eines Objekts steht, ist ein Erfolg ganz unmöglich. Die Blätter, die auf den ersten beiden Platten zu sehen waren, waren nur diejenigen, die am stärksten belichtet waren, und der gesamte untere Teil des Bildes war ohne Details. Beim dritten Versuch war zu erkennen, dass die Sonne zum Zeitpunkt der Belichtung schien. Ein Teil des Körpers des Gorillas war im Licht, aber der größte Teil lag im Schatten der Blätter über ihm. Die linke Seite des Kopfes und des Gesichts war deutlich zu erkennen, ebenso die linke Schulter und der Arm. Die Hand und der Köder waren nur aus dem Zusammenhang heraus zu erkennen. Die rechte Seite des Kopfes, der Arm und der größte Teil des Körpers waren nicht zu sehen. Das Bild zeigt, dass der Gorilla den Köder mit der linken Hand ergriffen hat und dass er sich in diesem Moment in einer geduckten Haltung befindet.

Während das Foto als Kunstwerk sehr schlecht war, war es als Experiment sehr interessant. Obwohl es nicht zu einem guten Bild geführt hat, habe ich den Versuch nicht als Fehlschlag betrachtet. Es zeigt zumindest, dass so etwas möglich ist, und durch vorsichtige Bemühungen, die oft wiederholt werden, könnte es zu einem Mittel gemacht werden, um einige neue Bilder zu erhalten. Mit ein wenig Einfallsreichtum ließe sich der Anwendungsbereich dieses Geräts erweitern, und man könnte Vögel, Elefanten und alles andere im Wald fotografieren. Wenn ich auf einer ähnlichen Reise dorthin zurückkehre, werde ich diesen Plan in die Tat umsetzen.

KAPITEL XXIII

Andere Menschenaffen-Die Menschenaffen in der Geschichte-
Lebensraum-Die Orangs-Der Gibbon

In den verschiedenen Aufzeichnungen, die die Geschichte dieser Affen darstellen, finden sich viele neuartige und unzusammenhängende Erzählungen, aber die meisten von ihnen scheinen auf einer gewissen Grundlage der Wahrheit zu beruhen. Um zu einem genaueren Wissen über sie zu gelangen, können wir die uns zur Verfügung stehenden Daten überprüfen.

Der erste Bericht in den Annalen der Welt, der auf diese menschenähnlichen Affen anspielt, stammt von Hanno, der fast fünfhundert Jahre vor der christlichen Zeitrechnung eine Reise von Karthago zur Westküste Afrikas unternahm. Er beschrieb einen Affen, der in der Gegend um Sierra Leone gefunden wurde. Es ist eigenartig, dass seine Beschreibung dieser Affen so vollständig mit den heute bekannten Affen übereinstimmt; aber es ist ziemlich sicher, dass die Affen, über die er berichtete, weder Gorillas noch Schimpansen waren. Nichts deutet darauf hin, dass einer dieser beiden Affen jemals diesen Teil der Welt besiedelt hat, oder dass eine ähnliche Art dies getan hat.

Der von Hanno beschriebene Affe war mit Sicherheit kein Anthropoid, sondern ein großer Hundegesichtsaffe oder Pavian, der technisch als Cynocephalus bezeichnet wird. Diese Tiere sind an der gesamten Nordküste des Golfs von Guinea anzutreffen, aber es gibt keine zuverlässigen Beweise dafür, dass ein echter Affe nördlich des Kamerun-Tals lebt. Der Fluss, der es bewässert, mündet etwa vier Grad nördlich des Äquators ins Meer. Hier beginnt die erste Spur des Schimpansen. Auf dem Weg entlang der Luvküste hört man beiläufige Berichte, dass Gorillas und Schimpansen das Landesinnere nördlich davon bewohnen; aber wenn man diese Berichte auf solide Fakten hin untersucht, stellt sich heraus, dass es ein großer Pavian oder ein Affe ist, auf den sich die Geschichte stützt. Die von Hanno beschriebene Ähnlichkeit mit dem Menschen war zweifellos ein Werk der Phantasie, und der Name Troglodytes, den er ihm gab, zeigt, dass er nur wenig über seine Gewohnheiten wusste oder sich nur wenig um die Genauigkeit seiner Aussagen kümmerte.

Der Bericht von Henry Battel aus dem Jahr 1590 enthält einen Faden der Wahrheit, der in ein Netz der Fantasie eingewoben ist. Er muss die Geschichten, die er erzählt, gehört oder einige Exemplare an der Küste nördlich des Kongo gesehen haben. Es gibt einige Fakten, die auf diese Schlussfolgerung hindeuten. Der Name Pongo, den er einem von ihnen gab, gehört zur Fiote-Sprache, die von den Eingeborenenstämmen um Loango gesprochen wird. Diese Leute verwenden den Namen, und er wird allgemein als Synonym für den Namen njina verstanden, der von den Stämmen nördlich davon verwendet wird. Er wird immer auf den Gorilla angewandt. Mir scheint er jedoch mit dem Namen ntyii übereinzustimmen, den das Volk der Esyira für einen anderen Affen verwendet und der im Kapitel über Gorillas beschrieben wird. Dr. Falkenstein beschaffte 1876 in Loango einen Affen mit diesem Namen. Es ist eigenartig, dass Baron Wurmb 1780 den Namen Pongo für einen Orang verwendet. Ich habe nicht herausfinden können, woher er diesen Namen hat, aber es scheint ein einheimischer Fiote-Name seit mehr als vierhundert Jahren zu sein, und die Geschichte ihrer Sprache ist ziemlich gut bekannt.

Der Name enjocko, den Battel einem anderen Affen gab, ist zweifellos eine Verballhornung des einheimischen Namens ntyigo (ntcheego), und dieser Name gehört nördlich des Kongo von Mayumba bis Gabun. Er mag gefolgert haben, dass diese Affen Angola bewohnten, aber es gibt nicht den geringsten Beweis dafür, dass es in diesem Teil Afrikas überhaupt Affen gibt. Selbst die einheimischen Stämme in diesem Teil Afrikas haben keinen einheimischen Namen für einen dieser Affen. Andere Teile seiner Schilderung sind fehlerhaft, und obwohl er geglaubt haben mag, dass diese Affen "in Scharen gehen, um viele Eingeborene zu töten, die im Wald unterwegs sind", und die Eingeborenen ihm so etwas erzählt haben mögen, üben die Affen eine solche Gewohnheit nicht aus. Bei aller Klugheit haben sie keine Vorstellung von einheitlichem Handeln. Wenn eine Gruppe von ihnen angegriffen würde, würden sie sich zweifellos gemeinsam verteidigen, aber es ist nicht anzunehmen, dass sie jemals einen Angriffsplan ausgearbeitet haben. Ebenso wenig greifen diese Affen jemals einen Elefanten an. Er ist das einzige Tier, das sie in tödlicher Furcht halten. Ich habe bereits an anderer Stelle über das Verhalten meiner beiden Kulus an Bord des Schiffes berichtet, als sie einen jungen Elefanten sahen. Chico, der große Affe, von dem auch schon die Rede war, war oft bösartig und stur. Immer wenn er sich weigerte, seinem Pfleger zu gehorchen oder gewalttätig wurde, brachte man einen Elefanten in Sichtweite seines Käfigs. Als er ihn sah, wurde er sanftmütig wie ein Lamm und zeigte alle Anzeichen der größten Angst. Mr. Bailey selbst erzählte mir von der Furcht, die seine beiden Affen vor einem Elefanten hatten. Battel irrte sich auch in der von ihm beschriebenen Art und Weise, wie die Mutter ihre Jungen trug, und in der Art und Weise, wie die Affen Stöcke und Keulen benutzten.

Der als Mafuka bekannte Affe, der 1875 in Dresden ausgestellt wurde, wurde ebenfalls von der Loango-Küste mitgebracht, und es ist möglich, dass dies der Affe ist, auf den sich der einheimische Name Pongo wirklich bezog. Dieses Exemplar stimmt in vielerlei Hinsicht mit der Beschreibung des ntyii überein, aber die von einigen Autoren geäußerte Idee, Mafuka sei eine Kreuzung zwischen Gorilla und Schimpanse, ist meiner Meinung nach keine haltbare Annahme. Es wäre schwer zu glauben, dass sich zwei Affen verschiedener Arten in freier Wildbahn kreuzen würden, aber zu glauben, dass zwei, die zu verschiedenen Gattungen gehörten, dies tun würden, ist noch unlogischer. Ich kann jedoch sagen, dass einige Esyira eine solche Theorie in Bezug auf die ntyii vertreten, aber der Glaube ist nicht allgemein, und diejenigen, die sich am besten mit der Holzbearbeitung auskennen, betrachten sie als verschiedene Arten.

Es mag für den Leser von Interesse sein, die genaue Version ihrer Beziehung in "Pidjin"-Englisch zu zitieren, wie sie mir von meinem Dolmetscher während meines Aufenthalts in diesem Land gegeben wurde. Zur Erläuterung der Art des "Pidjin"-Englisch möchte ich anmerken, dass es sich um eine wörtliche Übersetzung der einheimischen Denkweise in englische Worte handelt. Die Aussage war:-

"Ntyii 'e eins; njina 'e eins; alle zwei 'e eins, eins. Ntyii 'e ein Mudder; njina 'e ein Mudder; alle zwei 'e eins, eins. Ntyii 'e ein Fader; njina 'e ein Fader. All two 'e one." Damit will der Eingeborene sagen, dass der ntyii eine Mutter hat und der njina eine Mutter hat, so dass die beiden zwei Mütter haben, aber beide einen Vater haben, also sind sie Halbbrüder.

Die andere Version, mit der diese Aussage bestritten wird, lautet wie folgt: -

"Ntyii 'e ein Mudder; njina, 'e ein Mudder. 'E eins, eins. Ntyii 'e ein Fader; njina 'e ein Fader. 'E eins, eins. Alle zwei 'e eins, eins. Ntyii 'e ein Mudder; njina 'e ein Mudder. Alle zwei 'e eins, eins. 'E brudder. Ntyii 'im fader; njina 'im 'e brudder. All two 'e one, one." Die Übersetzung lautet, dass die ntyii eine Mutter hat und die njina eine Mutter, die nicht dieselbe sind, sondern Schwestern. Der ntyii hat einen Vater, und der njina hat einen Vater, die nicht gleich sind, aber Brüder sind; und deshalb sind die beiden Affen nur Cousins, was in der Sicht der Eingeborenen ein entfernter Grad der Verwandtschaft ist.

Der von Lopez beschriebene Affe gehörte mit Sicherheit zu dem Gebiet nördlich des Kongo, dessen Küste er erforschte, und gab einem Kap, das etwa vierzig Meilen südlich des Äquators liegt, seinen Namen. Es trägt immer noch den Namen Kap Lopez. Es ist jedoch wahrscheinlich, dass der größte Teil des heute von diesen Affen bewohnten Tieflandes zu jener Zeit mit Wasser bedeckt war; dass die Seen dieser Region damals alle in einem großen Meeresarm zusammengefasst waren, der sich von Ferran Vaz bis zur Bucht von Nazavine erstreckte und im Osten bis zu den Ausläufern unterhalb von Lamberene reichte. Es gibt zahlreiche Beweise dafür, dass ein solcher Zustand einst dort herrschte, aber

Abb. 28: EBENEN UND WALDRÄNDER IM LAND DER AFFEN

es ist unwahrscheinlich, dass diese Affen jemals ihren Breitengrad gewechselt haben.

Der Name soko scheint ein lokaler Name für die gewöhnliche Schimpansenart zu sein, die in ihrem gesamten Verbreitungsgebiet vorkommt und in anderen Teilen unter anderen Namen bekannt ist. In Malimbu scheint der Name kulu für dieselbe Art zu gelten, während im südwestlichen Teil ihres Lebensraums dieser Name in Verbindung mit dem Verb kamba ausschließlich auf die andere Art beschränkt ist. An den nördlichen Grenzen des Distrikts, zu dem diese Art gehört, wo sie aber sehr selten vorkommt und den Eingeborenen kaum bekannt ist, wird sie vom Nkami-Stamm kanga ntyigo genannt, um sie von der gewöhnlichen Art zu unterscheiden, auf die nur der letztere Name angewandt wird.

Die Etymologie des Namens Kanga, der auf diesen Affen angewandt wird, ist ziemlich unklar. Im allgemeinen Sprachgebrauch ist es ein Verb mit der normalen Bedeutung "braten" oder "braten" und daher der sekundären Bedeutung "vorbereiten". Da dieser Affe angeblich einer höheren Rasse angehört, wird der Begriff verwendet, um auszudrücken, dass er "besser vorbereitet" ist als die anderen, d. h. er ist bereit, besser zu denken und zu sprechen. Aber eine andere Geschichte dieses Wortes scheint wahrscheinlicher zu sein. Der Affe, auf den der Name angewendet wird, lebt zwischen dem Nkami-Land und dem Kongo. Der Name ist möglicherweise eine Abwandlung von kongo und deutet auf die Art von ntyigo hin, die in der Nähe des großen Flusses dieses Namens lebt. Die Etymologie afrikanischer Namen ist immer schwierig, weil es keine Aufzeichnungen über sie gibt; aber viele von ihnen lassen sich mit großer Genauigkeit zurückverfolgen, und einige von ihnen sind einzigartig.

Den Namen M'Bouve, den Du Chaillu angibt, habe ich nicht identifizieren können. In einem Teil des Landes sagte man mir, das Wort bedeute den "Häuptling" oder das Oberhaupt einer Familie. In einem anderen Teil wurde gesagt, es bedeute so etwas wie ein Fürsprecher oder Champion und werde nur auf einen Affen in einer Familiengruppe angewendet. Der kürzlich in der Nähe von Batanga verstorbene Missionar Rev. A. C. Goode war zwölf Jahre lang in Gabun stationiert. Während dieser Zeit reiste er durch das gesamte Ogowé- und Gaboon-Tal. Er war mit den Sprachen dieses Teils vertraut und erklärte das Wort in etwa auf dieselbe Weise.

Was auch immer man über den Wahrheitsgehalt von Paul du Chaillu sagen mag, eines muss man ihm zugute halten. Er hat der Welt mehr Wissen über diese Affen vermittelt, als alle anderen Menschen zuvor; und obwohl er vielen Begebenheiten einen Hauch von Farbe gegeben und einige Eingeborenengeschichten erzählt haben mag, hat er eine große Menge wertvoller Wahrheit erzählt; und ich kann ihm alles verzeihen, was er falsch dargestellt haben mag, außer einer Sache, nämlich dem Beginn dieser Geschichte über Gorillas, die Gewehrläufe kauen. Sie ist seither ein Grundnahrungsmittel, und sobald man einem Eingeborenen eine Frage über die Gewohnheiten der Gorillas stellt, beginnt er mit einer stereotypen Ausgabe dieser unwahrscheinlichen Geschichte.

In Anbetracht der Tatsache, dass ich mich sorgfältig und methodisch bemüht habe, die genauen Grenzen des Lebensraums und die tatsächlichen Gewohnheiten dieser beiden Affen zu bestimmen, fühle ich mich befugt, mit einer gewissen Autorität zu sprechen. Ich habe mein Wissen über dieses Thema erworben, indem ich in ihr eigenes Land gereist bin und in ihrem eigenen Dschungel gelebt habe, und so habe ich ihre Geheimnisse aus erster Hand erfahren. Bei allem Respekt vor denjenigen, die Bücher schreiben und sich frei über Themen äußern, von denen sie nur wenig wissen, erlaube ich mir die Bemerkung, dass viele von ihnen ganz anders geschrieben hätten, wenn sie in den Dschungel gegangen wären und unter diesen Tieren gelebt hätten, anstatt andere zu konsultieren, die weniger über das Thema wissen als sie selbst. Ich will damit niemanden tadeln, aber wenn ich sehe, dass dieselben alten Geschichten Jahr für Jahr wiederholt werden, und ich weiß, dass sie nicht wahr sind, empfinde ich es als meine Pflicht, sie zu hinterfragen.

Ich glaube, dass sich in Zukunft zeigen wird, dass es zwei Gorillatypen gibt, die sich so sehr voneinander unterscheiden wie die beiden Schimpansen. Diese zweite Gorillavariante wird zwischen dem dritten und fünften Breitengrad südlich und östlich des Deltagebietes, aber westlich des Kongo zu finden sein. Ich glaube, sie war in dem Affen Mafuka vertreten.

Meine Forschungen unter den Menschenaffen haben sich hauptsächlich auf die beiden zuvor beschriebenen Arten beschränkt, aber ich habe auch den Orang und den Gibbon gesehen und oberflächlich studiert. Ich bin noch nicht bereit, die Gewohnheiten dieser beiden Affen zu erörtern, aber da sie zur Gruppe der Menschenaffen gehören, können wir sie nicht ohne ehrenvolle Erwähnung entlassen.

Der Orang-Outang, wie er gemeinhin genannt wird, ist der Zoologie nur unter dem ersten dieser beiden Begriffe bekannt. Er ist auf Borneo und Sumatra beheimatet, und die Meinungen darüber, ob es zwei Arten oder nur eine gibt, gehen auseinander.

Der allgemeine Aufbau des Orang-Skeletts ist dem der anderen Menschenaffen sehr ähnlich. Die Hauptunterschiede bestehen darin, dass er einen Knochen mehr im Handgelenk und ein Gelenk weniger in der Wirbelsäule hat als der Mensch. Er hat dreizehn Rippenpaare, die in ihrer Anzahl konstanter zu sein scheinen als beim Menschen. Seine Arme sind im Verhältnis zum Körper länger und seine Beine kürzer als bei den anderen beiden Affen. Der Schädeltyp ist eigentümlich und verbindet in gewissem Maße eine eher menschenähnliche Form in einem Teil mit einer eher tierähnlichen Form in einem anderen. Die übliche Größe eines erwachsenen Männchens beträgt etwa einundfünfzig Zentimeter.

Ich hatte nie die Möglichkeit, diesen Affen in freier Wildbahn zu studieren, und hatte nur Zugang zu einigen wenigen Exemplaren in Gefangenschaft. Alle waren jung, und die meisten von ihnen waren minderwertige Exemplare. Er ist der dümmste und stumpfsinnigste der vier großen Menschenaffen. Abgesehen von seinem Skelett würde man ihn unter den Gibbon einordnen, denn in Bezug auf Sprache und geistige Fähigkeiten ist er weit unterlegen. Die vielleicht besten Kenner der Lebensgewohnheiten dieses Affen in freier Wildbahn sind die Herren W. T. Hornaday und Alfred R. Wallace.

Der kleinste und letzte in der Reihe der Menschenaffen ist der Gibbon. Er ist viel kleiner, vielfältiger und aktiver als alle anderen Vertreter dieser Gruppe. Sein Lebensraum liegt im Südosten Asiens; seine Umrisse sind nur vage definiert, aber er umfasst die malaiische Halbinsel und viele der angrenzenden Inseln östlich und südlich davon.

Abb. 29: Junge Orangs (nach einer Fotografie).

Das Skelett des Gibbons ist das zarteste und anmutigste aller Menschenaffen und übertrifft in dieser Hinsicht das des Menschen. Er ist der einzige der vier Menschenaffen, der in aufrechter Haltung gehen kann. Dabei ist der Gibbon unbeholfen und benutzt oft seine Arme, um das Gleichgewicht zu halten. Manchmal berührt er mit den Händen den Boden. Zu anderen Zeiten hebt er sie über den Kopf oder streckt sie zu beiden Seiten aus. Sie sind so lang, dass er mit den Fingern den Boden berühren kann, während der Körper fast oder ganz aufrecht ist. In der Wirbelsäule hat er zwei, manchmal drei Abschnitte mehr als der Mensch. Seine Gliedmaßen sind sehr viel länger, aber seine Beine sind im Verhältnis zum Körper fast genauso lang wie die des Menschen. Er hat vierzehn Rippenpaare.

Der Gibbon ist der aktivste und wahrscheinlich der intelligenteste aller Affen. Er ist wie kein anderer baumbewohnend. Man erzählt sich viele Geschichten über seine Geschicklichkeit beim Klettern und Springen von Glied zu Glied. In einem authentischen Bericht wird einem dieser Affen zugeschrieben, dass er eine Strecke von zweiundvierzig Fuß vom Ast eines Baumes zu dem eines anderen gesprungen ist. Vielleicht sollte man es eher als Schwingen denn als Springen bezeichnen, da diese Flüge hauptsächlich mit den Armen ausgeführt werden. Ein anderer Bericht besagt, dass ein Gibbon, der sich an einer Hand schwingt, eine horizontale Strecke von achtzehn Fuß durch die Luft zurücklegt, einen Vogel im Flug ergreift und mit seiner Beute in der Hand sicher auf einem anderen Ast landet.

Es gibt mehrere bekannte Arten dieses Affen. Die größte von ihnen ist etwa einen Meter hoch; die übliche Höhe beträgt jedoch nicht mehr als dreißig Zentimeter. Die Stimme einer Art zeichnet sich durch ihre Stärke, ihren Umfang und ihre Qualität aus und übertrifft in diesen Punkten die aller anderen Affen. Die meisten Mitglieder dieser Gattung sind mit besseren stimmlichen Eigenschaften ausgestattet als andere Tiere.

Damit endet die Liste der menschenähnlichen Affen. Nach ihnen kommen die Affen, dann die Paviane und zuletzt die Lemuren.

Die Abstammung vom höchsten Affen bis zum niedrigsten Affen stellt, wie wir an anderer Stelle festgestellt haben, eine einzige ununterbrochene Skala von ineinander übergehenden Ebenen dar. Wir haben gesehen, in welchem Maße der Mensch mit den höheren Affen verwandt ist. Daraus können wir erkennen, in welchem Maße seine physische Natur mit der aller anderen Ordnungen, zu denen er gehört, übereinstimmt. Wie sehr sich der Mensch auch in seiner geistigen und sittlichen Natur unterscheiden mag, so sollte doch seine Ähnlichkeit mit ihnen wenigstens seinen Stolz zügeln, sein Mitgefühl erwecken und ihn veranlassen, den Reichtum seines Wohlwollens zu teilen. Lass ihn in vollem Umfang erkennen, dass er mit den übrigen belebten Geschöpfen eins ist, und sie werden den wohltätigen Einfluss seiner Würde empfangen, ohne ihn zu beeinträchtigen, während er sich selbst dadurch erhebt, dass er ihn gegeben hat.

KAPITEL XXIV

*Die Behandlung von Menschenaffen in Gefangenschaft-Temperatur-
Gebäude-Futter-Bestückung*

Abschließend halte ich es für angebracht, einige Bemerkungen zu den Todesursachen bei diesen Affen zu machen und etwas über die Behandlung von Tieren in Gefangenschaft zu sagen. Wir wissen so wenig über sie und nehmen so viel von ihnen an, dass wir oft gegen die Gesetze verstoßen, die wir eigentlich durchsetzen wollen.

Wir haben bereits festgestellt, dass der Gorilla von Natur aus auf eine niedrige, feuchte Region beschränkt ist, in der es nach Miasma und den Ausdünstungen der verwesenden Vegetation stinkt. Die Atmosphäre, in der er gedeiht, ist eine, in der menschliches Leben kaum existieren kann. Wir wissen zum Teil, warum der Mensch in einer solchen Atmosphäre und unter solchen Bedingungen nicht leben kann, aber wir können nicht mit Gewissheit sagen, warum der Affe es doch tut. Es scheint, dass gerade das Element, das für den Menschen tödlich ist, dem Gorilla Kraft und Vitalität verleiht. Wir wissen, dass nicht alle Formen des tierischen Lebens in gleicher Weise von denselben Ursachen beeinflusst werden; und obwohl man in runden Zahlen sagen kann, dass das, was für den Menschen gut ist, auch für den Affen gut ist, ist das keine Tatsache.

Die menschliche Rasse ist die am weitesten verbreitete Säugetiergattung, und als Rasse kann sie größere Extreme in Bezug auf Klima, Nahrung oder Zustand durchmachen als jede andere Tierart. Die angeborenen und erworbenen Wanderungsgewohnheiten des Menschen haben ihn für ein Leben voller Wechselfälle gerüstet, und ein solches Leben macht ihn als Individuum für alle Extreme empfänglich. Andererseits ist der Gorilla als Gattung auf einen kleinen Lebensraum beschränkt, der in Bezug auf Klima, Produkte und Topographie einheitlich ist. Da er auf diese Bedingungen beschränkt ist, ist er für jede radikale Veränderung ungeeignet, und wenn ihm eine solche aufgezwungen wird, muss das Ergebnis immer zu seinem Schaden sein.

In bestimmten Teilen der amerikanischen Tropen gibt es ein reichhaltiges graues Moos, das an diesen Orten und auf bestimmten Baumarten in großer Fülle wächst. Es ist nicht auf eine bestimmte Ebene beschränkt, sondern gedeiht am besten in niedrigen Lagen. Unter günstigen Bedingungen wächst es in Höhen, die weit über den umliegenden Sümpfen liegen. Ihr Charakter und ihre Menge richten sich jedoch nach der Höhe, in der sie wächst. Sie ist eine Aërialpflanze und kann von den Zweigen eines Baumes abgetrennt und auf die eines anderen verpflanzt werden. Sie kann mit Sicherheit in große Entfernungen gebracht werden, solange sie eine Atmosphäre vorfindet, die ihrer Natur entspricht, aber wenn sie von ihren normalen Bedingungen entfernt und in eine reinere Luft gebracht wird, beginnt sie zu verkümmern und stirbt bald. Wenn sie jedoch rechtzeitig an ihren früheren Platz oder an einen ähnlichen Ort zurückgebracht wird, lebt sie wieder auf und wächst weiter.

Welches Element diese Pflanze aus der unreinen Luft extrahiert, ist unbekannt. Es kann sich weder um Kohlensäuregas handeln, das die Hauptnahrung der Pflanzen ist, noch um irgendeine Form von Stickstoff. Es ist allgemein bekannt, dass die Pflanze in einer reinen Atmosphäre nicht lange überleben kann. Was auch immer der extrahierte Bestandteil sein mag, es ist sicher, dass er für den Menschen tödlich ist und von anderen Pflanzen abgelehnt wird. Feuchtigkeit und Hitze allein können es nicht erklären. Ein weiteres auffälliges Beispiel ist der Eukalyptus, der von dem Gift der ihn umgebenden Luft lebt. Obwohl das Tier ein höherer Organismus ist als die Pflanze, gibt es bestimmte Lebensgesetze, die in beiden Reichen gelten und auf denselben Prinzipien beruhen.

Zwischen dem Fall des Gorillas und dem der Pflanze gibt es eine gewisse Analogie. Es ist vielleicht nicht dasselbe Element, das beide am Leben erhält, aber es ist möglich, dass genau die Mikroben, die Krankheiten auslösen und für den Menschen tödlich sind, das Leben des Affen in der Blüte seiner Gesundheit erhalten. Das Gift, das das Leben des Menschen zerstört, bewahrt es im Affen.

Der Schimpanse hat ein viel größeres Verbreitungsgebiet als der Gorilla und ist in der Lage, weitaus größere Veränderungen in Bezug auf Nahrung und Temperatur zu ertragen. Die Geschichte dieser Affen in Gefangenschaft zeigt, dass der Schimpanse in diesem Zustand viel länger lebt und viel weniger Pflege benötigt. Aus meiner eigenen Beobachtung heraus behaupte ich, dass alle diese Affen größere Temperaturschwankungen als Feuchtigkeitsschwankungen ertragen können. Letztere scheint eines der wesentlichen Dinge im Leben eines Gorillas zu sein. Ein fataler Fehler bei seiner Behandlung besteht darin, ihn mit einer trockenen, warmen Atmosphäre auszustatten und ihm das Gift zu entziehen, das in der malariaverseuchten Luft enthalten ist, in der er natürlicherweise sein Leben verbringt. Beide Affen brauchen Feuchtigkeit. In trockener Luft lebt der Schimpanse länger als der Gorilla, aber keiner von ihnen kann sie lange überleben; und es scheint, dass eine salzhaltige Atmosphäre für den Gorilla am besten ist.

Ich glaube, dass einer dieser Affen über einen längeren Zeitraum in guter Kondition gehalten werden könnte, wenn er in einer mit Miasmen beladenen Atmosphäre mit einer normalen Luftfeuchtigkeit versorgt und in seiner Temperatur variiert werden könnte. Eine konstante Wärme ist für kein Tier gut. Es gibt keinen Ort auf der ganzen Erde, an dem die Natur ein gleichmäßiges Maß an Wärme aufrechterhält. Wir brauchen weder in das eine noch in das andere Extrem zu gehen, aber eine Veränderung ist notwendig, um alle Organe des Körpers ins Spiel zu bringen.

Die Behandlung, die ich für die Pflege von Affen empfehlen würde, besteht darin, ihnen ein Haus zu bauen, das völlig getrennt von dem der anderen Tiere ist. Es sollte achtzehn oder zwanzig Fuß breit und fünfunddreißig oder vierzig Fuß lang sein, und mindestens fünfzehn Fuß hoch. Es sollte keinen Boden haben, außer Erde, und die sollte aus sandigem Lehm oder pflanzlicher Erde sein. An einem Ende des

Gebäudes sollte sich ein Wasserbecken mit einem Durchmesser von zwölf bis fünf-zehn Fuß befinden, und unter dem Wasser sollte sich eine Dampfspirale befinden, um die Temperatur nach Wunsch zu regulieren. In diesem Becken sollte eine dichte Kultur von Wasserpflanzen wachsen, wie sie in den Sümpfen des Landes, in dem der Gorilla lebt, zu finden sind. Das Becken sollte nicht gereinigt und das Wasser nicht gewechselt werden, sondern die Pflanzen sollten auf natürliche Weise wachsen und verrotten können. Weder das Becken noch das Haus sollten gleichmäßig warm gehalten werden, sondern die Temperatur sollte zwischen 60° und 90° schwanken können.

Zusätzlich zu den oben erwähnten Dingen sollte der Platz mit einer Vorrichtung versehen werden, die es ermöglicht, ihn mit lauwarmem Wasser zu besprühen, das ein- oder zweimal am Tag für jeweils mindestens eine Stunde eingeschaltet werden sollte. Das Wasser für diesen Zweck sollte aus dem Becken entnommen werden, aber niemals wärmer sein als die übliche Temperatur von tropischem Regen. Das Tier sollte nicht gezwungen werden, auf diese Weise ein Bad zu nehmen, sondern es sollte ihm überlassen bleiben, dies zu tun.

Das Haus sollte eine dünne Trennwand enthalten, die nach Belieben entfernt werden kann, und am Ende des Gebäudes, das am weitesten vom Teich entfernt ist, sollte ein starker Baum stehen, entweder tot oder lebendig, um den Insassen ange-messene Bewegung zu bieten. Die Südseite des Hauses sollte aus Glas sein, und mindestens die Hälfte des Daches sollte aus demselben bestehen. Diese Teile sollten mit schweren Segeltuchvorhängen versehen werden, die so darüber gezogen werden können, dass sie das Sonnenlicht regulieren oder ausgleichen. Im Sommer sollte das Gebäude ganz offen gehalten werden, um Luft und Regen durchzulassen. Die Regel, dass Fremde oder Besucher sie nicht belästigen oder necken dürfen, sollte ohne Rücksicht auf Person, Zeit oder Rang durchgesetzt werden. Keinem Besucher sollte es unter irgendwelchen Bedingungen erlaubt werden, ihnen irgendeine Art von Nah-rung zu geben. Die Gründe für diese Vorsichtsmaßnahmen liegen für jeden, der mit der Haltung von Tieren vertraut ist, auf der Hand; aber im Falle des Gorillas kann man nicht ungestraft auf ihre Einhaltung verzichten.

Der Affe muss nicht verhätschelt werden. Im Gegenteil, es sollte ihm erlaubt sein, sich durchzuschlagen. Die Hälfte der Gorillas, die jemals in Gefangenschaft waren, sind an Überpflege gestorben. Von Natur aus sind sie stark und widerstands-fähig, wenn die richtigen Bedingungen gegeben sind; wenn diese jedoch verändert werden, werden sie zu schwachen und zarten Geschöpfen. Man sollte sie nicht auf eine pflanzliche Ernährung oder auf einige wenige Nahrungsmittel beschränken, sondern ihnen die Möglichkeit geben, die Dinge auszuwählen, die sie am liebsten essen. Ich habe große Zweifel daran, ob es sinnvoll ist, die Menge zu begrenzen. Bei der Behandlung von Tieren wird häufig der Fehler begangen, die Ernährung immer gleich zu halten und sie auf ein oder zwei Dinge zu beschränken. Es ist zu beobach-ten, dass der Geschmack umso vielfältiger wird, je höher die Form des Organismus ist. Sehr widerstandsfähige Tiere oder solche mit niedrigen Formen können sich auf eine Art von Grundnahrungsmittel beschränken. Die höhere Form verlangt eine Abwechslung.

Was ich vor allem verbieten würde, ist die Verwendung von Stroh jeglicher Art im Käfig, sei es für Betten oder für andere Zwecke. Wenn man den Tieren einen solchen Komfort bieten möchte, sollte man nichts anderes als tote Blätter verwenden, wenn man sie bekommen kann. Ist dies nicht der Fall, sollte eine Matratze aus Segeltuch oder eine Drahtmatte verwendet werden. Das trockene Stroh aller Getreidepflanzen setzt bestimmte Arten von Staub frei. Dieser Staub ist schädlich für die Gesundheit des Menschen, aber noch viel mehr für die Affen. Er wird in die Lunge aufgenommen und wirkt über diese auf andere Teile des Körpers, indem er den Kreislauf und die Atmung unterdrückt. Ganz gleich, wie sauber das Stroh auch sein mag, die Wirkung ist letztlich dieselbe. Heu ist weniger schädlich als Stroh, aber selbst die Verwendung von Heu sollte nicht erlaubt werden.

Eine weitere Notwendigkeit besteht darin, die Affen auf irgendeine Weise zu unterhalten oder zu amüsieren, da sie sonst mutlos und trübsinnig werden. Diejenigen, die mit diesen Tieren vertraut sind, sind der Meinung, dass Einsamkeit oder Einsamkeit eine fruchtbare Ursache für den Tod ist. Dies gilt insbesondere für den Gorilla.

Eine weitere wichtige und wenig bekannte Tatsache ist, dass Tabakrauch für einen Gorilla in der Regel tödlich ist. Jeder einheimische Jäger, dem ich in Afrika begegnet bin, bezeugt, dass diese einfache Sache jeden Gorilla im Wald tötet, wenn er den Dämpfen für eine ausreichende Zeit ausgesetzt ist. Ich habe Grund zu der Annahme, dass dies wahr ist. Es mag nicht immer tödlich sein, aber in vielen Fällen. Der Schimpanse ist davon nicht so stark betroffen, obwohl er es nicht mag. Der Gorilla verabscheut es und zeigt zu jeder Zeit seine starke Abneigung dagegen. Ich habe keinen Zweifel daran, dass dies einer der Gründe ist, warum diese Affen an Bord der Schiffe, mit denen sie aus Afrika gebracht werden, sterben.

Beide Affen besitzen in gewissem Maße wilde und nachtragende Instinkte, die jedoch beim Gorilla viel stärker ausgeprägt sind als beim Schimpansen. Der Gorilla erfordert daher eine strenge und konsequente Behandlung. Diese kann ohne Strenge und Grausamkeit angewendet werden, aber der Intellekt des Gorillas darf nicht unterschätzt werden. Er studiert die Motive und Absichten des Menschen mit scharfer Beobachtungsgabe und irrt sich selten in seiner Interpretation. Oft zeigt er eine heftige Abneigung gegen bestimmte Personen, und wenn man dies feststellt, sollte man das Objekt seiner Abneigung nicht in seiner Gegenwart dulden, denn das führt dazu, dass der Affe wütend wird und seine nervöse Natur erregt. Wenn er mürrisch oder eigensinnig wird, sollte man ihn weder überreden noch verwöhnen, noch mit Härte vorgehen. Man sollte ihn entweder eine Zeit lang in Ruhe lassen oder ihn durch eine andere Behandlung ablenken.

Abbildungsverzeichnis

Stichwortverzeichnis

BUCHTIPPS

<u>Abenteuerliche Biografie einer außergewöhnlichen Frau</u>

Mary Seacole, Heroine des Krimkriegs. Autor: Seacole, Mary. In der Hoffnung, bei Ausbruch des Krimkriegs bei der Pflege der Verwundeten helfen zu können, beantragte die in Jamaika geborene Kreolin Mary Seacole beim ...

<u>Abrupte Klimaschwankungen seit 2000 Jahren</u>

Lokale und kosmische Ursachen eines Klimawandels. Herausgeber: Sedlacek, Klaus-Dieter (Hrsg.). Innerhalb der letzten zwei Jahrtausende sind verschiedene abrupte Klimaschwankungen nachweisbar. Der fortwährende Wandel des Klimas verzeichnete allein fünf große Klimaepochen und zahlreiche ...

<u>Ägypten zur Zeit der Pyramidenbauer</u>

Mit 16 Abbildungen im Text und 17 Bildtafeln. Autor: Eduard Meyer , Klaus-Dieter Sedlacek (Hrsg.). Bei keinem Volk der Erde reichen die Denkmäler einer höheren Kultur in so frühe Zeiten hinauf ...

<u>Allgemeine moderne Psychologie</u>

Systematische Einführung in die Wissenschaft psychischer Prozesse. Autor: Messer, August. Man hat mit Recht drei Hauptwurzeln der Psychologie unterschieden: die praktische Menschenkenntnis, den religiösen Seelenglauben und die biologische Lebenserklärung. Psychologie als praktische Menschenkenntnis ...

<u>Alltagsleben im antiken Rom</u>

Ungekürzte Textausgabe der Sittengeschichte Roms Band 1, 2 und 3. Autor: Friedlaender, Ludwig. Die Textfassung dieser Ausgabe beruht auf der von Georg Wissowa besorgten 10. Auflage, die unter dem Titel » Darstellungen ...

<u>Anleitung zum Roman-Schreiben</u>

Wie man anfängt, einen Plot entwickelt und eine gute Geschichte erzählt. Autor: Wilde, Oliver J. Sie wollen einen Roman schreiben? Das ist toll! Aber begnügen Sie sich nicht damit, nur einen Roman ...

<u>Äquivalenz von Information und Energie</u>

Die Grundbausteine der Welt – Neuausgabe – Autor: Sedlacek, Klaus-Dieter. „Es stellt sich letztendlich heraus, dass Information ein wesentlicher Grundbaustein der Welt ist", versicherte der durch sein Quantenteleportationsexperiment bekannte Prof. Zeilinger in ...

<u>Archimedes in Alexandrien</u>

Historische Erzählung. Autor: Colerus, Egmont. Die historische Erzählung handelt davon, wie vor 2200 Jahren der geniale Mathematiker und Mechaniker Archimedes die nach ihm benannte Spirale erfand. Eine ägyptische Muse, zu der er ...

<u>Atemtechnik und -Wissenschaft der Hindi-Yogi</u>

Handbuch der fernöstlichen Atmungsphilosophie einschließlich der spirituellen Entwicklung. Autor: Ramacharaka, Yogi. Viele Autoren haben sich mit den Yogi-Lehren befasst, aber es gibt nur wenige wie der Autor dieses Buchs, die dem westlichen ...

<u>Atlantis</u>

Eine unterhaltsame Einführung in die griechische Mythologie. Autor*innen: Hoernes, Moriz. Die Geschichte beginnt im Mai 187o, als die Regierung eine kleine Expedition zur Erforschung der Insel Anthusa im Ägäischen Meer entsendete. Der ...

<u>Auf den Inseln des ewigen Frühlings</u>

Über die wechselreiche Geschichte Hawaiis. Autor: Berger, Arthur. Auszug aus der Einleitung: Heute liegen uns die glücklichen Inseln nicht mehr allzu fern. Dennoch gibt es nicht sehr viele Deutsche, die sich drüben ...

<u>Auf kühnem Flug zum Mars</u>

Eine kosmische Erzählung. Autor: Valier, Max. MAX VALIER war nicht nur einer der bedeutendsten deutschen Raketenexperimentatoren und -enthusiasten, sondern auch der erste Mensch, der sein Leben der Raketentechnik widmete. Sein Tod im ...

<u>Besseres Gedächtnis</u>

Wie man es stärkt, trainiert und einsetzt. Autor: Atkinson, Wilhelm Walker. Viele Menschen scheinen zu glauben, dass Erinnerungen einfach kommen und nicht gefördert werden können. Aber der Trugschluss einer solchen Vorstellung wird ...

<u>Bewusstsein und Unsterblichkeit</u>

Sechs Vorträge. Autor: Schleich, Carl Ludwig. Schleich gibt in diesem Werk als Erster eine physiologische Darstellung der Vorgänge, welche zu einem Ichgefühl führen. Ihm steht als erfahrener Mediziner das Experiment der Narkose ...

<u>Bleib beweglich und fit ohne Geräte!</u>

Leichte Zimmergymnastik für jedes Alter – mit 45 neuen Fotos. Autor*innen: Schreber, Moritz. Dieses Buch hilft die für die Körperausbildung, Erhaltung der Gesundheit und Beweglichkeit bis ins hohe Alter anerkannt wichtige individualisierte ...

<u>Chronologie der exakten Wissenschaften</u>

4000 Jahre Pionier-Arbeit. Autor: Darmstaedter, Ludwig. Die Chronologie der Exakten Wissenschaften umfasst die Entwicklung der empirischen und systematischen Erforschung der Natur von der Frühgeschichte bis zum Wechsel ins zwanzigste Jahrhundert. Das menschliche Erkennen ...

Das Gesetz im Zufall

und wie der Zufall zu Entdeckungen führt. Autor: Cantor, Moritz. Was ist denn der Zufall? Ist der Eintritt eines Ereignisses Zufall, wenn es genauso gut auch hätte ausbleiben können? Und wenn ein ...

Das individuelle Ich

Über das Selbstbewusstsein. Autor: Lipps, Theodor. Was ist das Wesen meines Selbstbewusstseins und was meine ich, wenn ich „Ich" sage? Was ist der Kern von diesem meinem Ich? Und wie hängt mein ...

Das Konzept des Guten

Untertitel: Sinnliches Empfinden – Der Ursprung unserer Wertvorstellungen. Hrsg.: Sedlacek, Klaus-Dieter (Hrsg.) Das Konzept des Guten wird im sinnlichen Empfinden (sehen, hören, tasten) des Menschen begründet. Der Intellekt ist aber trotzdem ein ...

Das Leben jenseits des Todes

Und die Lehre von der Reinkarnation. Autor: Ramacharaka, Yogi. Das, was wir Tod nennen, ist nur die andere Seite des Lebens. Für entwickelte Esoteriker ist die andere Seite kein unerforschtes Meer, sondern ...

Das Leben von Buddha und seine Lehren

Kompakte Einführung. Autor: Olcott, Henry Steel. Olcotts unermüdlicher Einsatz, seine organisatorischen Fähigkeiten und nicht zuletzt auch seine finanzielle Potenz trugen wesentlich zur Expansion des Buddismus über die ganze Welt bei. Der Buddhismus ...

Das transzendentale Gesicht der Welt

Der Zusammenhang zwischen Physis und Psyche. Autor: Valier, Max. In dem Buch „Das transzendentale Gesicht der Welt" geht es um eine bisher unbekannte Wellengattung, die psychophysische Welle, welche eine Verbindung der physischen ...

Der Alchemist Leonhard Thurneysser

Die Lebensgeschichte des Goldmachers von Berlin. Autor: Sedlacek, Klaus-Dieter (Hrsg.) . Der im Jahr 1531 geborene Leonhard Thurneysser erlernte als Sohn eines Goldschmieds in Basel die Kunst seines Vaters, übernahm aber bald ...

Der allmächtige Informatiker

Das Mysterium des Universums. Autor: Jeans, Sir James. Die englische Ausgabe dieses Buchs mit dem Originaltitel „The Mysterious Universe" ist als populäres Wissenschaftsbuch des britischen Astrophysikers Sir James Jeans zuerst von ...

Der erdgeschichtliche Klimawandel

Den wahren Ursachen von Klimaschwankungen auf der Spur. Autor: Wilhelm Bölsche , Klaus-Dieter Sedlacek (Hrsg.). Der Klimazustand während der letzten Jahrhunderttausende ist im Wesentlichen auf den Einfluss von Sonneneinstrahlung zurückzuführen, die ...

Der geschichtliche Jesus

Was wissen wir von ihm? Autor: Hertlein, Eduard. Vorwort: Mit der gegenwärtigen Veröffentlichung komme ich einem mehrfach geäußerten Wunsch von Hörern eines Vortrags nach, den ich in Stuttgart gehalten habe. Ich möchte indessen ...

Der Mensch der Vorzeit

Die Geschichte des Menschen im Diluvium – kurz und prägnant. Autor: Bölsche, Wilhelm. Höhlenmalereien und Knochenfunde erinnern uns an eine große wahre Geschichte, die zu den anregendsten Abenteuern unserer modernen Kulturwissenschaft gehört: ...

Der Spiritismus

In Neusatz und aktueller Rechtschreibung. Autor: du Prel, Carl. Der Spiritismus ist ohne Zweifel die paradoxeste aller Wissenschaften und er wird es wohl noch lange bleiben. Das liegt offenbar nur daran, dass ...

Der Stein der Weisen

Geschichte der Chemie. Autor: Ostwald, Wilhelm. Der visionäre Nobelpreisträger Wilhelm Ostwald, der den Übergang zur modernen wissenschaftlichen Chemie mitgestaltete, erzählt die aufregende Entwicklung seines Fachbereichs. Das Buch schließt mit einem Text über ...

Der verborgene Mechanismus des Weltgeschehens

Neue Erkenntnisse über die Gestalten biotechnischer Systeme der Welt. Autor: Francé, Raoul H. Seit Jahrtausenden ist die Menschheit bestrebt, die Welt, in der sie lebt, erkennen und verstehen zu lernen. Die Erfahrung ...

Der Weg zu Wohlstand und Reichtum

Goldene Regeln für den Aufbau einer selbstständigen Existenz. Autor: Barnum, P. T. Der Weg zum Reichtum ist, wie einer der Gründerväter der Vereinigten Staaten sagt, „so klar wie der Weg zur Mühle". ...

Die Eroberung von Mexiko durch Ferdinand Cortes

Mit den eigenhändigen Berichten des Feldherrn an Kaiser Karl V. von 1520 und 1522. Autor: Schurig, Arthur. Die spanische Eroberung Mexikos unter Hernán Cortés in den Jahren von 1519 bis 1521 führte ...

Die ersten Spuren psychischer Erscheinungen

Das psychische Leben von Mikroorganismen – Eine Studie in experimenteller Psychologie. Autor: Binet, Alfred. Es gibt mikroskopisch winzige Lebewesen, die kein Gehirn haben und dennoch so etwas wie ein Gedächtnis. Diesen Lebewesen ...

Die geheimnisvolle Kultur der alten Kelten

Von Druiden, Fürstensitzen und der Lebensart unserer frühgeschichtlichen Vorfahren. Autor: Grupp, Georg Die Kelten zeichneten sich aus durch hohes handwerkliches Können, Handelsbeziehungen bis in den Süden Europas und tollkühnem Mut, der den ...

Die Grundlagen der Nationalökonomie

Über die lebensnahe soziale Marktwirtschaft. Autor: Eucken, Walter. Der Autor Eucken gilt als Vordenker der Sozialen Marktwirtschaft. Sein wohl wichtigstes Werk Grundlagen der Nationalökonomie veröffentlichte Eucken 1939, in dem er folgende Ansichten ...

Die Höhlenkinder – Trilogie

Bd. 1 Im heimlichen Grund, Bd. 2 Im Pfahlbau, Bd. 3 Im Steinhaus Autor: Sonnleitner, Alois Theodor Die dreiteilige Erzählung beginnt nach dem Dreißigjährigen Krieg. Das Waisenkind Eva lebt bei seiner Großmutter, ...

Die Hypnose und die Hypno-Narkose

Für Medizin-Studierende, Praktische und Fachärzte. Autor: Friedländer, Adolf Albrecht. Die Hypnose ist ein auf künstlichem Weg herbeigeführter Schlafzustand. Einen solchen kann man auch durch Medikamente erzeugen. Gelingt es ohne Medikamente, hat das ...

Die idealistischen Grundwerte unserer Kultur

Wahre Menschlichkeit. Autor: Verweyen, Johannes M. Seit den Tagen des Sokrates, der nach einem aristotelischen Wort „die Philosophie vom Himmel auf die Erde" holte, zieht sich bis in die Gegenwart eine Kette ...

Die Kultur der Azteken

Mit einem Anhang Große Landesausstellung Baden-Württemberg „Azteken" im Lindenmuseum. Autor: Prescott, William. „Von dem ganzen ausgedehnten Reich, das einst die Herrschaft Spaniens in der Neuen Welt anerkannte, ist kein Teil an Wichtigkeit ...

Die Lebenskraft

Wie Enzyme, Bewusstsein und quantenbiologische Effekte das Leben regulieren. Autoren: Sedlacek, Klaus-Dieter; Wrobel, Norbert. Der Begründer der Quantenmechanik und Nobelpreisträger Erwin Schrödinger beschäftigte sich unter anderem mit der Frage: „Was ist Leben?" ...

Die letzten Ursachen

Das Buch der Naturerkenntnis. Hrsg.: Sedlacek, Klaus-Dieter. Die klassischen physikalischen Theorien, zum Beispiel die klassische Mechanik oder die Elektrodynamik, haben eine klare Interpretation. Den Symbolen der Theorie wie Ort, Geschwindigkeit, Kraft beziehungsweise ...

Die Natur psycho-physikalischer Phänomene

Materialisations-Experimente mit M. Franek-Kluski. Autor*innen: Sedlacek, Klaus-Dieter; Schrenck-Notzing, A. Freiherrn von. Die vorliegende Schrift beschäftigt sich mit speziellen physikalischen Phänomenen, nämlich der durch Versuchspersonen verursachten Materialisation von Objekten. Das tatsächliche Vorkommen dieser ...

Die Psychoanalyse des Organischen

Sechs Vorträge und Aufsätze vom Wegbereiter der Psychosomatik. Autor: Georg Groddeck , Klaus-Dieter Sedlacek (Hrsg.) Den publizistischen Anfang zur Psycho-somatik machte Georg Groddeck 1917 mit der Broschüre Psychische Bedingtheit und psychoanalytische ...

Die Transzendenz der Realität

Spuren einer allumfassenden transzendenten Realität jenseits von Raum und Zeit. Autor: Klaus-Dieter Sedlacek. Der Nobelpreisträger Max Planck war einer der Pioniere der Quantenphysik und deshalb nicht verdächtig einem esoterischen Weltbild anzuhängen. Er ...

Die Uhren

Ein Abriß der Geschichte der Zeitmessung. Autor: Kindler, P. Fintan. Die Worte der Genesis: „Es wurde Abend und es wurde Morgen, ein Tag", geben uns einen Fingerzeig über das zuerst angewandte Zeitmaß: ...

Die unbekannte Seele

Alltagsrätsel des Seelenlebens. Autor: Driesch, Hans. Es geht in dem Buch um sehr Grundlegendes. Gewiss wird der Leser auch mit Normalem zu tun haben, sogar mit sehr Alltäglichem. Aber das Normale bietet ...

Die Urzeit der Menschheit

Vom ersten Feuer bis zur Pfahlbauzeit. Autor: Neumann, Carl W. Seit Anbeginn seiner Tage war der Mensch keineswegs der stolze Beherrscher der Natur, als den er sich heute mit Recht betrachtet. Er ...

Die verborgene Ordnung des Weltsystems

Neue Erkenntnisse über die schöpferischen Kräfte der Natur. Autor: Francé, Raoul Heinrich. Wie zeigt sich die verborgene Ordnung des Weltsystems? Woher kommt die Erfindungskraft, die den Wohlstand bei uns sichert? Ist sie ...

Die Wildnis ruft

Auf Safari in Ostafrika Autor: Heye, Artur Ende April des Jahres 1913 stieg der Autor Heye in Nairobi aus dem Zug der Urgandabahn, der damals zweimal in der Woche von Kisumu am ...

Durchblick Chemie

Praktische Grundlagen und Einführung in die anorganische, organische und Biochemie Klaus-Dieter Sedlacek, Lassar Cohn, Walther Löb Wollen Sie in unserer modernen Welt mitreden? Dann brauchen Sie den Durchblick! Dazu gehören auch Grundkenntnisse ...

Eine unerschrockene Frau reist um die Welt

Drei Bände in Neusatz und neuer Rechtschreibung. Autorin: Pfeiffer, Id. Zu ihrer Weltreise brach Ida Pfeiffer im Mai 1846 auf, über Hamburg gelangte sie nach Rio de Janeiro. In Brasilien entkam sie ...

Einfach logisch denken!

Oder die Gesetze des Denkens. Autor: Atkinson, Wilhelm Walker In diesem Buch werden die Methoden und Prinzipien der korrekten Anwendung des Denkvermögens aufgezeigt, und zwar auf eine einfache und klare Weise, ohne ...

Einsteins Relativitätstheorie ganz ohne Mathematik

Spezielle und allgemeine Relativitätstheorie Paul Kirchberger , Klaus-Dieter Sedlacek (Hrsg.) Man wird nicht selten gefragt, ob man eine Schrift wisse, die in die Einsteinsche Theorie für Laien so einführen könne, dass ...

Emergenz

Strukturen der Selbstorganisation in Natur und Technik. Hrsg.: Sedlacek, Klaus-Dieter. Das Universum erschien bis ins 19. Jahrhundert wie ein ablaufendes mechanisches Uhrwerk. Der Schock kam im frühen 20. Jahrhundert mit dem Aufkommen ...

Epigenetik-Experimente

Neuvererbung oder Beweise für die Vererbung erworbener Eigenschaften? Autor: Kammerer, Paul Der Biologe Paul Kammerer wurde durch seine Aufsehen erregenden Experimente zur Epigenetik berühmt. In einer seiner Versuchsserien verwendete er zwei Arten ...

Erwägungen zur Repräsentativ-Regierungsform

Neuübersetzung und Neusatz in Antiqua. Autor: Mill, John Stuart. Mills Hauptwerk zur politischen Demokratie, Erwägungen zur Repräsentativ-Regierungsform (Considerations on Representative Government), verteidigt zwei Grundprinzipien: die umfassende Beteiligung der Bürger und die aufgeklärte ...

Feuer und Schwert im Sudan

Meine Kämpfe, Gefangenschaft und Flucht. Autor: Slatin Pascha, Rudolph. Wenn nicht kürzlich über vergleichbare Vorgänge berichtet worden wäre, könnte man sagen, dass die Berichte des damaligen Oberst im ägyptischen Generalstab völlig überholt ...

Freizeitvergnügen Sternenhimmel mit bloßem Auge

Wie man Sternbilder auffindet ohne Instrumente. Autor: Kirchberger, Paul. Der Anblick des gestirnten Himmels ist das Größte, das uns die Natur zu bieten vermag, und kein empfängliches Gemüt kann sich seinem Eindruck ...

Gebundener Wille

Das Problem der Willensfreiheit. Autor: Lipps, Gottlob Friedrich. Auf der Basis der philosophischen Darstellung der Gebundenheit des Willens von Gottlob Friedrich Lipps entwickelt der Autor und Herausgeber eine naturwissenschaftliche Theorie, welche unter ...

Gefangen zwischen Eisschollen

Die Eroberung der Antarktis und des Südpols. Autor*innen: Sedlacek, Klaus-Dieter (Hrsg.) Dieses Buch erzählt und dokumentiert mit legendären Fotos, wie es unter dramatischen Umständen den Forschern Scott, Amundsen, Shackleton oder Byrd und ...

Geister, die ich gesehen habe

und andere übersinnliche Erfahrungen. Autor: Tweedale, Violet. Das Buch ist zweifacher Natur. Einerseits gibt die Autorin Berichte wieder, die unter anderem von ihren zahlreichen Freunden und Bekannten aus der Oberschicht stammen und ...

Geld vernünftig ausgeben

Über die richtige Art von Sparsamkeit Autor: Marden, Orison Swett Im Inhalt behandelte Punkte: – Wirtschaft ist keine Schikane, sondern das planvolle Handeln zur Befriedigung von Bedürfnissen. – Kapital ist der kleine Unterschied zwischen ...

Gestalt-Psychologie

Einführung in die neue Psychologie vom Begründer der Gestaltpsychologie Kurt Koffka , Klaus-Dieter Sedlacek (Hrsg.) Kurt Koffka hat als forschender Psychologe für dieses Buch zur Einführung in die Psychologie einen besonderen ...

Giganten der Physik

Die Top10-Physiker der Menschheitsgeschichte. Hrsg.: Sedlacek, Klaus-Dieter (Hrsg.). Den meisten Menschen sind Schöpfer von Kunst und Literatur vertraut, sie kennen unsere Staatslenker und Wirtschaftsführer, doch wer kennt die Giganten der Physik und ...

Giordano Bruno

Seine Lebensgeschichte. Autor: Riehl, Alois. Giordano Bruno war ein italienischer Priester, Dichter, Philosoph und Astronom. Er wurde durch die Inquisition der Ketzerei für schuldig befunden und zum Tode verurteilt. Bruno postulierte die ...

Göttinnen der Schönheit

Die elegante Frau vom 18. bis ins 20. Jahrhundert. Autorin: Aretz, Gertrude. Die Kunst und die Lust zu gefallen, anzuziehen und mit besonderer Betonung aller Reize zu verführen, sind in der Geschichte ...

Handbuch Klima und Klima-Änderungen

Allgemeine Klimalehre. Autor: Hann, Dr. Julius. Die Allgemeine Klimalehre erforscht und lehrt die Gesetzmäßigkeiten des Klimas, also des durchschnittlichen Zustandes der Atmosphäre an einem Ort sowie der darin wirksamen Prozesse. Klimatologische Erkenntnisse ...

Homöopathie und Praxis

Naturheilkundliche alternative Medizin für den mündigen Patienten. Autor: Voorhoeve, Jacob. Der Zweck des Buches ist es, den Leser mit der homöopathischen Heilweise näher bekannt zu machen. Unter Wahrung des wissenschaftlichen Charakters gibt ...

Im Banne der Südsee

Als Frau allein unter Menschenfressern, Sträflingen und Matrosen. Autorin: Karlin, Alma M. Die Journalistin Alma Maximiliane Karlin wurde vor allem bekannt durch ihre kurz nach dem Ersten Weltkrieg unternommene mehrjährige Weltreise und ...

Im dunkelsten Afrika

Die legendäre Emin-Pascha Expedition. Autor: Stanley, Henry M. Im Sudan, der ab 1821 unter die Herrschaft der osmanischen Vizekönige von Ägypten gekommen war, brach 1881 der Mahdiaufstand aus. Nach dem Abzug der ...

Ist echte Erkenntnis möglich?

Einführung in die Erkenntnistheorie. Autor: Becher, Erich. Die Erkenntnistheorie ist als besonderes Gebiet der Philosophie die philosophische Grundwissenschaft, die aller Spekulation und aller Wissenschaft vorangehen muss. Diese Einführung hilft dabei, echte Erkenntnis ...

Jenseits der Erscheinungen

Erkennbarkeit und Realität der Quantennatur. Autor: Schlick, Moritz. Es ist kein Zweifel, dass echte Erkenntnis der transzendenten Welt sehr wohl möglich ist. Die Wendung, zu der die Physik der letzten Jahre bzw. Jahrzehnte ...

Ketzer

Warum ich nichts für Ketzerei übrig habe. Autor: Chesterton, Gilbert K. „Ketzer" ist eine Sammlung von 20 Beiträgen von G. K. Chesterton. Während die Kapitel von „Ketzer" sich auf bekannte Persönlichkeiten beziehen, ...

Kleines Wörterbuch der Natur-Philosophie

1200 Begriffe, die man kennen sollte, kurz und prägnant. Herausgeber: Sedlacek, Klaus-Dieter. „Ein neues Wörterbuch der Natur-Philosophie? Wozu soll das gut sein? Schließlich gibt es doch ein riesiges, umfangreiches Internetlexikon in aller ...

Kometenfurcht

Komet und Weltuntergang: Die Gefahr aus dem All. Autor: Bölsche, Wilhel. Als 2006 der erdbahnkreuzende Komet 73P/Schwassmann-Wachmann 3 in einige Stücke zerbrach, war dies der Bild-Zeitung einen schaurigen Bericht unter dem Titel ...

Kompakte Einführung in die Erkenntnistheorie

Das Wesen der Wahrheit. Autor: Becher, Erich. Die Frage nach der Wahrheit und ihrer Sicherung liegt dem nach Erkenntnis strebenden Menschen besonders am Herzen, und so suchte man, wenn man nach Ursprüngen, ...

Kultur erleben mit dem Wohnmobil in Frankreich

Vierzig kulturelle Highlights, Park- und Übernachtungsplätze sowie Navigations-Koordinaten Klaus-Dieter Sedlacek (Hrsg.) Dieser Wohnmobilführer ist anders. Er hilft uns, Kulturerlebnisse zu einem Genuss werden zu lassen. Er enthält die Beschreibung von vierzig kulturellen ...

Kulturgeschichte Afrikas

Mit 164 Bildtafeln und 181 Figuren im Text. Autor: Frobenius, Leo. Mit gigantischer und wachsender Macht, in bisher ungeahnter Großartigkeit erscheint das Gebäude der afrikanischen Kulturgeschichte demjenigen, der näher hinschaut. Noch hält ...

Lad, geliebter Hund

Die Abenteuer des Collie Lad. Autor: Terhune, Albert Payson. Der Roman besteht aus zwölf Hunde-Abenteuern, die auf dem Leben des von Terhunes Rough Collie Lad basieren, der in seinem wirklichen Leben existierte. Die ...

Leben aus Quantenstaub

Elementare Information und reiner Zufall im Nichts als Bausteine einer 4-dimensionalen Quanten-Welt. Autoren: Wrobel, Norbert; Sedlacek, Klaus-Dieter. Obwohl bereits vor mehr als hundert Jahren die Quantenphysik Gestalt annahm, setzte sich im Menschenbild ...

Leben in der Warmzeit der Erde

Aus den Urtagen vor dem heutigen Klimawandel Wilhelm Bölsche , Klaus-Dieter Sedlacek (Hrsg.) Der Weltklimarat schlägt Alarm. Die Lage spitzt sich zu: Die Erde erwärmt sich immer mehr. In diesem Buch geht ...

Leben nach dem Leben

Die Befreiung des Bewusstseins von den Fesseln der Zeit Klaus-Dieter Sedlacek Für uns Menschen hat die Frage nach dem zeitlichen Ende unserer Existenz eine hohe Bedeutung. Die Antwort, die der Glaube sucht, ...

Leben wir in einer Simulation?

Über die Gründe unseres Glaubens an die Realität der Außenwelt Autor: Eduard Zeller Wenn wir in einer Computersimulation leben würden, dann simuliert der Computer eine Virtuelle Realität, einschließlich passender Antworten auf den ...

Leonardo da Vinci

Seine naturwissenschaftlichen Studien und genialen Erfindungen Hermann Grothe , Klaus-Dieter Sedlacek (Hrsg.) Leonardo da Vinci versuchte, ein Phänomen zu verstehen, indem er es genau beobachtete und bis ins kleinste Detail beschrieb ...

Liebesbeziehungen und deren Störungen

Lebensführung nach den Grundsätzen der Individualpsychologie. Autor: Alfred Adler , Klaus-Dieter Sedlacek (Hrsg.). Um einen Menschen ganz kennenzulernen, ist es notwendig, ihn auch in seinen Liebesbeziehungen zu verstehen ... Wir müssen ...

Losgesagt von Rom

Handeln und Empfinden einer verschworenen Gemeinschaft. Autor: Ohorn, Anton. Die Aufstellung des Dogmas der päpstlichen Unfehlbarkeit in Rom war ein Ereignis, welches die Gemüter der ganzen gebildeten Welt bewegte und die Herzen ...

Marco Polo

In zwei Welten Bd. 1 und Bd. 2 Autor: Colerus, Egmont Mit seinem zweibändigen Marco-Polo-Roman In Zwei Welten gelang Colerus der große Wurf. Es ist stilistisch eines seiner reifsten Werke. Der geschichtliche Marco ...

Massenpsychologie am Beispiel Jan Bockelsons

Geschichte eines Massenwahns mit einer Einführung von Sigmund Freud Friedrich Reck-Malleczewen , Klaus-Dieter Sedlacek (Hrsg.) Der Begriff Massenhysterie oder auch Massenwahn bezeichnet eine starke emotionale Erregung in großen Menschenmengen. Auch massenhaft ...

Mathe ganz einfach

Elementare Arithmetik und Algebra. Autor: Schubert, Hermann. Der vorliegende Band „Mathe ganz einfach" enthält die elementare Arithmetik und Algebra in ihren Grundzügen mit Einschluss der quadratischen Gleichungen und der Rechnungsarten dritter Stufe. ...

Mein Leben im Tropenparadies

Fünfundzwanzig Jahre in Ceylon – Erlebnisse und Abenteuer. Autor: Hagenbeck, John. Ein Mann des praktischen Lebens und ein Mann der Feder haben sich zusammengetan, um gemeinschaftlich in diesem Buch die Naturwunder und ...

Meine erste Weltumseglung

Tagebuch einer epochalen Expedition James Cook , Klaus-Dieter Sedlacek (Hrsg.) James Cook unternahm seine erste Weltumseglung im Rahmen einer wissenschaftlichen Expedition, um den Durchgang des Planeten Venus vor der Sonnenscheibe – ...

Memoiren der Comtesse Du Barry

Mit minutiösen Details über ihre gesamte Karriere als Favoritin von Louis XV. Autor: Lamothe-Langon, Etienne Leon. Die Bürgerliche Jeanne Bécu (1743 – 1793), arbeitete unter dem Namen Mademoiselle Lange zunächst im Etablissement ...

Mit der Beagle um die Welt

Bericht meiner Forschungsreise zum Galapagos-Archipel Charles Darwin , Klaus-Dieter Sedlacek (Hrsg.) Auszug aus Darwins Reisebericht: Ich habe die Reise mit zu tief empfundenem Entzücken gemacht, als dass ich nicht jedem Naturforscher empfehlen ...

Moderne Magie

Überlieferungen und Berichte unerklärlicher Phänomene weltweit. Autor: Schele De Vere, Maximilian. Das Buch „Moderne Magie" enthält eine Fülle von Berichten sowie eine umfangreichen Bibliographie der Überlieferungen und Berichte unerklärlicher Phänomene weltweit. Es ...

Mythen und Legenden der griechischen und römischen Antike

Ein Handbuch der Mythologie. Autor: Berens, E.M. „Es ist kaum nötig, auf die Bedeutung der Kenntnis der Mythologie einzugehen: unsere Gedichte, unsere Romane und sogar unsere Tageszeitungen wimmeln von klassischen Anspielungen; noch ...

Naturphilosophie

und Naturwissenschaft. Autoren: Sedlacek, Klaus-Dieter; Schlick, Moritz. Es die Aufgabe der Naturphilosophie, für das Gebiet der naturwissenschaftlichen Erkenntnis einen wesentlichen Beitrag zu leisten. Es sind jene Fragen, die auf die Klärung oberster ...

Naturphilosophie und Naturwissenschaft

Das Wesen der Naturgesetze. Autor: Schlick, Moritz. Die Naturphilosophie verhält sich zur Naturwissenschaft wie die Philosophie im Allgemeinen zur Wissenschaft überhaupt. So ist es die Aufgabe der Naturphilosophie, für das Gebiet der ...

Neue praktische Menschenkenntnis

Menschen richtig behandeln Autor: Verweyen, Johannes Maria Wer ist dieser Einzelmensch? Welches sind die Grundzüge seines seelischen und geistigen Wesens, seine Anlagen, Begabungen und Neigungen, seine Bestrebungen im positiven und negativen Sinne, ...

Optische Täuschungen

... und Illusionen, sowie ihre Ursachen. Autor: Reuss, August von . Optische Täuschungen bzw. Illusionen können nahezu alle Aspekte des Sehens betreffen. Es gibt Illusionen aller Art, Lichtblitze, Farbreize, Tiefenillusionen, geometrische Illusionen, ...

Peking – Paris im Automobil

Die legendäre 16.000 km – Rallye 1907. Autor: Barzini, Luigi. „Gibt es jemanden, der diesen Sommer eine Fahrt per Automobil von Peking nach Paris unternehmen wird?", fragte die Pariser Zeitung Le Matin ...

Persönliche Anziehungskraft und psychische Beeinflussung

15 Lektionen zum Thema Gedankenkraft, Konzentration und Willenskraft. Autor: Atkinson, William Walker. Das, was wir als persönlicher Anziehungskraft bezeichnen, ist der subtile Strom von Gedankenwellen oder Gedankenschwingungen, die vom menschlichen Geist ausgestrahlt ...

Persönlichkeit und Unsterblichkeit

In welcher Form existiert ein Weiterleben nach dem zeitlichen Ende? Autor*innen: Ostwald, Wilhelm. Das hier veröffentlichte Buch ist die deutsche Übersetzung eines Vortrages, den der Nobelpreisträger Wilhelm Ostwald an der Harvard-Universität in ...

Phänomen Naturgesetze

Das Geheimnis hinter den Erscheinungen der Welt. Autor: Sedlacek, Klaus-Dieter (Hrsg.). Was uns an den beinahe mythischen Denkern der antiken Welt so fasziniert, ist die wundervolle, abgeschlossene Einheit ihres Weltbildes. Mit welcher ...

Plötzlich gesund

Medizinische Wunder und was dahinter steckt. Autor: Liek, Erwin. Man schätzt die Zahl der Menschen, die der Schulmedizin kein Vertrauen schenken, auf immerhin 50 Prozent. Wie kann es sein, daß Kurpfuscher immer wieder ...

Praktische Agitation

Prinzipien politischen Handelns. Autor: Chapman, John Jay. Die Fäden der Vorurteile und der Leidenschaft, die die Menschen miteinander verbinden, pulsieren mit

Leben. All diese Mitbürger sind menschliche Wesen, und es gibt keinen ...

Praktisches Gedankenlesen

Ein Kurs mit praktischer Unterweisung zur Gedankenübertragung. Autor: William Walker, Atkinson. Fast jeder hat in seinem Leben schon einmal Erfahrungen mit Gedankenlesen oder Gedankenübertragung gemacht. Fast jeder hat die Erfahrung gemacht, dass ...

Psychologische Verkaufskunst

Denk- und Handlungsweisen, Vorgangsweise und Abschluss. Autor: Atkinson, Wilhelm Walker. In der Psychologie der Verkaufskunst gibt es zwei wichtige Elemente, nämlich (1) Die Psyche des Verkäufers; und (2) die Psyche des Käufers. Das zu verkaufende ...

Quantenbewusstsein

Natürliche Grundlagen einer Theorie des evolutiven Quantenbewusstseins. Autoren: Wrobel, Norbert; Sedlacek, Klaus-Dieter. Seltsam sind die physikalischen Gesetze, die unsere Welt wirklich beherrschen: Es sind die Gesetze einer makroskopischen Quantenwelt, in der alles ...

Quantentheorie

Eine kurze und prägnante Einführung. Autor: Kirchberger, Dr. Paul. Form und Inhalt des vorliegenden Bändchens bestimmen sich dadurch, das es eine in sich abgerundete und verständliche Darstellung seines Gegenstandes sein will. Von ...

Real Life After Life

The liberation of consciousness from the shackles of time. Autor: Sedlacek, Klaus-Dieter. For us humans the question of the temporal end of our existence is of great importance. The answer that faith ...

So aktivierst du unbekannte Gedankenkräfte

Geistige Lebensgesetze und seelische Welten. Autor: Peters, Emil. Nur wer seinen Gedanken gebieten kann, gebietet auch dem äußeren Leben. Denn unsere Gedanken sind unser Leben. So wird der planvoll Denkende überall der Überlegene ...

Sree Krishna, der Herr der Liebe

Der Hinduismus von einem Guru erklärt. Autor: Premanand Bharati, Baba. Wie kommt es, dass jeder Mann, jede Frau und jedes Kind jede Minute auf der Suche nach dem einen oder anderen Glück ...

Strahlende Kräfte durch positives Denken

Wege zum Glück. Autor*innen: Peters, Emil. Aus dem Inhalt: – Die Macht deiner Gedanken – Die Heilkraft der Seele und des Willens – Von den geistigen Verbindungen der Menschen – Beherrsche dein Leben und dein Schicksal – ...

Supervereinigung

Wie aus nichts alles entsteht. Ansatz einer großen einheitlichen Feldtheorie. – Neuausgabe -. Autor: Sedlacek, Klaus-Dieter. Unter Physikern herrscht allgemein Übereinstimmung darin, dass die fundamentale Wirklichkeit unserer Welt aus Feldern besteht. Bei ...

Technik in der Antike

Die erstaunlichsten Errungenschaften der antiken Technik. Autor: Diels, Hermann. Die antiken Mechaniker hatten erfolgreich die Grundlagen einer neuen Wissenschaft gelegt, die erst in der Neuzeit übertroffen wurde. Weniges war allerdings neu: Hebel ...

The great god Pan / Der große Gott Pan – zweisprachig

Horror story English – German / Horror Geschichte Englisch – Deutsch. Autor: Machen, Arthur. The Great God Pan is a horror and fantasy novel by the Welsh writer Arthur Machen. Machen was ...

The Philosophy of Physical Science

TARNER LECTURES 1938 – CAMBRIDGE Sir Arthur Eddington , Klaus-Dieter Sedlacek (Hrsg.) It is often said that there is no „philosophy of science", but only the philosophies of certain scientists. But ...

Treibhauseffekt und Klimawandel

Energiewende, ja bitte, aber nicht wegen CO2. Von Sedlacek, Klaus-Dieter (Hrsg.) Dieses Buch dokumentiert zum Thema Klimawandel und CO2 teils unbequeme wissenschaftliche Fakten bzw. Meldungen und die dazugehörigen Quellen. Sie sind eingeladen, ...

Über die Freiheit

Neuübersetzung und Neusatz in Antiqua. Autor: Mill, John Stuart. Mill vertrat die Ansicht, dass der Einzelne frei sein sollte, das zu tun, was er will, solange er anderen keinen Schaden zufügt. Er ...

Über die Gewissheit von Vorhersagen

Wahrscheinlichkeiten abschätzen. Autor*innen: Sedlacek, Klaus-Dieter (Hrsg.) Dieses Buch hilft, Wahrscheinlichkeiten besser beurteilen zu können. Zum Inhalt: – Wie einfache Überlegungen zu den Grundprinzipien von Vorhersagen führen – Die Klassenlotterie – Die Grundlage der Lebensversicherung – Können ...

Über Menschenaffen, Tierseele und Menschenseele

und Früchte vom Baum der Erkenntnis Autor: Bölsche, Wilhelm Wir sind dem wahren Geheimnis der Menschwerdung noch nie so nahe gewesen, als der Psychologe Wolfgang Köhler in dem kleinen Schimpansenparadies von Teneriffa ...

Unsterbliches Bewusstsein

Raumzeit-Phänomene, Beweise und Visionen – Taschenbuchausgabe Klaus-Dieter Sedlacek In diesem Buch geht es weder um Glauben noch um Esoterik, sondern um Beweise. Glaubwürdige, wissenschaftliche Beweise, die in eine Form gepackt sind, dass ...

Vereinbarkeit von Religion und Naturwissenschaft

Lösung des Zwiespalts zwischen Wissen und Glauben. Autor: Laßwitz, Kurd. Religion ist offensichtlich das Gefühl des Vertrauens auf eine unendliche Macht. Dagegen ist die Natur nicht ein Gefühl, sondern eine Realität. Diese ...

Vom Einmaleins zum Integral
Mathematik für Jedermann. Autor: Colerus, Egmont Colerus nimmt die dankenswerte, aber auch schwierige Aufgabe auf sich, Freunde und Feinde der Mathematik zu versöhnen. Es gibt eine große Anzahl Menschen, die sich konstitutionell ...

Vom Jenseits der Seele
Die Geheimwissenschaften in kritischer Betrachtung. Autor: Dessoir, Max. „Es mag der ... Psychologie unendlich schwer fallen, in Gebiete sich zu dehnen, die verständlich werden nur vom Standpunkt eines wirklichen Transzendent-Seelischen, eines von ...

Von Pythagoras bis Hilbert
Geschichte der Mathematik für jedermann. Autor: Colerus, Egmont. Colerus ist der berufene Autor, der die Epochen der Mathematik darzustellen vermag. Nur er hat die Gabe, wissenschaftliche Dinge so darzustellen, dass sie jedermann ...

Wahrscheinlichkeitsrechnung
Autor: Markoff, A. A. In diesem Buch entwickelt der Autor die Wahrscheinlichkeitsrechnung als eine mathematische Disziplin, ohne sich mit ausführlicher Betrachtung ihrer mehr oder weniger wichtigen Anwendungen zu befassen. Ohne lange Erwägungen ...

Was sind Wirklichkeiten?
Aufgedeckte Naturgeheimnisse. Autor: Laßwitz, Kurd. In diesem Buch nimmt der Autor Stellung zu Fragen folgender Art: Lässt uns die Natur in ihre Werkstatt blicken? Wie hängen Bewusstsein und Natur zusammen? Was ist ...

Wege zum Glück
... durch die Macht der Gedanken. Autor: Peters, Emil. „Lass nur solche Gedanken in dich einströmen, die dein Leben und dein Wesen edler, reicher und schöner machen! " Dies ist einer der Merksätze, ...

Wege zur Physikalischen Erkenntnis
Meine wissenschaftliche Selbstbiographie, Reden und Vorträge Max Planck , Klaus-Dieter Sedlacek (Hrsg.) Diese erweiterte Neuauflage des Buchs „Wege zur physikalischen Erkenntnis" enthält neben der wissenschaftlichen Selbstbiographie folgende Vorträge: Die Einheit des physikalischen ...

Wie der Zufall zu Entdeckungen führt
Das Gesetz im Zufall. Autor: Cantor, Moritz. Zufall wurde es Jahrhunderte lang genannt, wenn der Wind von Süd nach Südwest, von Nord nach Nordost umzuschlagen pflegte und nicht etwa die entgegengesetzte Veränderung ...

Wie die Alchemie zur Chemie wurde
Geschichte der Chemie. Autor: Ostwald, Wilhelm. Einführend berichtet Justus Liebig, wie die voller Geheimnisse steckende Alchemie die Grundlagen der heutigen Chemie geschaffen hat. Der visionäre Nobelpreisträger Wilhelm Ostwald, der den Übergang zur ...

Wie Ehrgeiz zum Erfolg führt
und zu einem höheren Ziel im Leben. Autor: Marden, Orison Swett. Was immer uns im Leben begegnet, erschaffen wir zuerst in unserer Mentalität. So wie das Gebäude in all seinen Details im ...

Wie intelligent sind Pflanzen?
Sensationelle Einblicke in die geheime Seite des pflanzlichen Wesens Autoren: Wagner, Adolf; Sedlacek, Klaus-Dieter In diesem Buch behandeln die Autoren Fragen zum Thema Intelligenz und Bewusstsein bei Pflanzen und geben Antworten. Der ...

Wie man seinen 24Std-Tag organisiert
und mehr Zeit gewinnt für das wirkliche Leben. Autor: Bennett, Arnold. Nach Ansicht des Autors Arnold Bennnett besteht das Leben der meisten Angestellten darin, nur für ihren Lebensunterhalt zu arbeiten, aber er ...

Wie man seinen Verstand benutzt
Und seine Willenskraft stärkt. Ein praktisches Handbuch der Psychologie. Autor: Atkinson, Wilhelm Walker. Der Mechanismus der psychischen Zustände – die geistige Maschinerie, mit deren Hilfe wir fühlen, denken und wollen – ...

Wissenschaftliche Parapsychologie
Autor: Driesch, Hans. Mit den »mystischen«, »irrationalen« Neigungen hat die Parapsychologie gar nichts zu tun. Sie ist Wissenschaft, ganz ebenso, wie Chemie und Geologie Wissenschaften sind. Unmittelbar »schauen« tut sie gar ...

Zahlentheorie
Autor: Hensel, Kurt. Als die Aufgabe der elementaren Zahlentheorie kann die Aufsuchung der Beziehungen bezeichnet werden, welche zwischen allen rationalen ganzen oder gebrochenen Zahlen m einerseits und einer beliebig angenommenen festen ...

Zeichnen für Einsteiger
Achtzehn Lektionen in naturalistischem Zeichnen. Autor: Furniss, Dorothy. Magst du die Malerei? Ist Zeichnen für dich interessant? Hast du einen Bleistift, eine Schachtel Kreide oder einen Malkasten? Denn wenn du auch nur

https://Leseproben.net oder https://ToppBook.de